科学的航程丛书　　“十二五”国家重点图书出版规划项目

大放异彩的数学

主　编　张　戟
副主编　王云峰　姜丽勇
编　委　（以姓氏笔画为序）
王　伟　王　巍　巴　雯　冯　熔
刘　棚　杨　岚　官　艳　胡金钰
唐　静　曹雪艳　谢　瑾　戴　欣
魏曼华

山东科学技术出版社

图书在版编目（CIP）数据

大放异彩的数学 / 张戟主编. —济南：山东科学技术出版社，2015
（科学的航程丛书）
ISBN 978-7-5331-7649-5

Ⅰ.①大… Ⅱ.①张… Ⅲ.①数学—普及读物
Ⅳ.①O1-49

中国版本图书馆CIP数据核字（2014）第292323号

科学的航程丛书
大放异彩的数学
主编 张戟

出版者：山东科学技术出版社
地址：济南市玉函路16号
邮编：250002 电话：（0531）82098088
网址：www. lkj. com. cn
电子邮件：sdkjcbs@126.com

发行者：山东科学技术出版社
地址：济南市玉函路16号
邮编：250002 电话：（0531）82098071

印刷者：山东临沂新华印刷物流集团有限责任公司
地址：山东省临沂市高新技术产业开发区新华路
邮编：276017 电话：（0539）2925659

开本：787mm×1092mm 1/16
印张：16.5
版次：2015年5月第1版第1次印刷

ISBN 978-7-5331-7649-5
定价：36.00元

前言

今天的我们生活在一个经济全球化、科技突飞猛进、城市日新月异的时代，我们的先辈无论如何也难以想象，在几百年的时间内，我们生存的家园、我们的地球，还有我们的信念发生了如此天翻地覆的变化。我们可以看见遥远的宇宙深处，可以探索深不可测的海底世界。在我们头顶，各国的科学家竟然在太空中建立了一个大家庭。而关于我们自身，科学家们也已经给出了他们的答案。

我们对世界的认知似乎越来越多，越来越科学，我们甚至凭借这种认知改变了世界，推动了社会文明的进步。我们的生活越来越便利，城市越来越繁荣。但是，我们的思想却在这种迅速的改变中，陷入了过去、现在、未来相互冲击的困境：前进的路途中我们丢掉了些什么？新的改变究竟会将我们带向何方？我们的未来是否一帆风顺、前途光明？

我们所见所闻所知的，都是对的吗？对与错究竟该怎么判断？作为沧海一粟，一个人可以改变人类社会的历史进程吗？人类可以改变地球和自己的命运吗？那么，宇宙的命运呢？

太多的问题，即便是最博学的科学家也难以回答。

那么，我们该做些什么呢，在我们有限的生命当中？如果说有答案，那就是学习、探索，直至实践。学习我们可以学习的知识，了解世界更深处的秘密，无论那是关于过去的还是现在的，是关于宇宙的还是地球的，是关于数学的还是物理的，是关于他国的还是本国的。任何时候，了解更多总会更有希望。如果我们曾经因为一场考试而紧张不安，因为一句无知的话语而无比尴尬，那么，试着放任自己的好奇心去探索学习吧！就在这里。

在这里，我们将看到世界上最卓越的想象力和最非凡的创造力。英国BBC、美国Discovery探索频道、澳大利亚Classroom Video、德国Deutsche Welle、加拿大Distribution Access，这些已经在科技与教育这条路上走了很久的创造者们，将最丰盛的精神文化大餐带给了整个人类社会,而武汉缘来文化传播有限责任公司作为一个文化传播者，则将它们悉数奉上，带到了我们面前。作为中国地区最大的海外教育类节目供应商，武汉缘来文化传播有限责任公司不仅引进了大量海外优秀科教影片，创建了网络知识平台，还和众多的图书馆合作，打造了中国的视频图书馆，将世界上最优秀文化制造者的智慧结晶带给了同样渴望求知、渴望成长的中国人。

虽然光影只是一刹那，但科学和智慧却能永恒。今天，我们将这刹那光影定格，把代表国外顶尖科学水平的视频资源凝成书籍，让思想沉淀，让科技与文化的传播走得更远，让我们有更多的时间去思考所观察到的一切，思考所面对的或者即将面对的现实，一起去品味那些久远的故事，一起去探索那些神秘的未知。我们将发现，原来智慧和思想一直都存在于我们生活的世界，只有我们思考，它才会显现。因为了解，因为懂得，世界才会变得不一样，我们在这世界中的生活才会更加沉稳和自然。

我们生活的世界有很多危机，有一些危机我们已经看见，但还有一些大多数人都无法了解，有些危机甚至关乎整个人类和地球。或许，灾难就将在我们的毫无所知中慢慢降临，人类的命运该何去何从？我们可以相信科学，在任何时候，唯有科学可以给我们以答案，给我们以救赎。

在本书中，缘来文化还给读者提供了大量视频资源，扫描书中的二维码，可以感受更直观的影像，扫描封四的二维码，读者可以直接进入视频图书馆，领略一段不同寻常的视觉之路。

我们努力提供一条路径，引领大家在知识、探索和实践中接受科学、运用科学，沿着科学的道路，去追溯遥远的过去，思索我们生活的这个世界，预测美好的未来。

因我们的能力所及，书中的不足之处希望读者不吝提出，在再版时加以改进。你们的支持是我们前进的动力。

深切地感谢所有为本书的出版做出辛勤努力的人们。

目录
CONTENTS

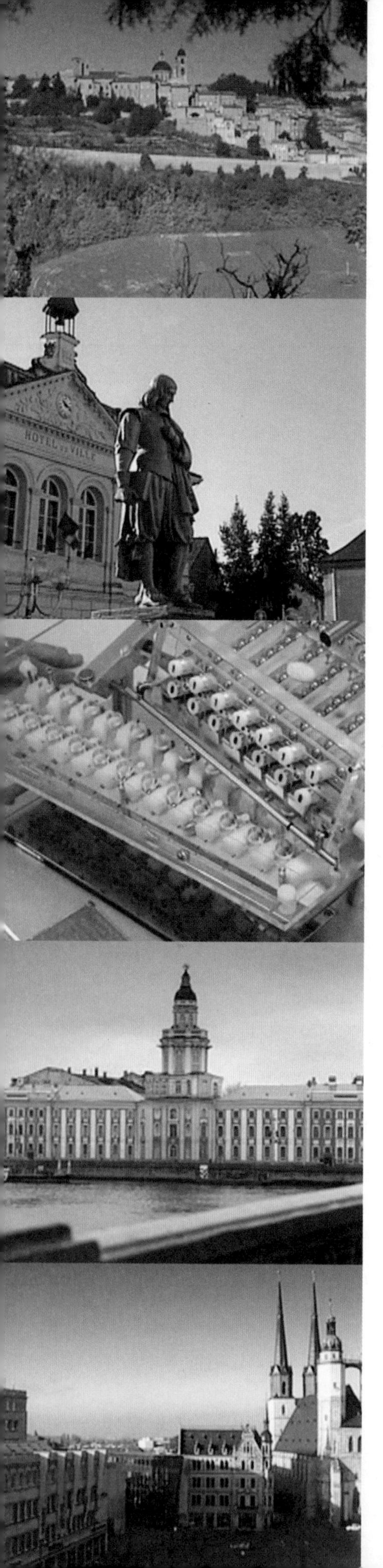

数学就是解决问题，但也正是那些伟大的未解之谜让数学永葆生机。1900年夏天，国际数学家大会在巴黎的索邦大学举行。希尔伯特是德国年轻的数学家，他大胆提出了数学家面临的23个最重要的数学问题，提出了20世纪数学的发展方向，并得到了认可。希尔伯特的这些问题可谓给当代数学下了定义。试图解决希尔伯特问题的，有的功成名就，有的陷入了绝望的深渊。但希尔伯特是对的，是那些未解数学之谜让数学充满生机。过去7000年成果累累，我们追寻到它们，但仍有些不理解的。希尔伯特曾说："我们必须知道，我们必将知道。"正是这样一种精神使数学生生不息。

第二部分　明珠素数

人们常说数学是一门世界性的语言。不管我们身在何处，不管我们是谁，来自何种文化、国家、性别、种族甚至是宗教，特定的数学原理始终是真理。数学对生活在地球上的人们来说始终是一门普遍的语言，在这门语言的字母表中最根本的字母叫作素数。素数有一个特性：它们只能被1和自身整除，不能进一步分解，所以人们将它称为"算术原子"。素数如此基础，如此神秘，成千上万年来一直迷惑着人类数学家们。

2000多年来，从欧几里得到高斯再到黎曼，数学之谜——素数让无数的数学家都曾为之痴迷，也让那些举世奇才困惑不已。素数是有限的吗？有多少个素数？素数是怎么分布的？素数有何规律？虽然对素数的认识在加深，但仍有那么多未解之谜亟待破解。该谜题在大不列颠战胜纳粹德国上举足轻重，对电脑的出现也至关重要，也使原子形态——物质结构基础得以了解。今天，整个网络金融世界也因其不可破解性而赖以存在。谜题的解答定会让整个金融世界折服于其膝下。

第三部分　数学世界

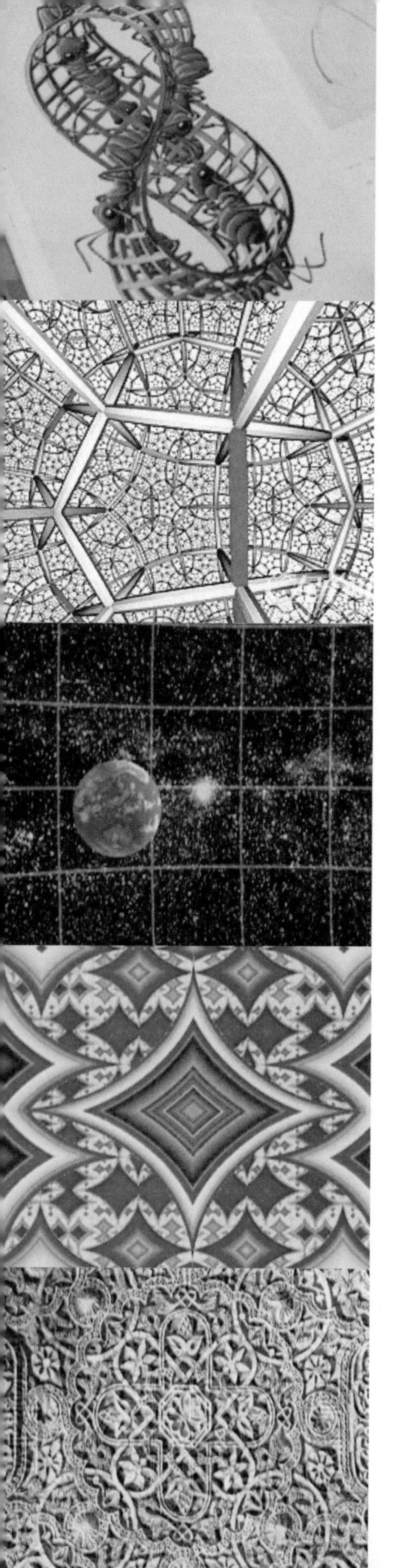

第一部分

数学轶事

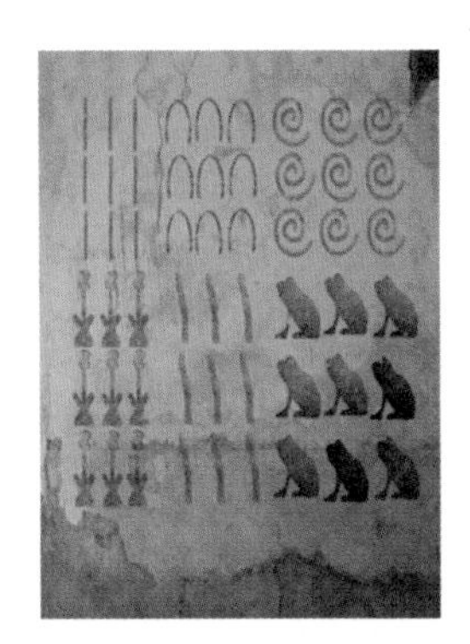

人类数学旅程的第一步始于古埃及、美索不达米亚和古希腊，早期数学家凭借智慧和激情创造了基本数学符号和计算语言。东方世界则始终是一个被数学史遗忘的角落，尽管那些东方数学天才用数学改造了世界，却从未留下姓名。文艺复兴时期，笛卡尔、费马、欧拉、高斯、黎曼用新的数学语言打开了观察世界的新思路，引发了一场数学革命，新的世界就此开启，而1900年夏天大卫·希尔伯特提出的那23个最重要的数学问题，正激励着新一代人追寻他们的梦想。

自然的语言——数学的雏形

The Language of the Universe——The Rudiment of Mathematics

我们的世界蕴涵着秩序和规律，这些秩序和规律就在我们身边，日夜交替、地貌改变、世界变迁……我们曾努力地去发现身边事物的规律特征、事物与人类之间以及事物相互之间的复杂关系，我们对物质世界的好奇贯穿了整个人类历史。

经过了几千年，人们发现有一门学科超越了其他学科，它挖掘物质世界的内在旋律，用独特的形式揭示世界的本质，展现自然之美，这一学科就是数学。数学产生的原因之一就是我们需要能解释这些自然规律的方法。

我们每个人都深入了解过数学中最基本的空间概念和数量概念，甚至就连动物对距离和数字也有一定的敏感度：估计群落成员是否过多，是该攻击还是该逃跑，猎物是否在攻击的范围内。是否理解“数学”，有时对它们来说就是生与死的差别。

但是，不同于动物的本能反应，人类从这些基本概念开始思考，从而建立了数学科学。人类注意到数字的某些规律，用数字来理解身边的世界。就是这样，人们慢慢地、不断地挖掘出了身边复杂无序世界中潜在的规律，创造出了描述宇宙的语言，一个全新的数学世界呼之欲出。

让我们一起穿越时空，去寻找数学的发展轨迹，看它如何从最初不完善的雏形发展为今天成熟的学科。我们将从早期文明的萌芽中欣赏到一些璀璨夺目的发现，这些发现将帮助我们理解数学世界。

尼罗河

尼罗河的记忆

公元前6000年，因为尼罗河沿岸的环境适合耕种，人们舍弃游牧生活，转而在尼罗河岸边定居。几千年来，尼罗河一直是埃及的生命线，古老的埃及人居住在尼罗河边，他们信仰河神庇佑，尼罗河一年一度的泛滥是埃及农业上最为重大的事件。

我们讲述此地是因为这里有数学最初的痕迹。埃及人认为河神使河流定期泛滥，为了回报生命之水，埃及人回赠

古埃及　Edward Poynter（1836–1919）

收获的一部分作为感谢。在日常的生活和生产中，他们往往要记录一段时间内发生的事情，这就需要记录和计数，例如在两个农历时段之间，或者尼罗河两次泛滥之间的天数。

埃及人的度量单位和计数规则

在古老的埃及，数学的发展与政权的需要有密不可分的关系，随着居民的增多，统治者认为有必要找到管理的方法，他们决定测量出土地面积，然后根据产量征税和审核。如此一来，政府必须知道农民的土地面积才能相应进行征税，或者当尼罗河吞没了农民的部分土地时，他们可以要求减免税款。因此，人们迫切地需要测量和计算的方法。

埃及人利用身体的部位来测量世界，这也是他们的计量单位的由来。埃及人主要的计量单位是腕尺和掌尺。腕尺是自肘到中指尖的长度，约为0.524米，在象形文字中用前臂和手表示，读作迈赫。腕尺又被分成7掌或28指，每掌等于4指。腕尺乘以100的积叫作哈特，是丈量土地的基本单位。这一长度的平方，即10000平方腕尺就是一个耕地面积的单位。在规定了计量单位后，法老的土地测量员还需要经常测量一些不规则土地的面积，要解决这种实际问题，需要一些数学创新者的出现。

埃及人需要借助象形文字来记录测量结果。开罗的旅游纪念品上也刻有许多象形文字。让我们来了解一下那些记有历史上最早数字的纪念品：埃及人采用十进制是受手上10根手指的启发。“1”就是一条竖，“10”就像脚跟骨，“100”是卷曲的绳子形，“1000”呈荷花状。

埃及人的计量单位

埃及人的数位表达

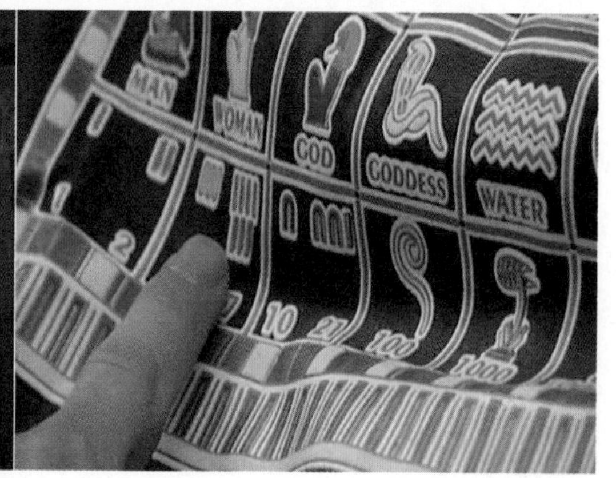

古埃及人对数字“999999”的表达法（从左至右，从上至下，符号分别表示1，10，…，100000）

“嗯，这件T恤多少钱？”

“25英镑。”

“‘25’也就是2根脚跟骨和5条竖。那照这上面的这个‘𓁨’你怎么收钱？”

“这是一百万。”

“一百万？天哪！”

“一百万，这可是个大数字。”

象形文字很漂亮，但埃及数制却极其不易理解，它们没有位值，一条竖就只代表单位“1”，而不能是“100”或“1000”。虽然可以用一个数字表示一百万，不像我们需要7位数字表示。但如果是写“999999”，可怜的古埃及人就得画9条竖、9根脚跟骨、9条曲线等，总共54个图形。

莱因德数学纸莎草纸和分数

虽然埃及人的数制不怎么先进，但他们是解决问题的高手，这一点可以从遗留下来的记录知道。埃及的抄写员使用纸莎草纸来记录数学上的发现。这种脆弱的草质纸随着时间的流逝而腐朽，上面的很多秘密也随之消失了。不过幸好还遗存下一个稿件，那就是莱因德数学纸莎草纸。

莱因德数学纸莎草纸文稿是我们今天所拥有的最珍贵的草稿。我们可以从中看出埃及人乐于钻研哪种类型的问题，同样也可以清楚地看出怎样进行乘法和除法运算。

纸莎草纸文稿显示了怎样将两个比较大的数字相乘。为了更好地阐述这种方法，我们用两

古埃及的纸莎草纸

埃及人的计算方法

个比较小的数字来举例：3乘6。抄写员把“3”放在一栏中，在另一栏中放“1”，然后将每一行数字扩大一倍，“3”变成“6”，“6”变成“12”，在第二栏中“1”变成“2”，“2”变成“4”。抄写员将第二栏中的“2”的幂相加，即“2加4等于6”，然后回到第一栏，将与“2”和“4”相对应的行“6”和“12”相加，得到答案“18”。抄写员书写的高效性让人们惊讶。

埃及人在当时已经发现二进制的作用，而数学家兼哲学家的莱布尼茨直到3000年后才发挥其潜能。今天，整个技术世界存在的基础在古埃及早就被使用过了。

莱因德纸莎草纸稿留有抄写员在公元前1650年抄写的《阿摩斯手卷》，还有一些日常生活中的问题及解决方法。很多问题都涉及面包和酒，这毫不奇怪，因为埃及工人的报酬就是食物和酒。其中的一个问题是怎样将9块面包平均分给10个人而不引起争议。

我们当然可以让9个人各自拿出自己的1/10分给第十个人，但埃及人的办法更经典：9块面包，拿出5块，都将其切成两半。将剩下的4块都切成3小块，并将其中的2个1/3块都切成5小块，即原来大块的1/15。每个人都可以分得1/2块、1/3块、1/15块。从这个实际问题中，人们抽象出新的数字，埃及人开始研究分数。

分数对市场中数量分配平分问题很有实际意义。出于记账的需要，埃及人发明了表示这些新数的符号。分数的最早符号之一来自于神秘的象形文字。

在埃及，有一个自古流传至今的符号，也是古埃及文化中最令人印象深刻

9块面包平均分给10个人

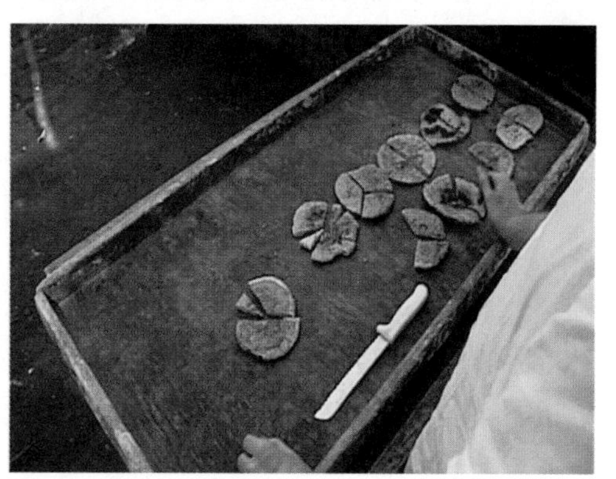

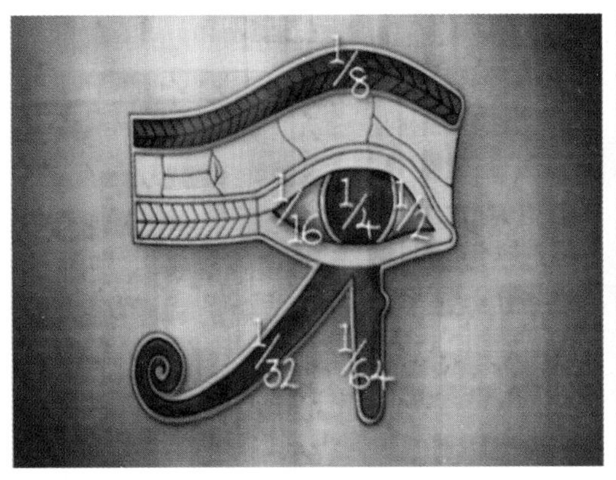

荷鲁斯之眼

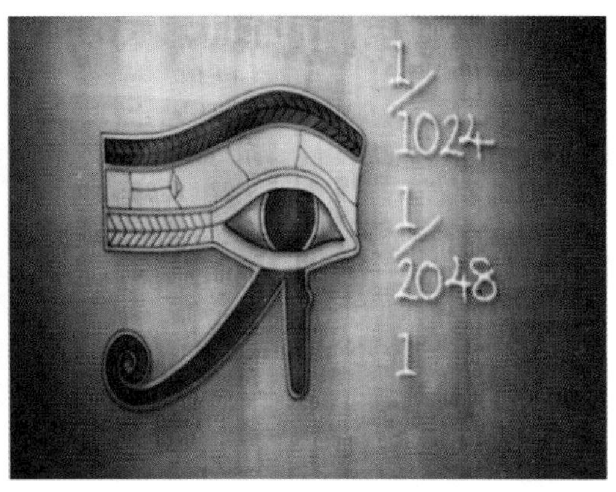

补全的荷鲁斯之眼

的符号之一，它就是“荷鲁斯之眼”，代表着神明的庇佑与至高无上的君权，古埃及人也相信其在人们的重生复活时能够发挥作用。

荷鲁斯是古老王国的神，据说是半人半鹰。传说荷鲁斯的父亲被他的另一个儿子赛特所杀，荷鲁斯决定为其父报仇。在一次激烈的战役中，赛特掏出了荷鲁斯的眼睛，将其捣碎，撒在埃及。

上帝很欣赏荷鲁斯，他将碎片拾起并重新粘在一起。眼睛的每一部分代表一个不同的分数，且是前一个分数的一半。原来的眼睛代表单位1，拼合的眼睛少了1/64。

埃及人还差1/64就停止了，有一张图中可能增补上了：每次将上一个分数分成两半，这些分数的和越来越接近单位1，无止境地接近。这是第一次出现几何等级，而这记录在了莱因德纸莎草文稿中。但是无穷级数概念并没出现，直到几个世纪后亚洲发现了它。

π值和圆的面积

埃及人制定出了新的数制，将分数包括在内，现在是时候将这些知识用来理解日常生活中的常见图形了，这些图形很少是规则的正方形或矩形。在莱因德纸莎草纸文稿上，我们发现了更规则的图形——圆。

令人吃惊的是埃及人计算圆的面积的准确性。他们是怎样找到这种方法的？现在仍然是个谜，因为我们所持有的稿件没有告诉我们方法以及发现过程。这种计算方法的惊人之处在于怎样通过所知的图形计算出圆形。莱因德纸莎草稿证明直径为“9”的圆形田地其面积接近于边长为“8”的正方形的土地面

宝石棋

积。但这种关系是怎么发现的呢？

从古老的游戏——宝石棋中我们可能会找到答案。宝石棋棋板刻在寺庙上，最初每个玩家拥有同样多的石头，游戏的目标就是移动格子，以获得对方的彩球。玩家等待着移动下一步棋，也许他们中的一个意识到有时球能刚好拼成一个圆，并且他还尝试填充更大的圆。他注意到，8乘8，64块石头可用来组成直径为9块石头的圆。通过重新移动石头，圆形与正方形接近。圆面积是π乘以半径的平方，埃及的这一方法第一个准确地算出了π值。圆的面积是64，再除以半径的平方，即4.5的平方，商是3.16，与真实的π值相差不到0.02，埃及人能够利用小的图形来计算大的图形是很让人赞叹的。

金字塔与黄金比例

埃及数学里还有一个雄伟壮观的标志，至今无与伦比，那就是金字塔。我们可能看过许多图片，它们给我们留下了很深的印象，但是只有亲眼所见，我们才能明白金字塔为什么被称之为世界七大奇迹之一。它雄伟壮观，让人叹为观止。沙漠的阳光照在上面熠熠生辉，好像沙漠之中的“镜子塔”。

对数学家们来说，金字塔离完美的图形相差无几，它蕴涵着的对称之美让他们为之赞叹。除此之外，有人提出金字塔比例中还包含着另一重大的数学概念——黄金比例。

金字塔的黄金比例

黄金比例即黄金分割，又称黄金定律，是指事物各部分之间一定的数学比例关系，即将整体一分为二，较大部分与较小部分之比等于整体与较大部分之比，其比值为1:0.618或1.618:1，即较大的部分占全部的0.618。这一比例被公认为最具有审美意义的比例，因此被称为黄金分割。在自然世界或是千年的艺术作品中，在建筑图或是设计图中往往可以看到黄金比例的影子。

不管是金字塔的建筑师意识到了这一重要的数学概念，还是建筑师被这一比例的美感本能地折服。对数学家来说，印象最深刻的就是金字塔的数学奇迹，其中包括了世界最古老、最伟大的定理之一——毕氏定理。

为了在金字塔等建筑上建造直角，埃及人用结绳来计算。埃及人发现，如果一个三角形的三边分别有3个结、4个结和5个结，那么这个三角形必定为直角三角形，并且5个结所在的边对应的角为直角。因为$3^2+4^2=5^2$，即在三角形中，如果有两边的平方和等于第三条边的平方，那么这个三角形就是直角三角形。任意三角形，只要三边满足这一关系，就必定是直角三角形。这和中国的勾股定理是一样的，但埃及人并没归纳总结出勾三、股四、弦五这一说法。

埃及人没有进行总结概括，因为这不是埃及数学的风格，他们的风格是具体问题具体解决，即使有命题的证明，最终也是利用具体数字和具体结果，埃及数学史书中没有归纳概括。直到2000年后，希腊人毕达哥拉斯才证明了直角三角形这一共同的特征。

四棱锥体积的计算

在有4000年历史的莫斯科手卷上，人们发现了一个有关截棱锥体积问题的公式，这是我们从古埃及人那里学到的最重要的数学问题之一。像埃及这样以金字塔闻名的国家，我们可能认为这类问题在其数学文献中很常见。根据现代的数学标准判断，埃及人对于截棱锥金字塔体积的计算是最先进的。

毕氏三角形

建筑师和工程师肯定需要一个计算所需建筑材料的公式，埃及数学的伟大之处在于他们发现了这一奇妙的方法。这一公式是这样演算得到的：

埃及金字塔

金字塔最高点与一角垂直，3个这样的金字塔就可以组成一个长方体。所以斜金字塔体积是长方体的1/3，即高×长×宽×1/3。假设将金字塔切割，移动成对称金字塔，虽然重新组合，金字塔的体积并没有改变，上述公式仍然成立。有关微积分计算的最初线索就产生于此，而戈特弗里德·莱布尼茨和艾萨克·牛顿在几千年后才发现了这一理论。

巴比伦的数学成就

埃及人是令人惊讶的革新者，他们创造新数学的能力非常罕见，他们展示了几何学和数字的魅力，是第一批向令人兴奋的数学殿堂迈进的人。但还有另一种文明，其数学成就可与埃及相媲美，而且更为我们所熟悉。

大马士革，已历经5000年沧桑，至今仍活力四射，生机勃勃。它曾是连接

大马士革

今天的大马士革

古巴比伦泥板书

公元前18世纪的几何课本里讲圆的面积

小泥板书

美索不达米亚和埃及的重要商业通道站点。从公元前1800年起，巴比伦就控制着今天伊拉克、伊朗和叙利亚的大部分领地。为了扩张其领土，壮大其帝权，他们成为管理和操控数字的大师。

从《汉谟拉比法典》中我们可以看出古巴比伦社会运作的方式以及对社会了解最多的人是抄写员。这些专业的学者和计数的人专门为名门望族、寺庙和宫殿做记录。抄写培训学校自公元前2500年起就存在了，立志做抄写员的人很小就被送入该校学习如何阅读、书写和记账。抄写员的记录制成了泥板书，正是这些泥板书使古巴比伦人得以经营和强化他们的帝国。然而，今天存留的泥板书不是官方文件，而是学生的练习。这些遗留下来的物品成了我们洞悉巴比伦数学的珍贵材料。

公元前18世纪的几何课本里有很多图片，每张图片的下面有注解，说明图片中的问题。我们看见的这张图片的意义是说："画一边长为60的正方形，再在其内画4个圆，则圆的面积是多少？"

除了这部几何课本，人们还发现了一块小泥板书。这块小泥板书至少比那部几何课本的泥板书晚了1000年，但两者之间的联系很有趣。小泥板书也在正方形中画了4个圆，画得较潦草。这个不是教科书，而是学生的习题，教学生的成人抄写员采用这个作为课后作业。

跟埃及人一样，巴比伦人似乎对利用测量和称重解决实际问题很感兴趣。巴比伦人在解答这些问题时把答案写得像数学清单一样，抄写员只需抄写注解、依此计算出结果，并记录下来即可。下面是他们已解决的众多问题中的一个例子：

现在有一捆肉桂小棒，但是我们不

称，而是将4捆肉桂放到天平的一端，然后加入20吉恩的砝码，吉恩是古巴比伦的重量单位，之后再把肉桂和砝码的重量各增加一半，即2捆肉桂和10吉恩的砝码。在天平的另一端放入1马拿的砝码，1马拿等于60吉恩，这时天平两端的重量相等了。

这是数学史上的第一个等式，天平两端的重量都为1马拿，那么，1捆肉桂小棒的重量是多少呢？无须借助任何代数语言，古巴比伦人可以熟练地算出每捆肉桂重5吉恩。

类似这样的纠结的问题或许给数学带来了不好的名声，也许我们可以抱怨一下，都怪这些巴比伦人，让我们现在在学校受数学难题的折磨。但古巴比伦抄写员处理这类问题可谓得心应手。有趣的是，他们并没有像埃及人那样采用十进制，而是选用六十进制。

像埃及人一样，巴比伦人也是通过手指发明数制的。但不是通过手上的10根手指来计算，巴比伦人采用了一个更为有趣的方法来计算身体部位。他们利用一只手上的12个手关节和另外一只手

六十进制的强大优势

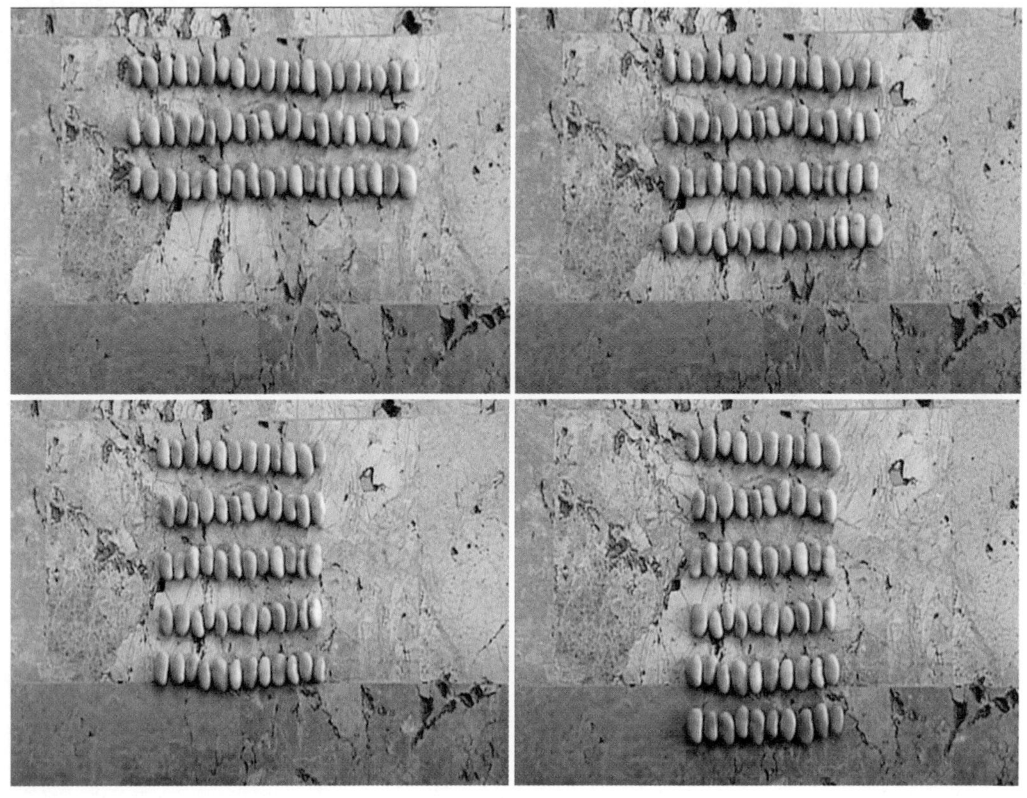

上的5根手指可得到12×5=60个不同的数字。例如：29就是两根手指2×12，再加5个手关节，即24+5=29。但数字“60”还有一个强大的特性，它可以有不同的除法。这儿有60颗豆子，把它们分成2排30颗、3排20颗、4排15颗、5排12颗、6排10颗。“60”的可除性作为算术的基础最好不过了。

六十进制的影响很大，今天还有人在使用它。每次看时间就得与单位“60”打交道——1小时60分，1分60秒。但巴比伦数制最重要的特征是位值，就像我们的十进数，有十位、百位和千位，每一个巴比伦数的位值都是“60”的幂。不用创造新符号来表示较大的数字，六十进制中的数字“111”就可以表示成十进制中的“3661”，这一发现源于巴比伦人绘制夜空变化图的愿望。

巴比伦的日历是基于月亮的周期的，因此在天文学上他们需要记录较大数字的数制法，每年、每月这些周期都被记录下来。大约在公元前800年，有了完整的月食记载。那时巴比伦的测量系统已经很精确了，他们有角度测量系统，360度是一个整圆，每一度可分成60分，一分又可分为60秒。他们的计量法很规律，并且与其数制一致。因此，这样不仅适合观察，还便于计算。

但为了计算一些较大的数字，巴比伦人还需要创造新的符号。为了达到这一目的，他们为数学史上的突破铺好了奠基石，这块奠基石就是数字“0”。

早期，巴比伦人在表示数字中的空位时，就留一个空格，他们需要一个表示“没有”的数字，所以他们用换气符号或标点符号来表示，这就意味着数字中的“0”。这是“0”以一定的形式首次出现在数学王国中，但等这个填补空位的符号独立成为数字，历史却又过了1000多年。巴比伦人建立了如此精细的数字系统后，他们开始利用它来治理美索不达米亚平原上

六十进制中的“111”表示十进制的3661

巴比伦人的水车

贫瘠不宜种庄稼的土地。

巴比伦的工程师和测量员利用数学找到了将水引入农田中的方法，叙利亚的奥伦特河谷现在仍然是农业中心，今天所使用的灌溉方法还是几千年前的老方法。巴比伦数学中的许多问题都涉及土地测量。在测量土地时，人们第一次使用到了一元二次方程，这是巴比伦数学伟大的遗产。这里有一个典型问题：一块地面积为55，长比宽多6，则宽是多少？这是史上第一个一元二次方程。

巴比伦的方法就是将该地重新拼成正方形。剪下面积为原宽度×3的小长方形，并将其按图中的示范放置。此时，只需再补上一个面积为3×3的小正方形，就可以得到一个所需要的大正方形。这样这块地的面积增加了9平方，即变形后的大正方形面积为55+9=64，于是可以算出大正方形的边长为8。因为原长方形的宽加3后等于大正方形的边长，所以原长度就是5。

现代数学借用代数符号来解决这一问题，巴比伦人的成就在于他们利用几何游戏方式就得出了结果，没有用任何符号或公式。巴比伦人为解题而解题，并且十分享受其中的乐趣。

数字在巴比伦人的业余生活中发挥了作用，巴比伦人是游戏狂热者，5000多年来，巴比伦人一直在玩一种西洋双陆棋，

巴比伦人所玩的棋盘游戏

普林顿322石碑样板

这种游戏无处不在，供皇室使用的棋盘高雅时尚，供学生使用的棋盘小巧易得，就连门卫无聊时也会来一盘。人们在空闲时间玩游戏，利用数字进行快速心算来战胜对手。这种消遣需要做大量计算，但他们丝毫不觉得计算很辛苦。

据说，巴比伦人最先用对称图形制作骰子，而他们是否是第一个发现直角三角形这一重要图形的性质的，这一点还有争议。我们知道埃及人用3、4、5创造直角，但许多数学家坚信巴比伦人对直角三角形及其他图形的理解更加详尽。巴比伦人很了解直角三角形定理——斜边的平方是两直角边的平方和，这比希腊人宣称的早了几个世纪。

颇具争议性的巴比伦石碑样板中最著名的一块——普林顿322。在这块石板上，人们发现里面的三列数值分别代表长方形的长、宽和对角线的值，而这些值恰好满足长的平方加宽的平方等于对角线的平方。这些数值一共构成了15个三角形，每个三角形的边长为整数。因此，凭借这块石板，人们很容易设想巴比伦人最先掌握了毕氏定理，而且几代以来数学家们也都想当然地这么认为。其实这15组符合毕氏定理的数值的出现还有更为简单的解释："它不是对毕达哥拉斯三元数组的系统解释，而是一位数学老师经过了一些相当复杂地计算，为了找出一些简单的数字让他的学生思考直角问题而意外发现了毕达哥拉斯三

元数组。”

这块学生练习用的泥板已有近4000年的历史了，上面显示了巴比伦人对直角三角形的认知，它利用毕氏定理找出了一个新数的值。从这块泥板中可以看出，对角线的长度与2的平方根很接近。这一点非常重要，而且从中我们可以知道毕氏定理已经在学校中进行传授。为什么说它重要呢？这是因为“2”的平方根是无理数。无理数不论是用十进制还是用十六进制来书写，小数点后的数字都是无穷的。

这种计算方法影响深远，首先，它表明巴比伦早毕达哥拉斯1000多年就了解勾股定理；其次，它能准确计数出小数点后的前四位，证明了巴比伦人的算术能力，而他们对数学细节的关注让人折服。

希腊人的数学

巴比伦数学的灵巧性让人折服，2000年来，他们都是古老知识世界的先锋。但是当帝王的权力逐渐衰弱的时候，知识世界也失去了活力。

到公元前330年，希腊帝国的魔爪深入到了古老的美索不达米亚平原。叙利亚中部城市椰枣城是希腊人建造的伟大城市之一。这座城市由数学家参与建造，其几何结构完美得让人惊叹。像前人巴比伦人一样，希腊人对数学也是极度狂热。

希腊人是聪明的殖民者，他们从被自己侵略的国家吸取文化精华来壮大本国的实力和影响力，但很快，他们就不再只是吸取，而是输出。最伟大的创新是思想的革新，他们发起的革新影响了几个世纪的

学生练习用的泥板　　毕达哥拉斯三元数组　　椰枣城

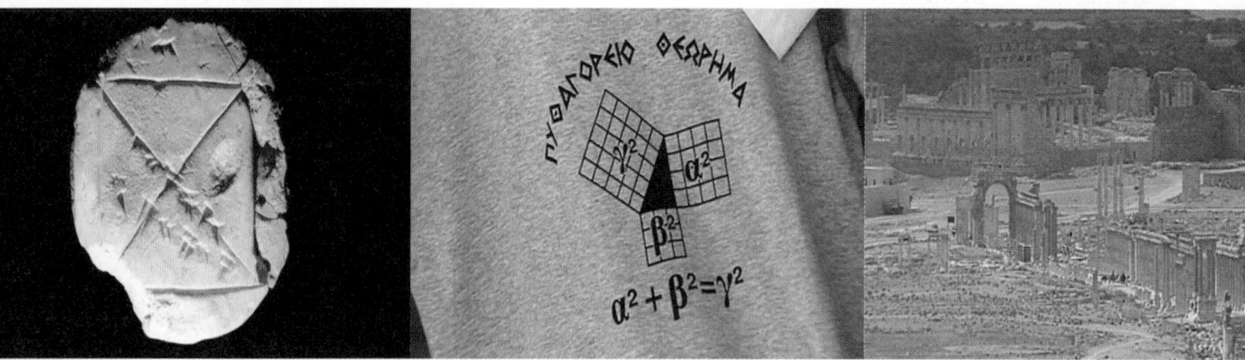

人，他们证明了实力胜于一切。

希腊人认为得建立数学演绎系统证明一些定理。公理是公认正确的，它也是人们假设真实正确的事实，但它无须证明。而定理一般则需要通过演绎系统从一些公理开始一步步将定理进行证明和推演。从这些定理中，人们可以推断出更多的定理，就像滚雪球一样。证明为数学赋予了永恒的活力，2000年前，希腊人通过证明而发现的定理至今还被人们认为是正确的。

对很多数学家来说，希腊数学是浪漫的，如史诗般的。而古代希腊帝国的中心有许多东西值得我们进一步学习。萨摩斯岛，离土耳其海岸不到1.6千米，该地成为希腊数学诞生地的代名词，而这一切都归功于一个人，这个人就是毕达哥拉斯。他传奇的一生使其成为过去2000年来一直备受世人崇敬的一位名人。毕达哥拉斯是数学史的奠基人，他把起初仅用来记账的数学发展到今天，成了一门科学。

毕达哥拉斯是有争议的人物，他没有留下任何数学笔记，很多人因此质疑他是否证明了那些归功于他的定理。他于公元前6世纪在萨摩斯岛建了一所学校，他的教学受到质疑，而他的毕达哥拉斯教派也是很奇怪的宗教。现在有证据证实了毕氏学派的存在，该学派看起来更像一个宗教教会，而与哲学流派无关。因为他们不仅共享知识，而且共享着相同的生活方式。他们共同生活，而且都参与城市政治。这一教派男女都可参加，这种方式与古老的世界格格不入。

毕达哥拉斯超越了埃及人和巴比伦人，让我们认识了直角三角形的性质。

古希腊遗址　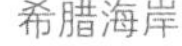希腊海岸　毕达哥拉斯

毕氏定理指出以直角三角形的三边为边各画一个正方形，则最大正方形的面积等于两小正方形的面积之和。有数学家认为这标志着数学学科的诞生，使其与其他学科间产生了一道跨越。证明很简洁，其推理是引人注目的：将4个直角三角形放在上面，则正方形边长等于三角形斜边等长。将这些三角形移动，大正方形分解为2个小正方形。2个小正方形边长为三角形较短边长，斜边的正方形面积等于另两边三角形面积和。毕达哥拉斯定理显示了希腊数学命题的特色，即依靠几何而不是数字来论证命题。

毕达哥拉斯如今可能已不再如过去那般受欢迎，曾归功于他的很多理论近来也受到质疑。但其中有一个数学理论是毋庸置疑的，那就是与音乐有关的调和级数。

故事是这样的：一天，毕达哥拉斯经过铁匠铺，听到了打铁的声音，并发现声音很是和谐悦耳。他坚信这么优美的音调必定有合理的解释，这个解释就是数学。通过试验弦乐器，毕达哥拉斯发现两个悦耳音符的间隔可以被描述成整数比的形式。

我们看一下他是怎么创造他的理论的：首先在弦上弹奏一个音符，然后弦长缩短一半，该音符与第一个音符相似，事实上高八度，但两者很相似，因此以同一个音符命名，然后再弹三分之一弦长的音符，就得到与前两个音符很和谐的音。但如果音长与之前的音长并非整数比时，就是不谐和音。据说这一发现让毕达哥拉斯非常兴奋，于是他认为万物皆数。

毕达哥拉斯及其追随者的世界观形成了一些观念，他们把这些观念都冠上了毕达哥拉斯的名号，而这其中必然会

毕氏定理的证明

有某些偏差。据说他的一个追随者——数学家希帕索斯想要找出两个直角边长度为“1”的直角三角形其斜边的长度。根据毕达哥拉斯定理，斜边长的平方应该为“2”。但毕达哥拉斯学派的人认为答案是分数，希帕索斯试图按照分数来解释，但解释不通。最终他意识到值为分数的假定是错误的。“2”的平方根这个数曾被巴比伦人刻在石碑上，但他们没有发现这一数字背后蕴涵的深刻意义。当其他人没有认识到这一特殊数字时，希帕索斯发现了，这就是无理数。

这一新数和与这个新数类似的数的发现不亚于探索者发现新大陆、博物学家发现新物种。然而，无理数触犯了毕达哥拉斯学派的世界观。后来，当希腊评论家讲述毕达哥拉斯学派的神秘性时，希帕索斯泄露了他的这一发现，这与他们的研究观点不合，于是希帕索斯被淹死了。但这一数学发现不可能这么轻易地就被扼杀。

当时希腊所有的哲学和科学流派都在这些基础之上开始繁荣发展起来。最著名的当属柏拉图学园，柏拉图学园于公元前387年建于雅典。虽然在今天柏拉图被认为是哲学家，但那时他是数学最重要的资助人之一。柏拉图陶醉于毕达哥拉斯的世界观，认为数学是知识大殿的基石。有人认为柏拉图是我们洞悉希腊数学的最有影响力的人物。柏拉图

柏拉图学园

柏拉图的宇宙观

认为数学知识很重要，它与现实息息相关，所以理解数学就等于理解现实。

柏拉图的对话录《蒂迈欧篇》中指出数学是揭示宇宙奥秘的钥匙。这一观点至今还被很多科学家认可。柏拉图对几何的重视程度体现在一块挂在学园上的牌匾中，上书：不懂几何者不准入内。

柏拉图认为宇宙是由5种正多边形组成的。今天，这些图形被称作柏拉图正多面体，是由正多边形组成的正多面体。火微粒是正四面体，水微粒是由20个三角形组成的正二十面体，土微粒是立方体，气微粒是正八面体，第五种正多面体是由正五边形组成的十二面体，它们体现了柏拉图的宇宙观。

柏拉图的理论影响深远，1500多年来激发了无数数学家和天文学家的思想。除了柏拉图学园取得突破外，希腊帝国也取得了不少数学成就。不过，从某些方面而言，希腊在数学方面的成功得归功于埃及的数学遗产。

公元前3世纪，亚历山大帝国崩溃后，亚历山大的将领托勒密·索托建立了一个统治埃及及其周围地区的希腊化王国，史称托勒密王国。在托勒密统治时期，亚历山大港是学术中心，它的亚历山大图书馆可与柏拉图学园相媲美。正如他们所号召的："亚历山大国王准备投资艺术、文化、科技、数学和语法。因为对文化追求投资彰显你显赫的统治，赋予你伟大功名。"数学家和哲学家涌向亚历山大，渴望知识，渴望成名。

旧图书馆和它的珍贵的藏书于公元7世纪穆斯林入侵埃及时被摧毁，但其精神永远存在新建图书馆中。今天，图书馆仍是发明创造和学者汇聚的地方。

在所有先驱中，很多人都崇拜高深莫测的希腊数学家欧几里得。我们对欧

亚历山大图书馆旧馆的绘画

亚历山大图书馆新馆内景

几里得的生平所知甚少，但其卓越的成就使他成为数学史上的一座里程碑。大约在公元前300年，他写下了《几何原本》一书，这是前所未有的不朽之作，在《几何原本》中我们可以找到希腊数学的革命伟绩。这本书以一系列被称为公理的数学假设为基础，如两点成线，从一些公理中演绎推理出定理并建立数学理论体系。《几何原本》包括圆锥体和圆柱体积的计算公式以及几何级数、完全数和素数的证明。《几何原本》的最大贡献在于证明只有5种类型的正多面体。

能画出5种正多面体是一回事，但通过严密逻辑证明不存在第六种正多面体则是另一回事。《几何原本》就像一本神秘的逻辑推理小说，经得住时间的考验。一些科学理论在代代相传时被后世人推翻，但《几何原本》中的定理原理2000年来仍然不可撼动。如果稍加注意，我们就会惊奇地发现，学校里所教

《几何原本》中对5种正多面体的阐释

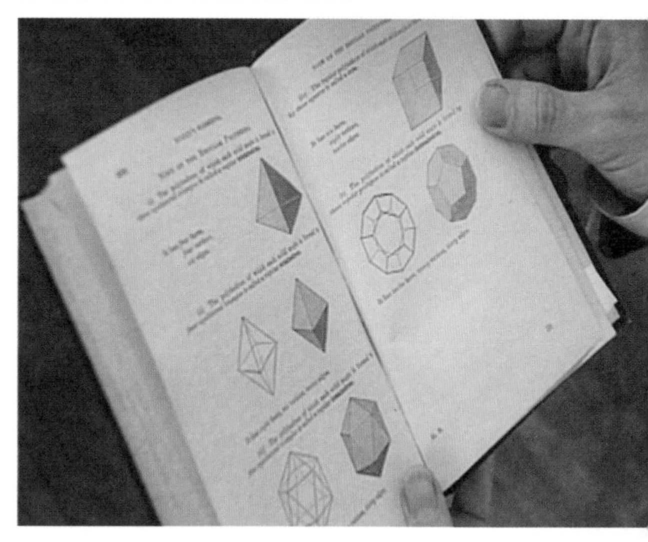

的定理，也许授课观念不同，也许组织方式不同，但欧氏几何仍很常见，并且在高等数学中，如解多维空间的问题还离不了它。

亚历山大港可以算是古代学者灵感的来源地。欧几里得的名气吸引了无数年轻学者抵达埃及港口，这其中就有数学家阿基米德，他喜爱亚历山大港的知识氛围，并全身心地投身于学习研究，最终成为具有远见卓识的数学家。

伟大的希腊数学家致力于冲破一切限制和束缚。阿基米德也曾致力于多边形、多面体的研究，后来他又转向了重力、螺线，这种不断尝试和将一切事物数学化的本能是一种宝贵的遗产。

阿基米德还擅长制造大规模杀伤性武器。公元前212年，他制造的武器曾用来对付入侵他家乡锡拉库扎的罗马人。他还制作聚光镜，借助太阳光的威力烧毁罗马舰队。但对阿基米德来说，这些成果都只是消遣，他有着崇高的抱负。

阿基米德陶醉在纯数学中，潜心做研究，不做卑鄙的工程交易，不理会世俗的要求，不为谋钱获利。他潜心钻研纯数学理论，得出了计算规则图形面积的公式。他还发现了用已知图形来计算未知图形面积的方法。例如，要计算圆的面积，他会画一个内接三角形，然后将三角形变为六角形。我们也认为圆的内接多边形边数无限增加时趋于圆。通过计算圆的面积，阿基米德得到了π的值，这是数学中最重要的数字之一。

阿基米德

事实上，阿基米德更擅长计算多面体的体积。他找到了一种切割法计算体积，沿球体表面切割，使每片接近圆柱状，然后将所有圆柱片体积相加，就得到球体的体积。但他的聪明才智还在于他的设想：若将球体切成无限薄的圆柱片会怎样无限接近，最终将得到确切值。

然而阿基米德对数学的沉迷也使他

与世长辞。有一天，阿基米德全神贯注地在沙地上研究圆，罗马士兵过来问话。阿基米德正研究得出神，于是他要求让他完成这一定理再回话。但罗马士兵对阿基米德研究的问题毫无兴趣，于是当场杀死了他，这是数学界不可言说的痛，是非常巨大的损失。阿基米德逝世了，但其对数学的贡献非常巨大。

到公元1世纪中期时，罗马加强了对古希腊帝国的统治。他们对纯数学没有兴趣，而是注重数学的实际应用。这种实用态度标志着亚历山大港著名的图书馆的终结。然而，有一位数学家决心保护希腊遗产。她就是希帕蒂娅，是一位女数学家，也是当时基督罗马帝国的一名异教徒。希帕蒂娅是一名教师，她也是时代人物，才华横溢，远近闻名。她有很多学生和跟随者，享有盛望，影响非凡。在亚历山大的政治舞台上举足轻重，她也是基督教徒的大敌。

四旬斋的一天早上，希帕蒂娅被一群疯狂的基督教徒拉下马车。她被折磨殴打致死。她的精彩人生和悲惨遭遇吸引着后代。她的偶像地位使她的数学成就被忽视了。事实上，她是名出色的教师和理论家，她的死对亚历山大港的希腊遗产是致命的打击。

在这段时空之旅中，我们看到了早期文明中人们对数学的探究。早期的数学家们满怀激情，对数学的研究进行了一次又一次地尝试和创新。正是这些来自埃及、巴比伦和希腊的先驱们一次又一次创造的突破，奠立了今天数学科目的基础。他们在数学领域不断求索的精神也影响了一代又一代数学学者。

希帕蒂娅之死

东方数学天才——数学的发展

The Genius of the East——The Development of Mathematics

从时间测量到宇宙定位，从绘制世界地图到海上导航，从人类最初的发明到今天的高新科技，数学一直支撑着人类的生活。

人类数学文明旅程的第一步始于文明古国埃及、古巴比伦和古希腊，他们创造了基本的数字符号和计算语言。随着古希腊的衰败，数学也止步不前。但这只是当时西方的局面。在东方，数学正蓬勃发展。

在很多西方国家，东方世界的数学成就往往被忽视或淡忘。东方文化在数学上取得了丰功伟绩，改造了世界，却没有留下盛名。但没有广为人知的东方数学，却影响了西方，孕育了现代世界。让我们回到古代的东方，重温那些古老的故事，看看在那里数学是怎样发展的。

中国的古老数学

中国的长城有“万里长城”之誉，它建于崇山峻岭之上，已有2000多年的历史，是建筑史上的一大奇迹。在过去悠远的历史长河中，长城用于抵御外敌，保卫日益强盛的帝国。然而，在着手动工修筑长城时，古时候的中国人意识到必须先计算出距离、仰角和所需材料。所有这些思考都促进了数学的发展，进而满足建设中华帝国的需要。

古代中国，数学的核心是极其简单的数制，它为如今西方国家的计数打下了基础。在古时候的中国，当数学家做算术题时会用到小竹棒。他们用竹棒来表示1～9。1～5分别用1～5根小竹棒表示，6～9这些数则是把一根竹棒平放，再在下面分别摆上1～4根竖着的小竹棒来表示。

把小竹棒放在不同的栏中分别表示几个、几十、几百、几千等。例如，数字“924”可以用竹棒这样表示：个位栏摆出4，十位栏摆出2，百位栏摆出9。

这就是我们所说的十进位位值制，它和我们今天采用的十进制很相似，今天的我们也采用数字1～9，这几个数字处在不同的数位可以表示几、几十、几百、几千、几万等。这些小竹棒在这里可以让计算变得更迅速。事实上，古代中国的计算方法和我们现在在学校里学习的方法类似。

用小竹棒表示的“924”

数字2

数字4

数字7

数字9

中国比西方在采用十进位位值制方面领先了1000多年，但古时候的中国人只有在用小棒计算时才使用这种十进位位值制。在书写数字时，古代的中国人并没有采用位值制，而是采用更加费事的一套体系，使用专门表示十、百和千等的符号。这样，数字“924”须写成九百、二十和四，效率极低。

除此之外，在古代的中国没有“0”这一概念，没有表示“0”的符号，“0”这个数根本就不存在。用小棒计算时，他们会用空格表示今天的“0”。但书写“0”就成了问题。这也解释了为什么得创造新符号表示十、百和千，因为这样就不需要“0”了，但如此一来，表达的数也就有限了。

数字“0”的缺席并没妨碍古代中国在数学上取得非凡的成就。事实上，在古老的中国，数学的魅力无处不在。传说，中华民族的第一位君主——黄帝认为数字有助于人们理解宇宙，于是派他手下一名神将大约于公元前2800年创造了数学。至今很多的中国人仍认为数字具有神秘感，比如：奇数代表阳性，偶数代表阴性；“4”应该尽量避免，“8”则可以带来好运。古时候的中国人对数字规律很着迷，形成中国版的数独游戏，它就是“幻方”。

据说，几千年前，有一神龟拜见禹。这只神龟来自黄河深处，龟背上有

古代中国人所书写的“924”

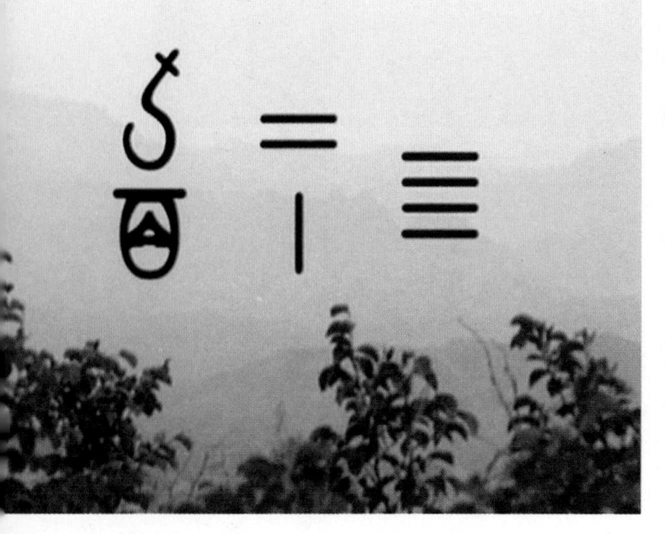

幻方

一组数字，排列成神奇的方阵。人们认为这个方阵有神秘的力量，每横排、竖排、斜排上数字相加得15。现在这个“幻方”不过是一个趣味谜题而已，但它显示了古代中国人对数字规律的兴趣。很快，他们便创造出更大、更神奇的数学“幻方”。

数学家在封建统治上的地位也举足轻重。日历和天象变化对皇帝影响重大，大到他的决策，小到他的日程安排都和数学有关系，所以精通数学的天文学家是皇宫重臣。皇帝的一举一动都依日历而定，研究中国古代的学者认为，皇帝的嫔妃侍寝也是精心计算安排的。皇帝有专门的数学顾问，帮助他计算和规划后宫的众多嫔妃谁来侍寝，不能有遗漏。“数学顾问”想出将嫔妃按等比数列排列，数学有这样有趣的用途，真是前所未闻！

据说在15个夜晚，共有121位嫔妃侍寝。皇后、三夫人、九嫔、二十七世妇、八十一御妻。数学家们很快发现它们成等比级数，这列数字，每一项与它的前一项的比等于同一个常数，在这个例子中这个常数是3，每一组是前一组的3倍。这样数学家可以快速制作出一张表，确保皇帝在15日内临幸后宫中的每位嫔妃。

皇帝庞大的后宫

第一晚临幸皇后，第二晚是三位夫人，第三晚是九嫔，接着在第四至第六晚临幸二十七位世妇，即每九位世妇共同承恩一夜。在余下的九个晚上，八十一位御妻分组，每组九人一起给皇帝侍寝。

这样的安排目的非常明显，是为了让皇后有最大可能性诞下皇位继承者。进御制度确保皇帝在月满时临幸最高等级的嫔妃。此时阴盛，女性状态最佳，才会与皇帝的阳完美结合。

数学的应用不仅体现在皇帝后宫的管理上，随着经济的发展，数学对国家管理方面的影响也日益增加。

中国古代王朝日益昌盛，发展出了严格的法律、完善的税收及重量、测量、货币制度。帝国的发展需要擅长数学的高素质官员，而培养这些官员所用的教材——《九章算术》大约出现在公元前200年。该书收有246个与交易、工资和税收等有关的实际应用问题，而这些实际应用问题的本质其实都是围绕着数学中的一个重要主题：如何解方程。

方程就像填字游戏，给出了一定的信息，根据已知信息推算出未知数。例如，用天平和砝码可测出1颗李子和3个桃子总重为15克，而2颗李子和一个桃子

第一晚临幸皇后

第二晚临幸三夫人

第三晚临幸九嫔

第四至第六晚每晚临幸九位世妇

第七至第十五晚每晚临幸九位御妻

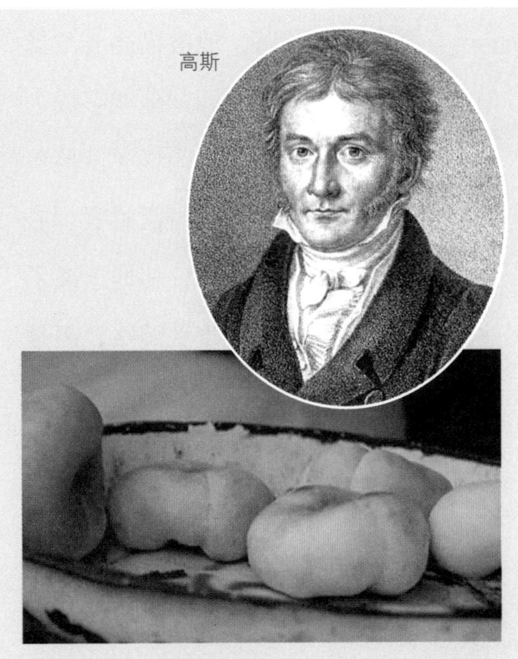
高斯

应用方程的思想解决实际问题

总重为10克，根据这些信息，我们可以得出1个李子和1个桃子分别重多少。

第一个称盘中放1个李子和3个桃子，重15克，增加一倍，即2个李子和6个桃子，共30克。把它和第二个称盘中的李子和桃子相减，即2个李子和1个桃子重10克，结果变得很有趣，这样称盘中就没有李子了，并且我们发现5个桃子重20克，因此每个桃子重4克，由此推算出每个李子重3克。

中国人采用相同的方法解决了求更大未知数的复杂方程。而令人惊讶的是，这种解方程的特殊体系直到19世纪初才在西方出现。1809年，在研究小行星带中的帕拉斯星时，数学王子卡尔·弗里德里希·高斯发现了这种解方程的方法，而中国在几百年前就阐述了这种方法，古老的中国走在了欧洲的前列。

然而中国还在进步，陆续解决了涉及更大数字、更为复杂的方程问题。在处理今天所说的剩余定理时，中国人发现了另一个新的问题。

若一未知数被3、5、7这样的已知数除，余数已知，当然这是一个相当抽象的数学问题，但古代中国人却用生动的生活语言描述出来了：集市一女子有一篮鸡蛋，但不知鸡蛋数。她只知道按3个一排，余1个；5个一排，余2个；7个一排，余3个。古代中国人找到了一种系统

3个一排余1个

7个一排余3个

的方式推算出篮中至少有52个鸡蛋。

更为神奇的是，我们可以通过这些较小的数如3、5、7计算出一个符合条件的数，如52。这种数字观点在其后的200年里成为重要的数学定理。

到了公元6世纪，中国古代的天文学应用剩余定理测算天体运动。然而，直到今天，剩余定理仍有其实用价值。网络密码系统编码所采用的数学知识就来自于中国的剩余定理。

到了公元13世纪，数学已成为遍布中国的30多所学校中的固定科目，中国数学的黄金时期到来了。在此期间最重要的一位数学家便是秦九韶。据说秦九韶是个不折不扣的恶棍，他身为朝廷命官却贪赃枉法，随官任职，走遍大江南北。他利欲熏心、盗取公款，凡挡道者，必将除之而后快。

秦九韶臭名昭著，他被描述成“暴如虎狼，毒如蛇蝎”，因此他能够成为一名勇猛的军官也就不足为怪了。他曾抗击蒙古入侵十年，但他经常感叹军旅生活占据了他太多的时间，使他远离了他的真正爱好——不是收受贿赂，而是钻研数学。

秦九韶对方程的研究最初是出于测量周边世界的需要。一元二次方程中包含平方数或数的二次方，如5×5。古美索不达米亚人意识到二次方程最适用于测量像天安门广场这样的平面图形。

但秦九韶对更为复杂的方程——三次方程感兴趣。这类问题涉及立方数或数的三次方，如5×5×5。三次方程最适用于解决立体图形，像毛主席纪念堂。

秦九韶找到了一种解决三次方程的方法，方法如下：假设秦九韶想知道毛

用二次方程解决包含平方数的问题，如天安门广场的面积

利用三次方程测量立方体的长、宽、高

主席纪念堂的确切尺寸，他已知该建筑的体积和长、宽、高之间的关系。为得出答案，他会先根据已知条件列出一个三次方程，然后合理估量其尺寸。虽然他对纪念堂的计算很接近，但仍有差距。秦九韶根据差量，创造出了一个新的三次方程。他试图找到这个新的三次方程的解，推敲他的第一次猜想。不断重复，最后差量越来越小，他的估算越来越准。

但令人惊奇的是，秦九韶的解题方法在西方并未出现。直到17世纪艾萨克·牛顿才得到类似的解题方法。这种方法的作用还在于它可以应用到更复杂的方程上。秦九韶甚至利用这种方法解十次方程，这可相当不易，极其复杂。

秦九韶的观点已超越他的时代，但他的方法也存在问题。该方法只能算出近似答案，工程师或许对这个答案已经满足了，但数学家却仍不满足。数学是一门精确的科学，要求一切都是精确的，秦九韶绞尽脑汁也没能找到精确的方法来解多次方程。

中国在数学方面取得了巨大的飞跃，接下来数学的伟大突破发生在中国南边的邻国。这个国家的数学历史悠久，并且永远改变了数学的面貌。

印度的数学发展

印度作为数学古国，在数学方面的贡献首先体现在数字世界上，像中国人一样，印度人很早就发现了十进位位值制的便利，在公元3世纪中期就已经开始采用十进制。有人说印度是从在印度游历经商的中国人那儿学到的，有人说也许是印度人自已摸索出来的，但时间已经过去那么久了，这段历史也成了一个谜。

我们也许无从知道印度人是如何得出数制的，但我们知道他们不断修改完善前人的数制，最终得出了今天全球通用的9个数字。印度的数制被很多人看作历史上最伟大的发明，与我们今天通用的数制最接近。

和今天我们用到的数制相比，古代数学还缺失了一个数，正是印度人把这个数带到我们的世界中。我们所知的关于这个数的最早记载可追溯到公元9世纪，虽然它在几个世纪前就投入到实际应用中，这个新数刻在数学世界的圣地之一，印度中部瓜里尔城堡的小寺庙的一面墙上，这个数就是“0”。

不可思议的是，在印度人发现“0”之前，根本就不存在数字“0”。在古希腊没有“0”，在埃及、美索不达米亚都没有。我们知道中国使用过“0”，但只是用来填补空位，是用空格表示的。

印度人将这个空位变为一个新数“0”，这个数字意义重大，在用于计算和研究时，这个全新的概念掀起了一场数学革命。有了“0”至“9”这10个数字，再大的天文数字都可以简洁明了地表示出来。

印度人发明的数制与现代社会通用的数制最相近

为什么在印度产生了这一想象性的飞跃，我们无从知晓。印度人对“0”的认识和使用可能是从计算沙子中的石头开始的。计算时石头被拿走后，在原地就剩下了一个小圆洞，表示从有到无的过程。

印度人发明的新数“0”

但“0”的发明可能也有一定的文化原因。“无”的概念永远地烙在古印度人的信仰中。在印度人的信仰中，宇宙生于“无”，“无”是人类的终极目标。所以一种对虚无顶礼膜拜的文化肯定乐于接受“0”这一概念。印度人还用梵文“shunya”表示哲学中的虚无，即数学中的“0”。

这个小圆坑可能就是“0”的由来

公元7世纪，印度伟大的数学家婆罗摩笈多证明了“0”的一些基本性质。婆罗摩笈多“0”的运算规则今天仍在世界各地的学校传授。1加0等于1，1减0等于

1，1乘0等于0。

但婆罗摩笈多在证明1被0除时遇阻，毕竟没有与0乘等于1的数。只有用无限的概念来解释“0”作除数的情况，这一突破在12世纪时被印度数学家婆什伽逻发现，他是这样发现的：拿一个水果，分成两半，即1除以1/2得2，除以1/3得3，因此分的更小得到更多；若小到0时，则最终可得到无限块。于是，婆什伽逻得出1除以0等于无限。

但印度有关“0”的运算发现不止于此。例如，从3中拿掉3剩下0，但从3中拿掉4呢？似乎什么也没有，但印度人得出这是另一种无——负数。印度人称之为负债，这样可以很好地解方程。例如：现有3匹布料，拿走4匹，还剩多少？这个问题似乎很奇怪，也没有实际意义，但这就是印度数学之美。他们能想出负数和“0”是因为他们把数字看作抽象实体。数字并不只是用来计算布匹的数量的。数字是现实世界中有生命的独立体，这种思想使得数学观点层出不穷。

印度人把数学看成抽象体的想法为解一元二次方程提供了全新的角度。一元二次方程就是涉及数的二次方的方程。婆罗摩笈多对负数的理解使他意识到一元二次方程总有两个根，其中一个可能是负数。

婆罗摩笈多进一步研究有两个未知数的二次方程，而这一问题直到1657年才在西方出现，那时法国数学家费马用这一问题挑战他的同事，但他们还不知道这个问题在1000年前早就被婆罗摩笈多解决了。

婆罗摩笈多断断续续地寻找解方程的抽象方法。令人惊奇的是，他竟采用了新的数学语言来表达这一抽象概念。婆罗摩笈多试验多种方式来书写方程，采用各种颜色的首写字母来表示方程中的未知数。新的数学语言于是产生了，最终变成了今天数学杂志中常见的x和y。但印度数学家不只是发现了新的符号，他们还发现了新的有关三角学的重要理论，这一理论的核心便是直角三角形。三角学的作用就像一本转换几何和代数的字典。虽然最先是由古希腊人提出的，却是在印度数学家手中得到了发展和完善。

根据三角学，在直角三角形中，可以用某个角的角度找出对边与斜边的比。这种函数叫正弦函数，给出一个角就可知其正弦值。例如，在一个直角三角形中，一个角是30度，其正弦值是1比

2，也就说明这个角的对边与斜边的比是1/2。

无法测量的距离可用正弦函数计算得出。今天，这一方法常用于建筑和工程上。印度人将这种方法用于测量土地、海上引航、绘制宇宙图，还有天文台的主要工作上。

印度天文学家利用三角学测出地球和月亮及地球和太阳之间的距离。但只有月亮半满时才能测量，此时月亮与太阳相背，太阳、月亮和地球构成直角三角形。印度人测出太阳与天文台成角为1/7度。该角度的正弦函数值为1/400，这意味着太阳与地球之间的距离是月球与地球之间距离的400倍。利用三角学，印度数学家在地球上就能探索太阳系。

人们已经知道了一些角度的精确正弦值，但还有很多角的正弦值还不能确定。印度人走得很远，他们向更艰巨的任务挑战，他们要研究出一种能计算任何角度的正弦函数值的方法。

任意角的正弦函数值研究在南印度的卡哈拉取得了突破。15世纪时，这个地方是各种数学流派聚集的地方。这些数学流派的学者中最杰出的是马拉瓦，他的数学成就举世瞩目。

马拉瓦的成就主要在于无限的概念。马拉瓦发现很多东西无限增加时会产生神奇的效果。之前人们对无限的计算很是无奈，但马拉瓦却举双手欢迎。

正弦值

利用三角学测量地月及地日之间的距离

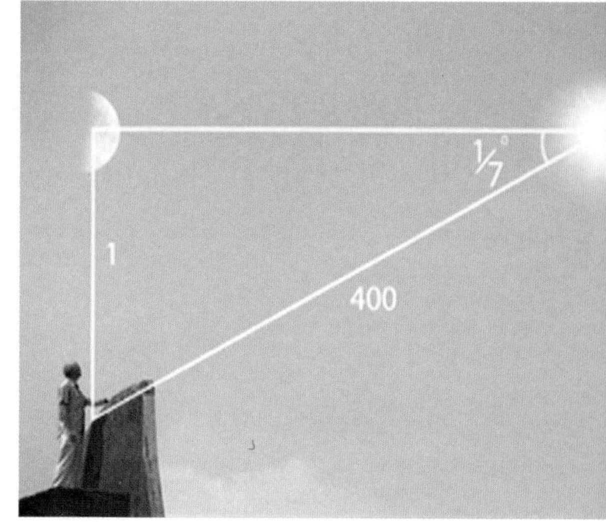

马拉瓦用行船解释无限的计算

分母的奇数值无限增大，也就无限接近π值

瞧瞧他是怎样将无限个分数相加凑成“1”的。

假设船从这头到那头，即0到1。然而，我们可以把整个路程分成无限个分数。船首先行走1/2，再走1/4，然后1/8，再后来1/16，等等。随着分数逐渐减小，船逐渐接近1的位置。但只有将所有的分数相加求和，船才达到终点1的位置。

不论从哲学角度还是现实角度来说，这种无限项的求和计算都是一大挑战，但这就是数学的力量，使本不可能的事变成可能。通过用新语言来表示无限及其运算，可以证明经过无限步后最终将到达目的地。

这种无限项的求和被称为无穷级数，马拉瓦做了大量研究寻找这些数列和三角学的关系。首先他意识到可用同样的方法将无限项分数相加得到数学中重要的数值π，π是圆周和直径的比，它是数学中无处不见的数字，对工程师来说尤其重要，因为任何有关曲线的计算都离不了π。几个世纪以来，数学家为求得π的精确值一直不懈钻研。

6世纪时印度数学家阿耶波多得出π值为3.1416，这个值极为准确。他利用该值去计算地球的周长，与真实值只相差70千米。但在15世纪，在卡哈拉，马拉瓦意识到他可以用极限法得出公式，从而求出π的精确值。

通过不断加减不同分数，马拉瓦最终得出求π的公式。首先他前进4步，4比π大一些，接下来他往后退4/3步，即后退1步。这样又比π值小很多，于是又向前移动4/5步，每次加减几分之四，分母为奇数数列，如4/7、4/9、4/11等

等。他在数轴上来回移动，越来越接近π的真实值。他发现随着分母奇数值无限增大，也就无限接近π值。

很多人都认为求π的公式是17世纪德国的数学家莱布尼茨发现的，令人惊讶的是，在15世纪时马拉瓦在卡哈拉就发现了。他还陆续用同样的数学方法得出三角学中无限级数的正弦公式。而最奇妙的是，我们可以利用这个公式计算出任意精确角度的正弦值。

令人难以想象的是印度数学家的这些发现先于西方几个世纪。这也说明西方对非西方文化的态度，西方人总宣称这些是西方人先发现的，很明显西方在承认非西方的重大数学成就时总是磨磨蹭蹭的。

马拉瓦不是唯一不被西方承认的数学家。随着18、19世纪西方与东方的接触越来越多，在其殖民地，文化上的垄断和诋毁比比皆是。西方国家认为殖民地国家的文化是糟粕，毫无可取之处。直到21世纪，历史才开始改写。不过，东方数学家对欧洲的数学产生影响多亏了中世纪一股势力的发展。

数学新势力

公元7世纪，一股新势力横扫中东。先知穆罕默德的传教促进了伊斯兰教的强大和繁荣，其影响力从东方印度一直扩展到西边的摩洛哥。这股势力也带来了知识和文化的传播。

一座伟大的图书馆作为学习的中心在巴格达建立，叫作“智慧之家”。它在教学上的影响力在整个伊斯兰帝国扩散，甚至影响到芬泽的许多学校。学校科目有天文学、医学、化学、动物学和数学。

穆斯林学校收集和翻译古籍，留传给子孙后代。事实上如果没有他们的介入，今天的我们或许无从得知埃及、巴比伦、希腊和印度的古老文化。但智慧之家的学者并不满足于只是翻译他人的数学，他们想创立自己的数学，促进该学科的发展。

巴格达智慧之家的馆长是波斯学者阿布·穆罕默德·本。阿布·穆罕默德·本是位出众的数学家，他给西方引入了两种重要的数学概念。他认识到印度数字的无穷潜力将给数学带来繁荣和科技革命，在他的著作中展示了这些数字在快速计算时的作用。这些高效的数字影响非常大，不久之后，伊斯兰世界的众多数学家便开始采用这种印度数字。事实上，这些数字变成了印度-阿

平面墙壁上的对称图案

某数的平方一定比与它相邻的两数之积大1

拉伯数字。

从“0”到“9”的这些数字，是当前全世界通用的数字。但阿布·穆罕默德·本创造了全新的数学语言——代数，代数来自阿布·穆罕默德·本的书名中的“al-jabr”，该书是“Hisabal-jabrw'al-muqabala”，直译就是《利用还原与对消运算的简明算书》。

代数是统辖数字使用方式的语法，它描述了数字运算背后的规律，就像电脑程序中的编码，向程序中输入任何数字，程序都能照常运行。例如，数学家可能发现一个数的平方总比与它相邻两数的乘积大1，如5×5是25，比4×6的积24大1，6乘6的积比5乘7的积大1，但这一规律是不是对所有数都适用呢？要找出其中的规律，需要借助皮革厂的染洞。

若将5×5个洞的方阵中去掉一排5个，将其移到底排，就得到6×4方阵还多1个洞。不论方阵中有多少洞，总可以用相同的方法将其中一排洞移到底排，得到一个长方形并且还多一个洞。

代数的创立是一次巨大的突破，这是一种分析数字运行的新语言。之前印度人和中国人曾研究过具体实际的问题，但阿布·穆罕默德·本研究的是从具体情况到一般情况。他找到的是问题的系统分析方式，所以无论具体数据是多少，这种分析方式都能解决问题。代数现在已是数学世界通用的语言了。

在用代数来解多元二次方程问题时，阿布·穆罕默德·本取得了重大突破。虽然美索不达米亚人发现了解特殊二次方程的巧妙方法，但真正证明该方法永远有效的是阿布·穆罕默德·本和他的抽象代数语言。抽象概念有了大的

飞跃，并且最终得出一个公式可以解任意元数的二次方程。

数学史上的下一个突破就是三次方程的普遍解法，即求解未知数的指数为3的方程。

11世纪，波斯的一位数学家开始挑战三次方程的普遍解法，并一举解决了立方问题，他就是莪默·伽亚谟，他穿越了整个中东，但在此期间从未中断对这一问题的求解。然而他的声名远播还有另一个重要原因，他是位享有盛名的诗人——史诗《鲁拜集》的作者。

莪默·伽亚谟既是诗人，又是数学大师，这在现在看来有点异乎寻常，但他也不是一开始就有这种想法的。事实上诗歌和数学有很多相似之处，诗歌形式上押韵，结构上有节奏感，读起来朗朗上口，这都因为它蕴涵数学逻辑原理。

伽亚谟的数学著作主要致力于寻找解三次方程的普遍方法，摆脱具体事例的束缚。伽亚谟对问题进行了系统分析，体现了代数的实质。

伽亚谟的分析首次提出了三次方程的分类，但因受希腊几何观点的影响，他很难将代数和几何分开对待，很难再有突破。他也没有挑战更高次的方程，因为他认为三维以上的几何体是不存在的。几何在一定程度上有助于分析三次方程，也有碍于他得出纯代数的方法。

又过了500年后，数学家们才再创新绩，找到了三次方程的普遍解法，而这一新成绩诞生于西方的意大利。

意大利的数学之旅

当中国、印度和伊斯兰帝国正日益昌盛之时，欧洲却笼罩在中世纪的黑暗之中，一切知识文化活动都停滞了，这其中也包括了对数学的研究。这一状况

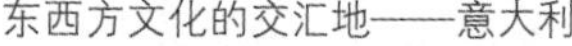

东西方文化的交汇地——意大利

直到13世纪时才有了转机，这一转机始于意大利，欧洲开始了对东方的探索与交易之旅，频繁的东西方接触使得东方的文化知识传播到了西方。

斐波那契数列

有一位海关官员的儿子成了中世纪欧洲第一位伟大的数学家。当他还是个孩子时，他就随着父亲游遍北非，了解了阿拉伯数学的发展，尤其是认识到了印度-阿拉伯数字的便利。回到意大利后，他开始著书，他对西方数学发展的影响是空前绝后的。

这位数学家就是比萨的列昂纳多，在更多时候他被人们称为斐波那契。在斐波那契的数学著作中，他提倡新数制，并证明相比在欧洲广泛使用的罗马数制，新数制更为简便。新数制计算简便的特点赢得了大众的普遍青睐，只要是与数字打交道的人，上到数学家，下到商人，都开始接受新数制了。

但是大多数人对新数制还心存戒备。旧习惯一时难以改掉，政府对新数制也不信任。人们对新数制的评价也褒贬不一：有人说新数字计算简便，这样普通大众不用依赖懂数学的知识分子，也有人说这样便于一些人玩弄数字，从中谋取私利。佛罗伦萨市甚至于1299年颁布了禁令。但时间证明了常识不可战胜，新数制传遍欧洲大陆，旧罗马数制销声匿迹。最终“0”至“9”的印度-阿拉伯数字胜出。

如今，使斐波那契闻名于世的是斐波那契数列的发现。这些数字的发现始于他对兔子交配繁殖问题的研究。假如一位农夫有1对兔子，两个月后这对兔子就有繁殖能力了。这对兔子每个月能生出1对小兔子，问题就是n个月后有多少对兔子。

第一个月有1对兔子，因为没有繁殖能力，所以在第二个月仍然只有1对。但从第三个月开始，第一对兔子第一次繁殖生下1对小兔子，现在就有了2对兔子；在第四个月，第一对兔子又生了1对小兔子，但是第二对还没有繁殖能力，

所以一共有3对；第五个月时，第一对兔子又生下1对，第二对兔子开始生下第一对，但新的第三对兔子还很小，所以总共有5对。繁殖还在继续，很快我们就会发现每月兔子对数是前两个月兔子对数的总和。于是数列如下：1，1，2，3，5，8，13，21，34，55等。

斐波那契数列是自然界的宠儿，它不仅仅适用于兔子繁殖，当我们数花朵的瓣数，数菠萝一圈一圈的芽眼数，甚至观察蜗牛外壳的生长周期时，都会看到斐波那契数列。斐波那契数列在自然界的生长规律中几乎随处可见。

但欧洲数学的另一巨大突破直到16世纪初才发生，那就是三次方程的普遍方法，该方法诞生于意大利波洛尼亚市。16世纪初，波洛尼亚大学是欧洲数学的思想大熔炉，其学生来自欧洲各地，他们发明了一种新型比赛——数学比赛，这吸引了大众的眼球。许多人都在围观数学家们互相挑战数学难题。这是一种智慧的较量，虽然挑战激烈，仍有一些问题被认为是无法解决的。

当时的人们广泛地认为三次方程的普遍解法并不存在。但有位学者证明这一观点是错误的，他就是塔尔塔利亚。塔尔塔利亚其貌不扬，不像是开创新数学的英雄。12岁时，一位发疯的法国士兵猛抽了他的脸，结果他脸上留下了伤疤，并患有口吃。事实上，塔尔塔利亚是他的绰号，那是孩提时被其他人取笑时取的一个绰号，意思为“口吃者”。

同学们都避着他，塔尔塔利亚便完全沉浸在数学中。不久，他就发现其中一类三次方程的解法公式。塔尔塔利亚很快知道他不是唯一一个解决了三次方

意大利波洛尼亚市

波洛尼亚大学的建筑物

天花板上的艺术雕刻

程问题的人。一位意大利年轻人菲奥尔宣称他也发现了解三次方程的公式。当两位数学家的新发现传开之后，两人之间展开了一场比赛。这一世纪性的知识较量就要上演了。

但塔尔塔利亚只会解一种三次方程，而菲奥尔准备以另一种不同的方程为难他。就在比赛前几天，塔尔塔利亚发现了解这一种不同方程的方法。有了新武器，他在2小时内解出了所有方程，使对手败得一塌糊涂。

塔尔塔利亚继续研究其他类型三次方程的解题公式，这一消息不胫而走。米兰数学家卡尔达诺渴望找到解题方法，他说服不情愿的塔尔塔利亚传授他秘诀。塔尔塔利亚唯一的条件就是卡尔达诺承诺保守这一秘密并绝不发表。

但卡尔达诺忍不住与其得意门生费拉里讨论了该方法。费拉里在研究塔尔塔利亚的方法时惊异地发现可用该方法来解决更为复杂的四次方程。卡尔达诺无法拒绝他学生想要的应得的承认，于是他背叛誓言泄露了这一秘密，将塔尔塔利亚的发现附在费拉里四次方程的著作中一起发表。可怜的塔尔塔利亚深受打击，后来再也没能恢复过来，最终一文不名地离世了。今天三次方程的解法公式被称为卡尔达诺公式。

塔尔塔利亚的一生也许就这样没能获得任何荣耀，但是他解决了这一曾使中国、印度及阿拉伯世界中伟大数学家们迷惑不解的数学问题，这是现代欧洲诞生的第一个伟大的数学成就。

到那时为止，欧洲人掌握了新的代数语言、印度–阿拉伯数字的应用技巧以及无限的概念，数学改革即将爆发。

数学空间的拓展

The Frontiers of Space

法国的数学家们

“我们走在月亮群山之中，来到意大利北部小镇阿尔比诺，这里是皮耶罗的家乡。我们要去寻找文艺复兴艺术大师皮耶罗·德拉·弗朗切斯卡，去瞻仰皮耶罗的大作，他的艺术作品及数学著作。”

文艺复兴早期的艺术家及建筑师重拾遗失了千年的透视法，但恰当地应用却比想象中要难得多。皮耶罗是第一位深谙透视法的大画家，一个很重要的原因是他既是一

皮耶罗的故乡——阿尔比诺小镇

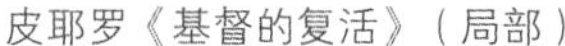

皮耶罗《基督的复活》（局部）

三维空间中平行的线在二维画布中相交于一个虚点

位数学家，又是一位艺术家。皮耶罗的杰作“基督的复活”是一幅令人叹为观止的图画，他十分成功地将透视法应用在这幅图中。

我们可以使用一点数学技巧，使这幅画展现在我们眼前，让图画走近我们。透视法的关键在于在二维的画布上表现三维的世界。为了表现三维世界，皮耶罗利用了数学：将耶稣画多大呢？远处的人和近处的人相隔多大的距离呢？如果搞错了，立体感就被破坏。在二维画布上精确地表现三维世界绝非易事。三维空间中的平行线在二维的画布上就不再是平行的了，而是相交于一个虚点。

透视法打开了观察世界的新思路，引发了一场数学革命。皮耶罗的著作开启了研究几何学的新思路，但他的未竣事业直到200年后才由后继数学家继承。

让我们把视线投放到意大利以北的地区。到了17世纪，欧洲取代中东成为世界新的数学王国。时空中静止对象的几何学研究已经取得了很大的进步，法国、德国、荷兰和英国竞相比赛，数学研究已经转向对运动对象的研究。对新数学的追求开始于位于法国中心的一个小村庄。

只有法国人才会以数学家的名字命名村庄。英国有叫牛顿、布尔、卡利的村庄吗？恐怕没有吧。但在法国，数学家倍受尊崇。卢瓦尔的笛卡尔村庄，就是在200年前，村庄上的人以其著名的哲学家兼数学家笛卡尔的名字重新命名的。笛卡尔于1596年出生于此，早年丧母，身体欠佳。因此他常常睡懒觉，每天睡到11点，这一习惯他终生保持着。

思考数学，有时得排除一切杂念，徜徉在公式、图形的世界之中。似乎笛卡尔认为床是思考的最佳场所。笛卡尔曾经睡觉、沉思的房子现在成了博物馆，陈列的都是笛卡尔的生平用品。展览品都是馆长西尔维娅·嘉妮尔经手的，展现了笛卡尔兼容并蓄的哲学、科学及数学思想，也反映了笛卡尔生活和工作鲜为人知的一面。根据馆长西尔维娅的介绍，我们知道笛卡尔还曾决定参军打仗。

“不管是在新教军队还是天主教军队都无所谓，因为他没有那么强的爱国精神。”尽管馆长西尔维娅说得很委婉，但事实上，笛卡尔就是个唯利是图的人。不管它是德国新教还是法国天主教或任何其他人，只要付给他钱，他就可以为任何团体卖命。

1619年11月的一个清晨，笛卡尔所在的巴伐利亚军队在寒冷的河边扎营。奇怪的地方常常能激发人的灵感。据说，有一天夜里笛卡尔难以入睡，可能是由于起得晚，可能是庆祝圣马丁之夜喝多了酒。总之，种种问题在他脑海里翻腾，他在思考他钟爱的哲学，但他很沮丧，人类怎么可以对此一点都不了解呢？

然后，他慢慢地进入了梦乡。在梦中，他领悟到关键是要将哲学建立在确切的数学根据上。他意识到，数据能铲除一切不确定的因素。他想发表他激进的想法，但是他担心在天主教盛行的法国他的观点不被接受，于是他打包离开了。

笛卡尔在荷兰安定了下来。他成为新科技革命的捍卫者之一，这些新科技

笛卡尔博物馆

革命的捍卫者反对当时的主导思想，即太阳围绕地球旋转。科学家伽利略也曾因持反对观点在梵蒂冈陷入麻烦。笛卡尔认为在新教国荷兰不会有麻烦，尤其是在重视数学科学的莱顿大学城。

莱顿的亨克·博斯是欧洲最负盛名的笛卡尔学者。他对法国学者最终选择在莱顿安定毫不惊讶。

“笛卡尔来这儿是为了交流，而且人们乐于聆听他的想法——这不仅是数学，更是一种技巧。他将代数与几何结合，所以其中既有公式，又有图形，我们可以往返于两者之间。”

“他的想法就像一种可以将代数与几何互换的字典。”

这本“字典”——笛卡尔的著作《几何学》于1637年在荷兰发表，里面多是有争议的哲学思想，但是最激进和富有争议的在附录中，那是将代数与几何结合的提议。

二维空间里的一点，可以用两个数表示一个横向定位，另一个纵向定位。随着点在圆弧上移动，其坐标相应改变，但是我们可以通过公式计算出图形上任意点的坐标值，确定某个点是否在图形上，于是几何问题变成了代数问题，用数字就可以解决几何问题。例

莱顿大学城

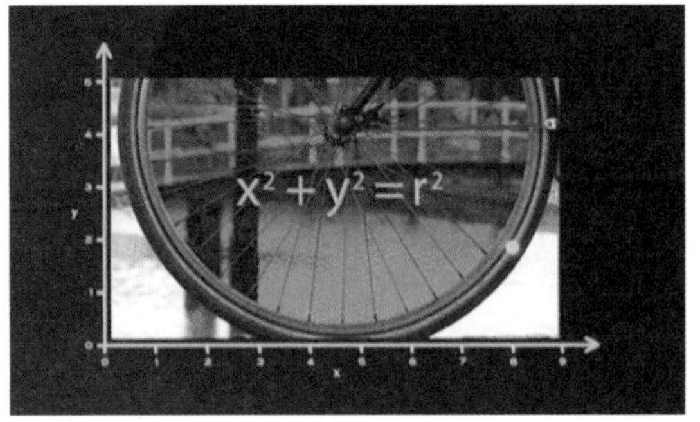

几何与代数的结合

笛卡尔的著作《几何学》内页

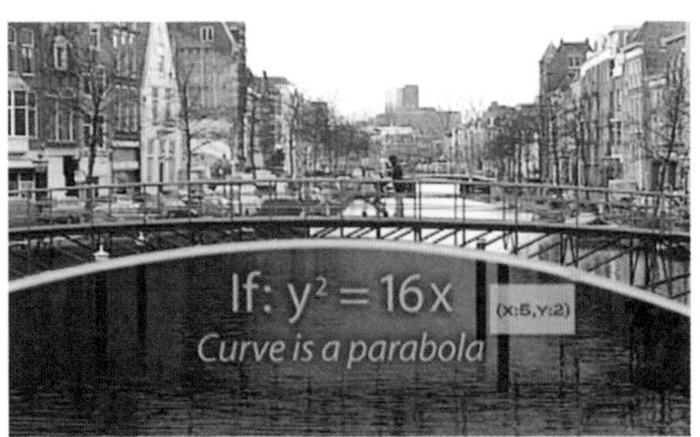

圆弧公式

如，用这种方法可以判断桥拱是否是一段圆弧。甚至不用眼睛判断，圆弧公式就会揭示其中的奥秘，但一切并未结束。笛卡尔指出，可能存在更高维度的几何学，虽然我们的肉眼看不到它，但它对现代物理和科技而言相当重要。

笛卡尔是大众公认的数学巨人之一，但说到他的性格，很多人就不敢恭维了。有人评价说："他不易相处，对自己的外貌很在意，很自以为是，认为自己总是对的，即使出错了，第一反应就是责怪他人太笨，理解有问题。"

笛卡尔不是性格非常好的人，但他在几何和数学关联性上的洞察力让他成为数学史的改写者。不过，他对数学革命的推动还需其他成分才能发挥作用。让我们与莱顿说再见，去其他的地方寻找笛卡尔所需要的缺失的成分。

现在很多人都不信教，但毫无疑问，在笛卡尔那个时代，许多数学家都有较强的宗教观念，这也许是巧合，也许是因为数学和宗教都建立在一些不容置疑的公理之上，如"1+1=2"和信教者相信"上帝是存在的"，该信哪条真理，我们自己应该是最清楚的。

在17世纪，一位来自巴黎的修道士跟笛卡尔进入了同一所学校。他对数学的爱就如同他对上帝的爱一样多，事实上，他把数学看作是上帝存在的证明，这个人就是马兰·梅森。他是一位一流的数学家，至今在素数上的一大发现仍以他的名字而命名。另一个让他出名的原因是他和其他人的通信。

在巴黎修行期间，梅森就像17世纪的网络中心——接收和传递信息。与那时相比，现在的信息传递也没有什么不同，我们静坐思考，就像研究数学的苦行僧，然后将思考所得寄给一位同行，等待回应。

17世纪的欧洲有一种数学精神，这种精神自希腊后消失已久。梅森督促人们阅读笛卡尔的几何新作，他的事迹不止如此。他还发表了一位默默无闻的业余数学爱好者有关数字特征的新发现。这位业余者后来成为笛卡尔的劲敌，他就是伟大的数学家皮埃尔·费马。

在图卢兹附近的博蒙·德·洛马涅小镇，当地的居民们每年都会为这个从小镇走出来的这位最伟大的数学家皮埃尔·费马举行庆典即数学节，纪念这位数学家的一生及其著作。每年的庆典活动都会吸引大批的游客前来。费马十分赞同通过游戏提升大家对数学的兴趣，因此他不像笛卡尔那样反对办数学节，

费马大定理

被4除余1的素数都可以写成两个平方数的和

认为数学节毫无意义。

费马对数学最大的贡献在于创建现代数论。他提出了一系列对数字的猜测和定理，包括他著名的“费马大定理”。在他提出“费马大定理”后，数学家们又花了350多年才证明了这一定理。

让人钦佩的是，费马只在空闲时间钻研数学。白天他是法官，钻研数学问题只是他的业余爱好，但是他热衷于此。

研究数学的一大优势是可以随处进行，而不是非得坐在图书馆里。我们根本就不需要图书馆，费马随时随地都在思考数学，在厨房的餐桌前，或者在教堂祈祷时，或者在屋顶上。他也许看起来并不那么专业，但他对待数学却极其认真。费马发现了一些新的数字规律，这是好几个世纪的数学家都难以企及的。

费马最有趣的定理之一是有关素数的。如果某素数用4除余1，则该数总可以分为两个平方数的和。假设有13颗蒜瓣，13是素数，且用4除余1。费马证明“13”可以重写为2个平方数的和，即$13=3^2+2^2$，也就是“13=9+4”，更伟大的是，他证明不管该素数有多大，只要它满足用4除余1，就可以写成两个平方数的和。

费马喜欢玩数字游戏，寻找数字规律并解开数学之谜，他想证明规律的永恒性。费马数学不仅成为后来娱乐游戏的理论基础，也应用到一些其他领域。他的定理之一——“费马小定理”就是网上信用卡密码保护理论的基础。今天我们所依赖的技术都来自于17世纪数学家的草稿。但费马数学的实用性与我们

下一位的伟大数学家相比就是小巫见大巫了，下一位数学家不是法国人，而是一名英国人。

英国的数学家们

17世纪，英国作为世界强国崭露头角。英国对外扩张的野心和对新的测量、计算方法的需求促使数学飞速发展。牛津大学和剑桥大学培养出了成批的数学家，其中最伟大的莫过于艾萨克·牛顿。

在牛顿成长的小镇格兰瑟姆，人们为牛顿修石像，还为他开办了艾萨克·牛顿购物中心，商标上还有一个诱人的苹果，因为他是这个小镇的骄傲。小镇上有他曾经就读过的小学，挂有蓝色的匾额。在市政厅还有一座牛顿的博物馆。当然这里还有另一位政坛名人玛格丽特·撒切尔的展览馆，她的展览馆也可与牛顿的媲美。在这个小镇里，我们可以购买到牛顿和撒切尔的纪念杯。我们可以买一个牛顿的纪念杯，来支持我们所喜爱的数学。

牛顿的数学确实需要支持，即便是在这个小镇里，人们对牛顿的认识就和我们大部分人一样。

“牛顿是这儿的名人，你知道他以什么出名吗？”

路人甲：“不，不知道。”

路人乙：“不知道。”

路人丙：“发现地球引力？”

路人丁：“发现地球引力。”

“只有地球引力？”

路人丁：“苹果树，还有那些……地球引力。”

基本上大家说的都是地球引力。人们对牛顿的了解大多只限于他在物理学上的贡献——万有引力定律和运动定理，而不是数学。让我们从牛顿的童年说起，了解牛顿对于数学的贡献。

牛顿出生在沃尔索普村，

牛顿家乡的石像

牛顿故居外景

牛顿故居内景

在格兰瑟姆南边13千米处。他的父亲是大字不识的农民，在牛顿还没出生时就离世了。要不然，小牛顿的命运就大相迥异了。在牛顿的故乡，他长大的地方保存了下来。让我们听听来到牛顿故居的人们和馆长的谈话是怎么说的。

“这是他的房间……”

“很温馨，保存得很好，好像来到了那个时代。”

“是，就是这样。瞧瞧他的床，就知道他不修边幅。不过，我早上起来也是这样的。”

“牛顿不喜欢他的继父，但要不是他的继父，他不会成为数学家，而是放羊的农民。”

“他小时候不怎么突出。”

“所以所有小孩都有希望。”

“是的，他成绩一般，朋友很少，他不是那种我想要结识的人，但是他的数学，是我的最爱，真的是太棒了。”

因为1665年的大瘟疫，牛顿从剑桥回到林肯郡，那时他只有22岁。在短短的2年内，他奇迹般地创造了光学理论，发现了地球引力，并且抒写了数学史上革命性的一笔——微积分。

微积分原理是这样的：快速地将一辆车的速度从0加速到60。速度计上显示

牛顿

的速度一直在变化，但这是平均速度。那么我们怎么知道它在具体某一时刻的速度呢？让我们来瞧一瞧。

当车沿路奔跑时，我们可以在路上画一条曲线图，每一点的高度记录了车行驶到该点所需的时间。通过记录行驶的路程及两点所需的时间，我们可以算出A、B两点的平均速度。但是A点的确切速度是多少呢？如果将B点逐渐向A点移动，时间差越来越小，速度越来越接近真值，最后得到0除0。而微积分能解决这一计算问题，用微积分可以计算出时间范围内准确的速度及路程。

其实，苹果的落地除了让牛顿发现了万有引力外，也让牛顿注意到了微积分在解决物理问题方面的重要意义。它解释了我们在生活中一些理所当然的想法。比如说我们一松手，手中的苹果就会掉下去。苹果的速度和高度一直都在变化，微积分就能解决这种动态的问题。这与希腊相反，希腊拥有的是静态几何，而微积分则被工程师、物理学家广泛使用，因为它能描述动态的世界，这是唯一能处理运动或变化的数学。这也是这个苹果中蕴涵的数学魔力。

牛顿的微积分让我们得以了解变化的世界、星体的运动轨迹，以及液体的流动。借助微积分，我们可以用精确数据描述变化莫测的自然世界。但是直到过了200年之后，微积分的潜力才得以挖掘。

牛顿不打算发表这一发现，只是在朋友圈中进行交流。他声名日隆，随后，牛顿成为大学教授、下院议员以及英国皇家铸币厂的总管。当他从皇家铸币厂迈进皇家学会时，他放弃了数学，转向了神学和炼金术，对微积分的研究受到了众多其他兴趣的排挤，就在这时，他遇到了一个对手。这个对手也是皇家学会的会员，也发现了微积分，他就是戈特弗里德·威廉·莱布尼茨。在莱布尼茨的家乡汉诺威市，莱布尼茨的作品被整理保存。他的手稿被一一妥善保管，其中有一份就是

利用微积分可以计算出A点时的瞬时速度

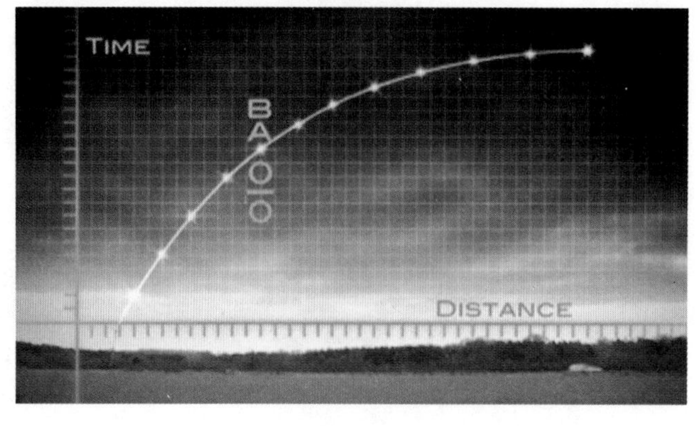

莱布尼茨

苹果中蕴涵着的数学魔力

能证明他在牛顿之后不久便发现微积分的手稿。他那时恰好29岁，在两个月的时间里他开创了微分学和积分学理论。

莱布尼茨的手稿里有一些小纸片，是他随手记的一些东西，有时他躺在床上时也随时记下自己的一些想法。他的想法很多，得花一早上甚至更长的时间来记下它们。这不由得让人们猜想，也许他也喜欢赖床，喜欢在床上思考问题。让人感到有趣的是，很多的数学大师也都是这样。

虽然莱布尼茨没有成为17世纪像牛顿一样的名人，但是他的一生也非常精彩。他为汉诺威市的王室工作，并曾在欧洲游历，维护王室的利益。如此一来，莱布尼茨就拥有了充裕的空闲时间以满足他广泛的兴趣爱好。他拟定了团结新教和罗马天主教的方案以及法国征服埃及的提案。他对哲学和逻辑学的贡献至今仍广为人所称赞。

莱布尼茨不是个说空话的人，他是第一个投身到计算机制造的人。这种计算机采用二进制，是电脑的先驱。300年后，汉诺威莱布尼茨大学工程系根据莱布尼茨的蓝图将其整合到一起。

莱布尼茨制造的二进制计算机采用的是二进制计数法。在二进制的计数中，数值只有0和1。假设我们要做“127+1”的运算，在二进制中“127”就是“1111111”，一共是7个1，那么对应的7个球承轴上各有一个小球。这时如果我们再加1，即再放1个小钢球进去，原

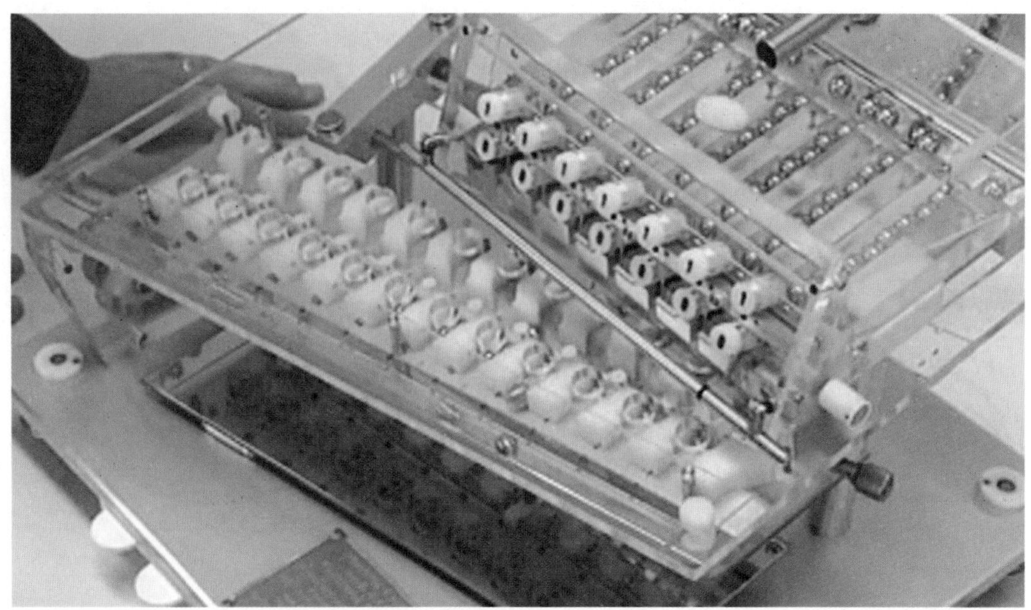
莱布尼茨制造的首个二进制计算机

本7个球承轴上每个球承轴对应的一个小球逐个落下，而放进去的小钢球停在了第八根球承轴上，也就是“10000000”换算成十进制就是“128”了。

劳累了一天之后，莱布尼茨经常去郊区著名的海恩豪森花园。或许，对数学家来说，数学和散步有一定的关系。在桌前工作了一天，早上思考了一些问题，想得头昏脑涨。需要去散散步，看看树什么的，有时候答案就从潜意识里蹦出来了，取得了突破，也许很多数学家最得意的一些想法就是在家乡公园里散步时得来的。

莱布尼茨心无旁骛地研究微积分，5年时间内，他解决了微积分的细节问题。在对微积分的研究方面，他和牛顿之间并无交流。他知道牛顿的研究，但不同于牛顿的是，莱布尼茨乐于将他的研究公布于众。因此，欧洲数学家对微积分的了解都来自于他而不是牛顿，而一切问题也就由此开始。

在整个数学史上，关于优先权的争论从未停止过。这也许有点孩子气，但谁不想用自己的名字给定理冠名呢？只要定理永恒，自己也就能一直被后世所记住。这也是人们花那么多时间去争论这一问题的原因，他们不愿与他人分享成果。

而在伦敦，牛顿也不愿分给莱布尼茨一杯羹，牛顿认为莱布尼茨是汉诺威市的暴发户。经过几年的相互指责讥讽，伦敦皇家学会被要求来做判决。皇家学会判定牛顿为微积分的第一发现者，而莱布尼茨为第一发表者。但在最终的判决中，他们控告莱布尼茨犯剽窃罪。这一判决可能与当时牛顿是皇家学会的会长有关，当时的判决书是由艾萨克·牛顿执笔的。

这次判决对莱布尼茨打击得很彻底，他只能羡慕牛顿，从此一蹶不振，并于1716年去世。牛顿继续生活了11年，最终埋葬在光辉荣耀的威斯敏斯特教堂，而莱布尼茨的纪念碑却只在汉诺威的一个小教堂里。但具有讽刺意味的是，之后的岁月里，最终在数学方面胜出的是莱布尼茨，而不是牛顿。微积分基本定理被叫作牛顿-莱布尼茨公式。数学革新经常用新语言描述新观点，而这正是莱布尼茨所擅长的。牛顿采用的符号对许多数学家来说笨拙且不便使用，而莱布尼茨抓住了微积分的特点采用符号标记，至今，我们还在数学中沿用这种微积分书写方式。

巴塞尔的骄傲和遗憾

英国的数学逐渐让路，数学家们的故事转移到了欧洲的正中心——巴塞尔。18世纪的巴塞尔是瑞士的一个自由城市，正处于它的全盛时期，它是整个西欧的商业中心。在各种行业中，传统的教育行业也得到发展，尤其是商业教育。

在生活中，令人很奇怪的是，艺术家的子女多为艺术家，音乐家的子女常为音乐家，但数学家的子女却很少是数学家，这挺让人费解的。但这也有个例外，在巴塞尔有一个数学家家族——伯努利家族。从18世纪到19世纪，伯努利家族培养了五六个杰出的数学家，他们

伯努利家族的数学家们

都来自巴塞尔，都是瑞士的骄傲。

我们需要像牛顿和莱布尼茨那样取得理论突破的伟人，也需要追随者来学习、阐述、传播其理论，就像伯努利家族的人所做的一样，尽管其家族原先是经商的，但明显他们对数学的贡献远大于商业。下图是他们家其中一所房子的图片。

伯努利家族其中的一所房子

现在这所房子是巴塞尔大学的一部分，里外都经过了整修，只有一间屋子还保持着他们曾经使用时的样子。弗里茨·纳格尔现在是伯努利家族档案的保管者。在伯努利家族中，纳格尔最喜欢的是约翰·伯努利，他认为约翰·伯努利是最聪明的数学家，而约翰的哥哥雅各布·伯努利则很深邃，对问题有敏锐的洞察力，但约翰总能找到最优解。兄弟俩相互看不顺眼，但他们都很崇拜莱布尼茨，他们与莱布尼茨通信，为他与牛顿进行辩论，并将莱布尼茨的微积分传遍欧洲。

“在私人交际圈中，有这样两位才华绝伦的数学家掌握并在科学界传播他的微积分，这对莱布尼茨来说很重要，他很是欣慰。同样，伯努利兄弟俩对数学界也是功不可没的。若不是伯努利家族，微积分要成为今天科研界的砥柱，则需要更长的时间。”

至少纳格尔博士是这么认为的，他是超级伯努利迷。

丹尼尔·伯努利教授是该家族中的一员，他常因其著名的姓氏而收到奇怪的邮件。“有一个人曾写信说‘伯努利教授，您能帮我讲讲微积分吗？’”我们想当然地以为只要是伯努利家族的人就一定会微积分。但这位丹尼尔·伯努利是一位地质学教授，数学基因似乎在伯努利家族中已经失传了。

仅仅把伯努利看作是莱布尼茨的追随者是不公平的，他们也对数学的发展做出了很多贡献，其中之一便是用微积分解决当时的一个经典问题：假设一个

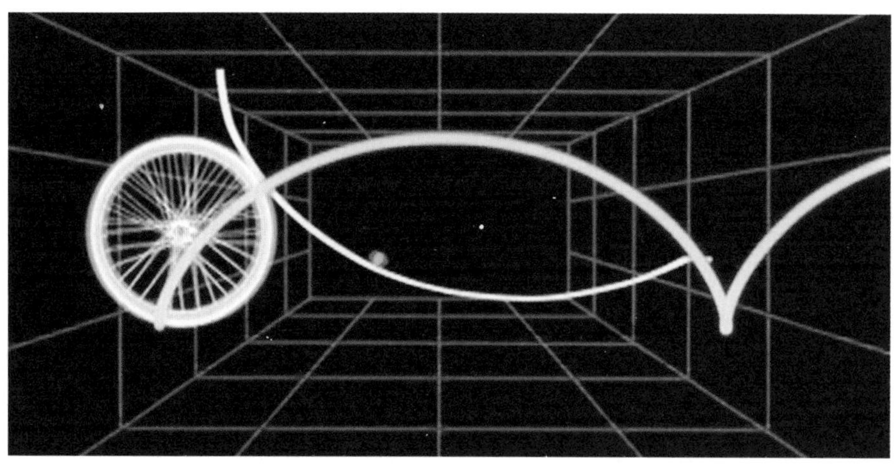
旋轮线的曲面才能使小球以最快速度从高处到达底部

小球沿斜面下滑，请设计一个斜面使得小球从最高点以最快的速度到达底部。

我们可能觉得直板或是一个曲度很大的曲面是最快的，比如曲面能给小球一个向下的动量。但事实上，两者都不对。演算表明最佳的斜面应该是一段旋轮线形的曲面，即行使车子的车轮边缘上一点的轨迹。伯努利用微积分解题法产生了众所周知的变分法。

变分法成为莱布尼茨和牛顿数学中最有影响力的理论。投资商利用它使利益最大化，工程师采用它使能源浪费最小化，设计师应用它使结构最优化，它成为当代技术的关键。

我们在前面提到了约翰·伯努利，由他起我们再说起另一位数学界的名人——莱昂哈德·欧拉。欧拉或许和约翰·伯努利一样是个神童，但在巴塞尔这个城市没有他的一席之地。在当时的巴塞尔，若你的名字不是伯努利，想找到一份和数学相关的工作的机会很渺

欧拉

茫。但约翰·伯努利的儿子丹尼尔与欧拉是朋友，丹尼尔帮欧拉在他所在的大学谋了一份差事。然而，只是去这个大学就职就花了欧拉7周的时间，因为这所大学在俄国。

18世纪的圣彼得堡不像柏林和巴黎一样是个崇尚知识的世界，但它也不是个粗俗的城市。彼得大帝创建的城市与欧洲城市风格相近，而当时欧洲的时尚都市都有一个科学院。彼得堡科学院现在是博物馆，里面藏有好几个馆的奇珍异宝，在西方，像这样的珍宝通常是不对外展览的。但在18世纪30年代，它是具有开拓性的研究中心，也就是在这儿欧拉的才华有了用武之地。

当时很多观点都是围绕微积分和变分法的，欧拉阐明了费马的数字理论，同时创建了现代数学——类型学和分析学。

今天我们使用的很多符号都出自欧拉，像符号“e”和“i”。欧拉还普及了圆周率π，而且他还把它们结合起来，创造了一个令人叫绝的数学公式$e^{i\pi}+1=0$，这是数学史上的一个伟大创举。

欧拉的一生充满了数学奇迹。他涉足的领域极其广泛，从素数到光学甚至到天文学。他创造了度量衡制，编写机械教材，甚至还能挤出时间创造新的乐曲，他是数学王国的莫扎特。

从66岁返回圣彼得堡，到1783年逝世，在这段时间欧拉一直居住在俄国。

圣彼得堡科学院

俄国女皇赐予欧拉的住宅

巴塞尔问题

他是俄国科学院的会员，被称为最伟大的数学家。叶卡捷琳娜女皇赐予欧拉的住宅现在是一所学校。

欧拉有过13个孩子，但是只有5个长大成人，他深爱的结发妻子很早就去世了。后来，他的视力急剧下降，于是他远离了一切干扰，潜心钻研数学。晚年他还在不懈工作，继续他的数学研究。

欧拉定理，是有关无限项求和的计算，这一发现发表于1735年，让欧拉一跃成为数学巨星。

将一小杯伏特加倒入一大杯中，然后将1/4杯即（1/2）^{2}杯倒入第一杯中。如果继续无限地向第一杯中添加（1/3）^{2}杯，（1/4）^{2}杯，以此类推，最后大杯中有多少酒？

伯努利曾试图解决这个问题，但失败了，并就将其命名为巴塞尔问题。丹尼尔·伯努利知道不会有无限量的伏特加，他估计总量大概在$1\frac{3}{5}$杯左右。丹尼尔的结果很接近，但数学要的是精确。欧拉的时代到来了，欧拉计算出伏特加总量为全杯的$\frac{\pi^2}{6}$。

确实让人难以想象，自然数倒数的平方和与π有关系？但欧拉分析显示它们是一个等式的两边：$1+\frac{1}{4}+\frac{1}{9}+\frac{1}{16}+\cdots+\frac{1}{n^2}=\frac{\pi^2}{6}$。

德国的数学家们

欧拉是难以企及的，但有来自两个国家的数学家们跃跃欲试。18世纪的法国和德国正处于席卷欧洲的大革命中。两国都急需数学家，但他们支持数学的方式却大相径庭。

法国大革命强调数学的实用性，而拿破仑认识到，要想制造最好的武器和战斗设备，离不了最好的数学家。拿破仑的改革促使了数学的急速发展，数学开始服务社会大众。而在德国，伟大的教育家威廉·冯·洪堡德同样也致力于数学领域，但不是为了满足国家或军队的需要。冯·洪堡德的数学改革重视的是数学本身。

法国出了不少杰出的数学家，如约瑟夫·傅里叶。他的声波理论至今受用，MP3技术就是基于傅里叶的理论。但是在德国，出现了最伟大的数学家——高斯。

古雅幽静的哥廷根大学城如同世外桃源一样，但这里曾是众多数学巨匠的故乡，其中也包括被称为数学王子的卡尔·弗里德里希·高斯。在法国、德国，在数学领域之外知道高斯的人可能没几个，但是在哥廷根，可以说他是妇孺皆知，他是当地的英雄。高斯的父亲是一位石匠，高斯很可能会继承父业，但是他的母亲发现了他的天赋，她给高斯提供了最好的教育。几年之后，在报纸上就可以读到这位神童的故事：10岁成绩全A，12岁进大学；12岁时，他就批评欧几里得的几何；15岁时发现素数分布特性，这个问题曾经困扰了数学家2000多年；19岁时，他发现了17边形结构，这是前人未曾发现的。高斯少年成名，无人能及。高斯有写日记的习惯。在哥廷根大学，要是懂拉丁语，还可以读到他的日记。他的字写得非常好看，即使我们不知道他写的是什么，但也可以很好地观赏。

高斯的这本日记证明他的一些想法

哥廷根大学

高斯的日记

比他所处的时代早了100年。其中有符号和积分，另类数学。还有椭圆函数理论，他的开创性理论之一。在笔记中这些理论已经记载得很精细了，除此之外，还有类似于黎曼函数的雏形。黎曼函数是我们理解数字和素数分布的重要理论。

高斯数学涉及数学的多个领域，今天讲讲其中比较有趣的一个：虚数。

16～17世纪，欧洲数学家把-1的平方根标为i。他们不太能接受它，但是它能帮助我们解其他方法不能解的方程。虚数也有助于我们理解无线电波、建筑桥梁和飞机，甚至是亚原子世界量子物理的关键内容，虚数给我们提供了理解现实世界的地图。但在19世纪早期，没有连接虚数和实数的地图。

虚数位于哪儿？在数轴上并没有-1的平方根，这端是正数，另一端是负数。高斯数学的一大进步就是再建一个方向，与数轴垂直，这就是-1平方根的

-1的平方根在数轴上的位置

位置。

高斯不是第一个有二维数轴想法的人，但他是第一个把它解释清楚的人。他的数图让人们理解了虚数的运算规律，使得虚数的无穷潜力得以激发。他的数学为他赢得了荣誉和财富。他本可以畅游世界，但他安土重迁，在沉静的哥廷根安度余生。但是，随着名气的上涨，他的性格恶化。这个天生内向羞怯的人后来变得脾气暴躁，疑心重重。

很多年轻的数学家穿越欧洲而来，尊崇高斯为上帝，献上他们的定理、猜测甚至一些证明。但大多数时候高斯并不回应，就算回应，答案也往往不是他们出错了，就是他早已证明过了。

高斯对那些无名之辈的回绝和冷漠曾使一些很有才华的数学家甚是气馁，放弃了继续论证自己的想法。但高斯也曾放弃论证自己的见解，这一见解本来有可能会改写他那个时代的数学发展。

离哥廷根15千米远的地方矗立着高斯塔。高斯曾经接手了许多汉诺威政府的工程，包括汉诺威公国土地的测量工作。对某些数学家来说，这样的事情是他们最不屑做的。高斯却做得很开心，主要是因为他想通过这一工作发现地球的形状。他也有一些大胆猜想，具有革命性的——空间的形状。他在想，宇宙是不是平面的。他猜想如果宇宙不是平面的，那么宇宙中的一切都不是平面的。

高斯的这一猜想挑战了数学权威——欧几里得几何。他意识到欧氏几何理论建立在空间平面的基础上，对弯曲的空间不适用。但是在19世纪，欧氏几何被认为是神圣的，高斯不想自找麻烦，所以他从没发表自己的观点……但另一位数学家却毫无畏惧。

高斯塔

对于数学家而言，处在同一个数学圈中对彼此很有帮助，相互之间可以探讨切磋。但也有弊端，那就是很难有全新的观点，因此瓶颈的突破常常来自于圈外。

数学研究或许可以在一些特别奇怪的地方进行。J·波

波尔约的几何模型

尔约，一位遁世者，一生中的大多数时候都与数学的中心相距几千千米远，能找到的他的唯一一张相片事实上还不是他本人。20世纪60年代时，他的理论广受关注，罗马尼亚的共产党开始宣传他，但是找不到波尔约本人的照片，于是他们找了一张他人的相片顶替。

波尔约出生于1802年，他的父亲F·波尔约是一位数学老师。他发现了儿子的数学天赋，写信给他的老朋友高斯，请求高斯收自己的儿子为徒。遗憾的是，高斯拒绝了，于是波尔约的专业数学家之梦破灭了，他参了军，但数学仍是他的最爱。

他的数学禀赋并没有泯灭。他开始了对虚几何的探索。在虚几何中，三角形的内角和小于180度。不可思议的是虚几何理论有理有据。

波尔约的新几何学也叫双曲几何学。理解双曲几何学的最好方法就是球面的镜像，曲线相交。由于我们习惯生活在平直的空间，因此很难表现这种现象。

波尔约的家乡在特尔古穆列什，在他家乡的博物馆里摆放着与波尔约相关的仿制品，其中很多物品具有地方特色。下面的图片是波尔约的几何模型。从*A*点到*B*点的距离是这个表面上最短的距离，是曲线而不是直线，内凹成三角形。而这一表面最短距离形成内角和小

于180度的三角形。

波尔约于1831年发表了他的著作，他的父亲寄给了高斯一份。高斯回信给予肯定，可他不愿意表扬年轻的波尔约，因为他觉得只有他自己才是最值得表扬的人，因为他10多年前就认证了。但事实上，高斯在写给另外一位朋友的信中说这个小孩是第一几何天才。这样的话高斯从未对波尔约说过。年轻的波尔约灰心丧气，但这对他的打击并没就此停止，有人在两年前发表了与他同样的观点，那个人就是俄国数学家尼古拉斯·罗巴切夫斯基。

波尔约陷入低谷，这之后他没有获得认同也没有自己的事业，并且再也没有发表过任何作品。最后，他几近疯狂。1860年，波尔约默默无闻地离世了。相比之下，高斯死后却被人们尊崇。大学、磁感应单位甚至月球上的火山口都曾以他的名字命名。

高斯一生很少对其他数学家给予支持，但也有一个例外，那就是哥廷根数学巨人——波恩哈德·黎曼。

黎曼于1826年生于德国的汉诺威，他的父亲是牧师，本来黎曼极有可能成为虔诚的基督徒，但他内向且有肺病。黎曼家庭贫困，生性内敛，不善与人交谈，唯一让他宽慰的是他在数学方面的天赋，这是对他的拯救。

许多数学家像黎曼一样有过艰难的童年，他们很不擅长交际，他们的梦想人生似乎支离破碎，是数学给了他们安全感。

黎曼早年多数时候待在德国北部的

俄国数学家尼古拉斯·罗巴切夫斯基

黎曼

布列塞伦兹村庄。他所就读的小学是19世纪早期洪堡德教育改革的直接成果。黎曼是这个学校的第一批学生。

黎曼小学的校长发现这个内敛的小男孩有极高的数学天赋。为鼓励他，校长准许他自由进出图书馆，馆里珍藏着不少数学书籍。图书馆为黎曼打开了一个全新的世界，在这里他能驰骋数海、掌控数界。这里是他完美、理想的数学世界，数字就是他的朋友。关于素数问题，黎曼是在图书馆的一本书中首次读到的。据说他6天读完这本一共859页的书，还书给老师时，老师问他感觉怎么样，他说："这本书棒极了，我记下来了。"

这一方法显然对黎曼很有效。他成为杰出的数学家，他最有名的一次讲座是1852年有关几何原理的。在讲座中，黎曼先给出了几何的概念以及几何与世界的关系，然后他描绘了几何的未来。他指出数学有多重空间，而欧氏平面空间是我们存在的空间，当时他年仅26岁。讲座让人们觉察到了数学革命的到来，但当时人们想要具体理解这些观点还很艰难。这得等到五六十年后爱因斯坦的出现，可以说它是爱因斯坦相对论的前奏。

黎曼数学改变了我们看世界的方式。多维几何出现了，虽然笛卡尔数学已有所提及，但真正使它发展起来的是黎曼。黎曼一开始就没有限定维度，这在当时确实是一种全新的思路。像波尔约思考的新几何是新二维几何，但黎曼摆脱所有二维、三维说法的限制，在更高维度内思考，这是前所未有的。

多维度空间理论和几何、数论以及其他数学分支一样，是今天所有数学理论的核心。黎曼的想法至今仍让人感到困惑和惊讶。今天黎曼的数学成果随处可见。超空间已不再是科幻，而是科学事实。在巴黎，人们正在试图想象多维空间中的图形。

正像文艺复兴时期的艺术家皮耶罗通过在正方形中画正方形在二维画布上表现立方体一样，建筑师拉·德方斯在

拉·德方斯的立体建筑

立方体中建立方体来表现四维空间中超立方体的映像。有了黎曼的理论，我们便有了观察智慧世界的“魔镜”。

与“魔镜”的磨合还需要一段时间。但我们若没有经历从笛卡尔到黎曼这段黄金时期，世界上就没有微积分，没有量子物理，没有相对论，也就没有今天的技术。更重要的是，数学拨开云雾，让我们看清世界的本来面目，看到一个比我们的想象更奇妙的世界。

无穷数集和未解之谜

The Infinity and Beyond

数学的核心是解决问题，但也正是那些伟大的未解之谜让数学永葆生机。

1900年夏天，国际数学家大会在巴黎的索邦大学举行。虽然8月酷暑难耐，大会上依然人声鼎沸，热闹不减。这次大会被认为是史上最重大的一次会议，因为新兴数学家大卫·希尔伯特在大会上作了演讲。

希尔伯特是德国年轻的数学家，他大胆提出了数学家面临的23个最重要的数学问题。他提出了20世纪数学的发展方向，并得到了认可，可以说希尔伯特提的这些问题给当代数学下了定义。

哈雷的数学大师——乔治·康托

试图解决希尔伯特问题的，有的功成名就，有的陷入了绝望的深渊。希尔伯特列出的第一个问题出现于德国哈雷。这个问题是由数学大师乔治·康托提出的。乔

哈雷

康托墓

治·康托在哈雷度过了他的整个成年生活，在这里他成为理解无限概念的第一人，并用精确的数学语言阐述了它。

半个世纪以来哈雷对他们的科学家顶礼膜拜，他们为康托竖立了巨大的立方体墓碑，但并没有将墓碑竖立于城市的中心，而是矗立在市外人群较多的地方。

有数学家说：“康托是我崇拜的英雄之一，要是让我选择我能证明的定理，康托证明的两个定理会在我最喜欢的十大定理中。”

在康托之前，没有人能真正理解无限的概念，这个概念难以捉摸，不好定论，但康托表示无限是完全可以理解的。无限不是单一的，而是有无限个无限。康托首先列出1，2，3，4……然后将其与更小的集合相比，如10，20，30，40……他证明这两个无穷集合大小是一样的。可以一一相配，1对10，2对20，3对30……这样可以无限相对。但是分数呢？两个整数之间有无数个分数。因此分数无穷集合比整数无穷集合要大。

康托采用一种方法将所有的整数与无限的分数相配，方法如下：他将所有分数排在无限的网格中；第一排是整数，分母为1的分数；第二排是半数，即分母为2的分数。以此类推，所有的分数都可以在网格中找到。$\frac{2}{3}$在哪儿呢？第二列第三排。

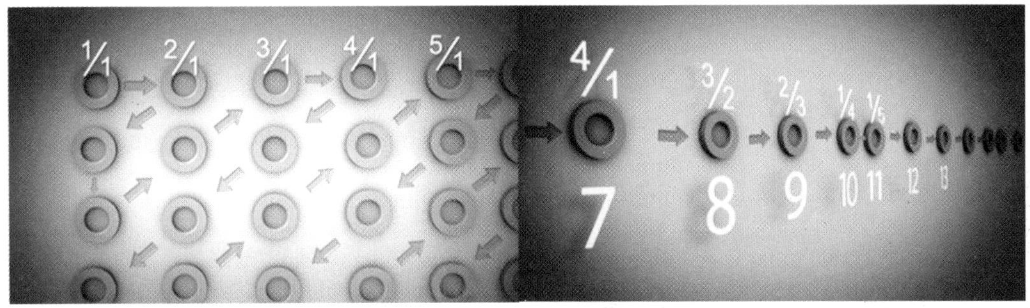

将整数与无限的分数相配　　每个分数也可以找到与之相对应的整数

设想用一条线将所有对角线上的分数连接起来，然后将其拉直，我们可以将每个分数与整数对应，这样看来这些分数组成的无穷集合与整数无穷集合就是一样大的了。康托得出了这一结论，这是一个重大的发现。

但是，康托在进一步研究时又认为分数的无穷集合较大，因为不管怎样列出这些无穷分数，康托都能证明所列分数中缺少的分数，这样就出现了无限的思想。

这是激动人心的时刻，就跟人类首次学会数数一样，只是方式略有不同，现在我们数的是无限。

数学之门打开了，全新的数学世界展现在我们眼前，但康托并没有从中受益。约瑟夫·道本教授很乐意给我们讲授康托数学与其人生的关系。

“他深受精神分裂症煎熬，1884年第一次病倒，世纪末时，精神病反复发作，频率越来越高。”

“很多人试图证明他的精神分裂是因他长期钻研抽象数学而导致的。”

“他一直备受煎熬，也许两者之间有关系。”

“对，你也知道的，在思考无限时，我们倒希望无限有个终点。但随着你构建的越来越多时，就会感到不安，下一步何去何从呢？”

康托常去的唯一的地方就是大学里的精神病房。精神分裂症和妄想症常困扰着康托，但那时并没有治疗对策。然而，病房对康托来说竟是个不错的去处——舒适、安逸，康托在这里重获精神力量，继续进行对无限的探索。

康托创造的悖论困扰着其他数学家，但从未困扰过康托。对于无限的悖论，其他人惧而远之，而康托从未畏惧过。

“因为康托相信那些我们能显示的

连续统假设

东西都能完整建立其整数确定性。绝对无限只在上帝手中，他洞悉万物，理解最后悖论，但并未赋予人类这一能力。”

康托不愿意遵循上帝的意愿。他大半生都在与这一问题纠结，这就是连续统假设。

在较小无穷整数集合和较大无穷小数集合之间是否有一个无穷集合？康托的著作不为同时代人所认同，但有一个蜚声数学界的法国数学家竭力为他辩护，他说康托的无限数学即使是病变的，那也是病态美。

法国大数学家昂利·庞加莱

有位法国政客曾向伯特兰·罗素提问：“谁是法国最伟大的人？”罗素毫不犹豫地回答：“庞加莱。”政客大为震惊，问他怎么会选择首相雷蒙·庞加莱而不是公认的拿破仑、巴尔扎克？罗素回答：“我不是指雷蒙·庞加莱，而是他表弟大数学家昂利·庞加莱。”

虽然巴黎的气候变幻莫测，但昂利·庞加莱的大部分时间都待在那里。19世纪90年代，巴黎是世界数学中心，而庞加莱就是航标灯，代数、几何、分析学，无一不是他擅长的。他的著作应用广泛，从地下路线确认，到新的天气预测方法。

庞加莱的工作时间十分严格，每天早上、晚上分别工作两个小时。其他时间他不刻意思考，而是潜意识在起作用。据记载，有一次他灵感突发，

昂利·庞加莱

当时他没干别的事情而是准备上公交，曾经像这样的一次次灵感突现让他少年得志。

1885年瑞典国王奥斯卡二世设立了一项国际数学奖，奖金2500克朗，奖励那些能一次性确定太阳系是像钟表一样恒久不变地运转还是会可能突然分崩离析的人。若太阳系只有两大行星，那么牛顿已经证明其轨道是稳定的。两个天体相互环绕，其运行轨道是椭圆的，但是若增加到三个天体，如地球、月亮和太阳，那么它们的运行轨道是否稳定呢？这一问题即使是伟大的牛顿也难以作答。

问题在于有18个不同的变量，如每个天体有三个坐标及三个不同方向上的运行速度，因此方程变得纷繁复杂。庞加莱找出解决方法，取得了超前的成就。庞加莱通过多次对轨道取近似值将问题简化，而他认为这一简化对最后的结果不会产生太大的影响。虽然他不能彻底解决问题，但其新颖精细的解法已足以让他获奖。

“他创造的方法是一种类似方法的集成，一种数学解决的方法。事实上他赢得该奖，更大程度上是因为他的方法而不是问题本身的解决。”

但是当国王的科学顾问准备发表该论文时，作为编辑之一的米塔·列夫勒发现了一个问题。庞加莱意识到自己犯了个错误——与他最初的设想相反，即使最初条件中一个小的变化也会导致最终完全不同的轨道。他的简化没有奏效，但这一结果的意义更为重大。庞加莱发现的轨道问题间接导出了今天熟知的混沌理论。理解了混沌中的数学规律，就可以解释为什么由蝴蝶翅膀振动引起的大气微小变化最终会导致世界另一端发生飓风或台风。

“20世纪的混沌学事实上起源于一出失误，这多亏了庞加莱最后时刻的察觉。”

“是的，而且论文已经按原样印刷出来，正要发行，事实上米塔·列夫勒已寄送给了一些人，而出乎他意料的是，庞加莱写信给米塔·列夫勒说你得停止……”

“上帝啊，这是数学家的噩梦之最……”

“对，确实如此。这是关键时刻掉链子啊。”

如果说庞加莱的名声有所提高，这得归功于他的失误。他一生中坚持不懈地进行研究，研究的领域广泛，都具有独创性。他的贡献并不只是专业领域的东西，他还写通俗书籍，赞扬数学的重要性。

这儿就有这么一句话：

“若想预见数学的未来，正确的方法应该是研究历史并审视科学现状。”

要寻找庞加莱对现代数学最重要的贡献，我们得去寻找一座桥，事实上是七座桥——哥尼斯堡七桥。

哥尼斯堡市是俄罗斯的前哨，在立陶宛与波兰之间，位于波罗的海海岸，不幸的是，这座城市被严重摧毁，七桥中有两座桥丧失了原来的标志，还有几座桥已面目全非。

哥尼斯堡七桥谜题是18世纪的一大谜题：该城中是否有这样一条路线能穿过七座桥且每座桥只穿过一次。问题远比它看起来的要难得多。最终，大数学家莱昂哈德·欧拉解决了该问题，他于1735年证明这不可能，不存在每座桥都不超过两次的路线。

他创造了一个全新的概念，解决了这个问题。他注意到问题不在于桥之间的距离，而在于桥与桥之间的连接方式。这是一种新的几何位置问题——拓扑学问题。

我们很多人每天都要用到拓扑学，基本上世界上所有火车站的地图都是依据拓扑学原理绘制而成的。我们不管车站之间的距离，而要注意它

莱昂哈德·欧拉

哥尼斯堡市

哥尼斯堡七桥谜题

们之间的连接方式。

虽然拓扑学出自哥尼斯堡七桥问题，但是庞加莱使之成为一门学科，这对我们衍生看待图形的新方式影响巨大。有人提出拓扑学就是弯曲几何学，因为在拓扑学中图形都是等价的。例如，在拓扑学中，足球或橄榄球都是一样的，都是球体，所以一个可以变成另一个。同样地，甜甜圈和茶杯也一样，因为一个可以转变成另一个。但若一个图形需要撕裂或割破才能转变成另一图形时，这两个图形就不是等价的，如甜甜圈和足球。

甜甜圈和足球是不等价的图形

从拓扑学的角度来看，非常复杂的图形也可变换成更简单的图形。但不管怎样，甜甜圈无法变成球状，中间的空洞使之成为不同的拓扑图形。庞加莱知道在拓扑平面一切皆有可能，但1904年他遇到了不能解决的拓扑问题。

在二维平面宇宙中，庞加莱证明所有的图形都可以连接。宇宙可能是球状或甜甜圈状，里面有一个、两个或更多的洞，但我们生存在三维空间里，那么我们生存的宇宙会是什么形状的呢？这个问题就是人们熟知的庞加莱猜测。

这个问题最终于2002年在圣彼堡被俄国数学家佩瑞曼解决了，但他的证明方法连数学家都觉得晦涩难懂，佩瑞曼通过与另一数学分支结合的方法解决了问题。为理解图形，他更加关注流形的动态问题。这样就有了各种方式描述三维空间毁灭成多维空间。

不知佩瑞曼本人是否可以解释一下他证明中的晦涩复杂之处，但据说要找到他跟理解他的解法一样难。数学家被模式化为精神错乱、行为古怪的科学家，当然我们也常常觉得这有点不公平，因为大部分的数学家都很正常，行为合理。

但是佩瑞曼确实性格古怪。他曾被授予奖励，被西方名校聘为教授，但是他完全不为所动，全部拒绝了。近年来，他似乎完全放弃了数学，与母亲住在一座简陋的房屋里，过着半隐居的生

活，拒绝媒体采访。

佩瑞曼的论文和他的数学在一定程度上可能会自行解析。事实上我们也没有必要见这位数学家。在当今权力至上、物欲横流的时代，他不再阐述其定理，拒绝接受奖励，这都说明了他高尚的一面。

德国的大卫·希尔伯特与奥地利的克尔特·哥德尔

在本文开篇我们提到了一位年轻的德国数学家——大卫·希尔伯特。大卫·希尔伯特没有获得任何奖励，但他仍使其他数学家望尘莫及。当希尔伯特1900年在巴黎提出这些问题时，他已是数学明星，但在德国北部的哥廷根，他才真正展现出他在数学方面的杰出才能。

从他所在的年代到现在，大卫·希尔伯特都可以称得上是一位杰出的数学天王。凡是知道他的人无一不认为他神奇无比。他研究过数论，一年之后就学有所成，之后他完全将数论抛到一边，并在积分方程理论上掀起了革命。他不断变换、不断创新，很少有人像希尔伯特那样灵机多变。

如今人们还在谈论他，他的名字与很多数学术语挂钩。数学家仍在使用的术语有希尔伯特空间、希尔伯特分类、希尔伯特不等式、希尔伯特定理。他早期在方程上面的著作已使他脱颖而出，成为思维独特的数学家。

希尔伯特提出，虽然有无穷多的方程，但它们可以切分，分成有限的集合，就像一套积木。但希尔伯特论证并没能建造有限集合，他只证明它的存在。有人批评这是神学而不是数学，但他们没有抓住一点，希尔伯特所做的是他创造了一种新的数学，用抽象的方式理解数学。虽然无法清楚构造，但仍可以证明其存在。就像我们知道有从哥廷根去圣彼得堡的路，但我们说不清楚路怎么走。

希尔伯特

希尔伯特挑战数学正统，同时也敢于抨击德国大学制中的等级观念。其他数学家看到希尔伯特与学生赛车、喝酒甚是震惊。这种生活风格与他对数学的执着是一致的。

“希尔伯特认为每个人都有数学天赋。不论是企鹅、女人、人类，肤色是黑、白、黄还是什么都不要紧，他照样研究数学，照样受人崇拜。”

“从某种程度上讲，数学能自我证明，无论你是哪种类型的人。”

“对，不管你是哪种类型的人，只要能证明黎曼假设，就算是只企鹅又何妨！”

“所以数学对他来说是通用的万能语言。”

希尔伯特相信这种语言能揭示一切数学真理。他曾在1930年9月8日的一次广播采访中详尽阐述了这一观点，他勾勒了数学的未来。采访中他坚信那23个问题迟早会被全部解决，数学最终建立在坚不可摧的逻辑基础上。没有不能解决的问题，自古希腊以来数学家都支持他宣扬的这一观点。采访结束时他号召道：

“我们必须知道，我们必将知道。”

克尔特·哥德尔

不幸的是，就在科学讲座前一天，那场讲座被认为不值得播出，另一位数学家打破了希尔伯特的猜想，提出了数学的不确定性。毁灭希尔伯特信仰的是一位奥地利数学家克尔特·哥德尔。

这一切始于维也纳。

当哥德尔还是个孩子时，他就聪明狡黠、古灵精怪。他不停地问问题，于是他的家人就称他“为什么先生”，甚至克尔特·哥德尔的崇拜者也认为他是个怪人。

20世纪20～30年代哥德尔居住在维也纳，此时正是奥匈帝国衰落并遭纳粹吞并的时候。那时正值这座城市混乱疯狂的时刻，哥德尔在维也纳大学研究数学。他大部分时间都在西洋双陆棋和桌球这些智力游戏盛行的咖啡馆、聊天室里度过。那是很有影响力的哲学家和科

学家聚集的地方，这群人被称为维也纳学派。

在交谈中，克尔特·哥德尔蹦出了一个革命性的数学观点。他给自己定下目标，他想解决希尔伯特提出的第二个问题。他要找到一切数学建立的逻辑基础。但他得出的结论让他自己也大吃一惊。他全身心投入到数学逻辑上，但没能得到他想要的结果，他证明的是相反的结论。

这就是不完全性定理，哥德尔证明在任意数学逻辑系统中都会有一些是真的数论命题，但我们无法证明它为真。他从一个命题开始，但这一命题不能被证明。这不是数学命题，但哥德尔通过符号组合变换将其转换成纯数论命题。转换后的命题就可证明真假。

立足于逻辑学，我们来探索下其可能性。若命题为假，即命题可被证明，也就是真，这有点自相矛盾，但这意味着命题在另一种形式上为真。换句话说就是这儿有道真数论命题，但无法证明。

哥德尔证明引发了数学危机。试想若哥德巴赫猜想或黎曼假设为真，但却不可证明，会怎样呢？

这一结论对哥德尔来说也是一次危机。1934年夏天，他几次精神崩溃，被

阿黛尔·宁贝丝姬和哥德尔

送进精神病院，然而一个女人的爱拯救了他，这位女士就是阿黛尔·宁贝丝姬，她是当地一家夜总会的舞蹈演员，她拯救了哥德尔。一天她与哥德尔沿阶梯向下走，突然哥德尔遭到了纳粹分子的袭击。哥德尔本人不是犹太人，但他大部分维也纳学派的朋友都是。阿黛尔及时拯救了他，但这对哥德尔以及数学界来说不过是缓刑期而已。

在奥地利和德国，数学岌岌可危。在20世纪30年代末的新德意志帝国，大学里飘满的不是彩球而是纳粹的万字旗。纳粹通过一项法令：任何非阿里乌斯派的公务员都得撤职。当时在德国的学术人士都属于公务员，数学家首当其冲。144位数学家在德国失去了工作，14位被迫自杀或死于集中营。但有一位数学大师坚持了下来。大卫·希尔伯特帮

他一些杰出的学生安排出逃，还站出来为犹太同事的撤职喊不平，但很快他就沉默了。

不知道为何，他自己没有逃避甚至连一丝保护都没有。他晚年时生了一场病，也许他没有精力出逃。他身边的数学家和科学家都逃脱了纳粹魔掌，最后只剩下希尔伯特一人目睹了史上最大的数学中心被摧毁的过程。

希尔伯特于1943年去世。只有10个人参加了这位当时最著名的数学家的葬礼。欧洲主宰数学界500多年的历史结束了，数学的接力棒即将传到新世界。

美国的数学时代

一个地方的时代到来了。1930年高等研究院在普林斯顿成立，目的是为了在新泽西重创古欧洲大学的学术氛围，为了达到这一目的，必须吸引人才，但这无须等待太久。

当时，很多欧洲的数学大家从纳粹统治下的地方逃往美国，如在物理理论研究上贡献卓越的海尔曼·韦尔；如约翰·冯·诺依曼，其游戏理论是电脑科学的先驱。研究院坐落在树林中，很快成为第二个哥廷根。数学家们把此地当成了新的家乡。

每天早上克尔特·哥德尔身穿亚麻套装，头戴软呢帽，从家里出发沿着小路步行至研究院。走到112房时他便停下，等他的密友，另一位欧洲流亡者，阿尔伯特·爱因斯坦。

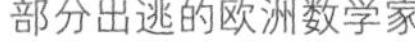
部分出逃的欧洲数学家

爱因斯坦和哥德尔

保罗·科恩很小的时候就连连参加数学竞赛，获得了不少奖品。但起初他发现在数学领域中脱颖而出很不容易，直到一天他读到康托的连续统假设理论。

在哈雷，我们已得知这是康托不能解决的难题：问题即是否存在无穷数学集比整数集大但比分数集小。问题似乎很直白明了，但一切努力都没有任何结果，1900年时，希尔伯特首次把这一难题列为他挑战的首要难题。

但悠闲富饶的普林斯顿也没能帮助哥德尔走出他心中的梦魇。爱因斯坦总是谈笑风生，他把普林斯顿描绘成流亡者的天堂，但年轻的哥德尔不苟言笑，日渐消沉。

渐渐地，哥德尔的悲观使他变成了偏执狂，他逐渐脱离了普林斯顿的数学界。他喜欢独自到海边沙滩散步，思考德国数学大师莱布尼茨的著作。哥德尔退缩到自己的世界里，但他对美国数学的影响与日俱增。一位来自新泽西海岸的年轻的数学家迫切地想向他发出挑战。

20世纪50年代，美国年轻人对数学没有热情，他们中的大多数在这片富饶的地方纵乐享受。但有一位青少年没有附庸社会，而是选择与数学中的难题抗争，这就是保罗·科恩。

保罗·科恩

22岁的保罗·科恩年轻气盛，自认为能解决这一问题。科恩一年后得出的结论是两种答案都是正确的，在某种情况下连续统假设为真，即在整数集和分数集之间没有其他无穷集合。但同样也存在连续统假设为假的情况，即在整数集和分数集之间存在无穷集合。这个结论可谓大胆。科恩的证明似乎是正确的，但其证明方法如此新颖，以至于无人完全信服。但在当时有一人的观点是人人信服的。

“有猜测说科恩整装来到研究院拜访哥德尔。哥德尔用一种特别的方式对他表示了赞同。哥德尔让科恩把论文寄给他，周一时他把论文又寄了回去，说是正确的，从那以后，一切都不一样了。”

今天的数学家增加了一个论述，即连续统假设的条件决定了其结果。有两种数学世界，一种情况下命题是正确的，另一种情况下命题是错误的。保罗·科恩震惊了数学世界——他声名大振、财富累累、奖励不断。

科恩于20世纪60年代少年成名后再没发表多少著作。但他极其活跃，没有更好的学习榜样了，他好学乐教，无论他知道不知道的，他都乐于教授。解决了希尔伯特第一个问题后的科恩自信十足。他在20世纪60年代中期投入到希尔伯特最重要的问题——问题八，即黎曼假设的研究中。他于2007年在加州逝世，40年来他一直锲而不舍。像之前的许多数学大师一样，科恩也未能解决这一问题。但他的方法引导他人继续证明，其中就包括了他的得意门生彼得·萨奈克。

保罗·科恩是美国梦的代表人物，他是犹太第二代移民，却登上了一流美国教授的宝座。不过，也许他的数学不能算是美国产物，科恩思考的这一问题是他可能在任何其他地方也能解决的。

保罗·科恩的成功相对而言来得比

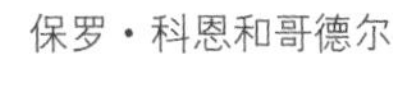

保罗·科恩和哥德尔

较容易，但20世纪60年代，另一位伟大的美国数学家为在数学上有一定影响力而饱受磨难，因为这是位女性。

朱丽亚·罗宾逊

很多伟大的数学家是男性，但也有少数例外。1899年，俄罗斯的索菲·柯瓦列夫斯卡娅成为斯德哥尔摩的第一位女数学教授，她赢得了著名的法国数学奖；艾米·诺特，也是一位很有天赋的代数学家，她逃出了纳粹魔掌来到美国，但还未能一展才华，就香消玉殒了；朱丽亚·罗宾逊，首位被选为美国数学会会长的女性。

朱丽亚于1919年出生在圣路易，2岁时母亲去世。她和妹妹康斯坦斯遂与她们的祖母一起生活，住在亚利桑那州的菲尼克斯城的一个沙漠山区。朱丽亚·罗宾逊在这儿的某个地方生活，有张照片上有她30年代住的村庄，村庄一片荒芜，群山与人们后来发现的地方挺像的，也许她就住在这里。

幼年的朱丽亚·罗宾逊和她生活的山区

朱丽亚生性害羞，体弱多病，7岁时曾因猩红热在床上待了一年。整个童年她一直多灾多病，她被告知活不过40，但她的数学才能是与生俱来的。朱丽亚经常坐在亚利桑那州仙人掌的背阴处靠数石子来打发时间。

对数字规律的探寻培养了她对数学的喜爱，这种喜爱伴随她终生。她很早就展露出了不凡的才华，但为能学习数学，从小学到大学，一路她从未懈怠。十几岁时她是数学课上唯一的女生，很不受关注，因此她只能从其他地方获得启发。

朱丽亚喜欢听一个名为大学探索者的广播节目，其中第53集全部是有关数学的。广播员讲述说：“虽然数学术语晦涩难懂，深不可测，但数学家却是上帝的杰作，他们风趣幽默、启迪心灵。”

朱丽亚第一次发现不只有数学老师，还有数学家，远方还有数学世界，她想成为其中的一员。数学之门在旧金山附近的伯克利市的加州大学向朱丽亚敞开了。

“她一心想去伯克利，也不一定是伯克利，她想去任何数学家聚集的地方。”

伯克利无疑是数学家群聚的地方，其中包括数论家拉斐尔·罗宾逊。朱丽亚和拉斐尔经常在校园散步，渐渐地他们之间不只是有共同的数学爱好，他们于1952年喜结连理。朱丽亚获得博士学位，她潜心钻研希尔伯特第十个问题，而一钻研就是一生。

“她无时无刻不在思考这个问题，她对我说她不想到死时还不知道答案，她已经上瘾入迷了。”

很多数学家都像朱丽亚一样沉迷于希尔伯特在20世纪初提出的问题。希尔伯特的第十个问题是：是否存在一种通用方法能检测某一方程是否有整数解。没有人能找到答案，事实上人们逐渐认为没有这种通用的方法。

不管怎样证明，不管你多么睿智，你都不可能想出这种方法。在同事的协助下，朱丽亚创造了今天熟知的罗宾逊假设。该假设认为要证明不存在这样的方法，只需找到一种方程，方程解是具体的数集。数集要成指数增长，如成二次方增长，然而这仍属于希尔伯特问题。不管她怎么努力，就是找不到数集。

要想解决第十个问题，需要新的灵感触动，这一灵感来自于8000千米外的俄罗斯圣彼得堡。自从18世纪莱昂哈德·欧拉在此开创数学，该城市就以数

俄罗斯圣彼得堡

学和数学家而闻名。在斯特科洛夫研究所，世界上最杰出的数学家汇聚于此钻研他们的定理和猜测。这些数学家中有一位名叫尤里·马蒂亚塞维奇的学者。

1965年刚毕业时，尤里年轻聪颖，他的导师建议他钻研希尔伯特第十问题。这个曾让朱丽亚·罗宾逊痴迷而又困惑的难题。那时正是冷战高峰时期，马蒂亚塞维奇或许能解决朱丽亚及其他美国数学家未能解决的难题。

“起初我不喜欢她的方法，论述很怪，很不自然。但一段时间后，我理解了，其实很自然，她的理论很新，我要继续完善它。”

1970年1月，他发现了这个拼图游戏中缺失的最后关键部分。他利用希尔伯特问题中的核心方程理解了著名的斐波那契数列，在朱丽亚及其同事的研究成果上，尤里解决了问题十，那时他年仅22岁。他第一个想告知的人就是那位他欠下很多的女数学家。

“我不知道，信件可能遗失了，毕竟那是苏联时期，这很自然。”

在加州，朱丽亚从数学界中得知问题已经解决，她连忙与尤里联系。

“朱丽亚说，我一直在等尤里长大寻找答案。因为她在1948年就着手研究，那时尤里还是个婴儿。”

尤里回复时再三表示感激，并说朱丽亚的功劳不少于他。

尤里·马蒂亚塞维奇

“一年后我见过朱丽亚，在布加勒斯特，她和拉斐尔在那儿参加会议。我邀请他们夫妇会议结束后来列宁格勒（圣彼得堡）看我。”

朱丽亚总能另辟蹊径，很多数学家只是旧瓶装新酒，她有很多奇思妙想。朱丽亚与尤里在其他数学问题上有多次合作。他们的合作一直到1985年朱丽亚去世，那时她年仅55岁。

朱丽亚·罗宾逊虽只证明没有通用方法解整数方程。但对于某种具体类型方程的解法，数学家们仍然兴趣不减。

数学家的接力棒

1832年5月巴黎的一个清晨，埃瓦里斯特·伽罗瓦决心为人生拼搏。此时正是

埃瓦里斯特·伽罗瓦

波旁王朝反民主的查理十世统治时期。伽罗瓦像其他愤怒的巴黎年轻人一样支持共和革命，然而和其他同伴不同，伽罗瓦还有一个爱好，那就是数学。

他在监狱待了4个月，之后，在一段秘史传奇中，他陷入一段没有回应的感情中，最后他决定为爱向对方提出决斗。而在决斗的前一晚，他仍整晚致力于完善他的新数学语言，阐述他的观点。伽罗瓦相信数学不仅只研究数字和图形，还有结构。伽罗瓦在第二天的决斗中中枪，由于伤势过重而不治身亡，那时他仅20岁，这是数学界的巨大损失。

直到20世纪初，伽罗瓦才受到众人的赏识，他的观点完全实现了。

伽罗瓦发现新方法来说明某方程是否有解。几何模型的对称性是其中的关键，他利用几何来分析方程。这一方法在20世纪20年代被另一位巴黎数学家安德烈·韦伊采用。

当安德烈·韦伊在德国和法国学有所成后，他回到法国巴黎，和他更出名的作家妹妹西蒙娜·韦伊共享一套公寓。当第二次世界大战爆发时，他发现他的处境不妙。他逃役到芬兰，在芬兰他差点被误认为俄国间谍而被杀害。回

安德烈·韦伊

到法国后，他又被投到鲁昂监狱，等待逃役的处罚。法官的判决是两种选择：5年牢狱或者参加反击部队。他选择加入法国军队，这是个明智的选择。因为几个月后在德国入侵前所有囚犯一律被处死了。

韦伊在监狱待了几个月，这是他数学生涯至关重要的时期。他在伽罗瓦的基础上发展了代数几何，理解了方程解问题的全新语言。伽罗瓦解释了数学结构是怎样揭示方程背后的秘密的关键。韦伊最终创立了与数论、代数、几何和拓扑学相关的定理，这是现代数学最伟大的成就之一。

若非安德烈·韦伊，数学史上就少了位怪才——尼古拉·布尔巴基。布尔巴基没有留下来任何照片，只知道他于1934年诞生在拉丁区的咖啡馆。这个咖啡馆起初叫酷莱德咖啡馆，那时是家正宗的咖啡馆，而现在是一家快餐连锁店。从20世纪50年代到70年代，基本上每位学数学的人都在研读尼古拉·布尔巴基的著作。大卫·奥宾是研究布尔巴基的专家。

“毕业那年一去图书馆我就恐慌，这个叫布尔巴基的写的书如此之多。大概有三四十本，分析学、几何学、拓扑学，都是新基本原理。我听说他还申请美国数学会的会员。不知为什么他被拒绝了，理由是这个人不存在。”

美国数学会是对的，根本就不存在什么尼古拉·布尔巴基，从来就没有这个人。布尔巴基事实上是一群法国数学家的笔名，由安德烈·韦伊主导。安德烈·韦伊决定写一本书完整记录20世纪的数学。大多数数学家总希望自己的名字出现在定理上，但“布尔巴基”的集体目标超越了个人荣耀的欲望。

第二次世界大战后，布尔巴基的接力棒传到了第二代法国数学家手上，其中最卓越的成员是亚历山大·格罗滕迪克。在与普林斯顿高等研究院旗鼓相当的高等科学研究所（IHES），格罗滕

亚历山大·格罗滕迪克

高等科学研究所

格罗滕迪克主持研讨会

迪克主持了五六十年代著名的研讨会。

格罗滕迪克魅力无限，慧眼识英才。他知道某人会对他的理论有何帮助，数学会怎样发展。他的洞察力使他破解了许多难点。假如要敲开胡桃，常规做法就是拿胡桃钳夹开它。而格罗滕迪克的方法是，把胡桃扔到雪地不管，放在那儿。几个月后，再来看时它已经开了。

格罗滕迪克是结构主义者，他对数学深处隐藏的结构感兴趣。只有概括抽象语言和思考基础建筑结构，数学规律才会

显而易见。格罗滕迪克创造了一种新的强大的语言，用新的方式看待结构。过去我们仿佛生活在黑白的世界里，但有了新语言后，我们才发现这世界原来是彩色的。这种新语言就是数学家一直用来解决数论、几何甚至基础物理问题的语言。但20世纪60年代末，当格罗滕迪克接触到政治后，他决定与数学背道而驰。他认为核战争的威胁及核武器裁减问题比数学重要得多。而那些埋头于数学中不问核战争的威胁的人是在危害世界。他因此而拒领菲尔茨奖。

格罗滕迪克决定离开巴黎，迁回他生长的地方：法国南部。接二连三的激进政治改革发生后，格罗滕迪克精神崩溃了。他搬到比利牛斯山隐居，与所有老朋友和数学同行断绝了联系，直到2014年11月去世。然而，他的数学成就使其与康托、哥德尔及希尔伯特齐名，又为数学添加了一道亮丽的风景。有数学家评价说："他对整个学科的改变是根本性的。我的意思是它将永不会倒退。当然，他是统领20世纪的人物。"

希尔伯特于1900年定下的23个问题至今大部分已被解决。然而有一例外，那就是黎曼假设，也就是希尔伯特的第八问题，仍是数学中的未解之谜。希尔伯特的演讲激励着一代又一代人追寻他们的数学梦。在对数学进行不懈探索的过程中，人们发现了一个有趣的现象：越抽象棘手的数学，在真实世界中的实际应用越是广泛。数学已渗透到生活中的方方面面：电视机开关、电脑开机、信用卡付账。

能解决黎曼假设的人将获得百万美元的奖励，但赌注远不止于此：能证明该定理的人将名垂青史，将其他数学家抛在后头。因为黎曼假设是数学的奠基石。成千上万的定理被称为定理是因为它为真，没有数学家否认它为真，但数学是要证明的，在能证明之前它就是还有疑问的。

数学产生于热情，热情解决疑惑。这是我们在畅游数学史的旅途中了解到的。数学家，如阿基米德、艾尔·克瓦利兹米、高斯和格罗滕迪克是在对数学不懈热爱的驱使下研究并发现了数字和空间规律的。通过数学语言，我们可以读到首次证明为真至今仍然为真的数学理论。

在地中海周边国家，我们发现了几何的起源："数学家和哲学家因其对知识的渴望和对卓越的追求而奔向亚历山大港。"在印度，我们了解到了另一重要发现，没有它，现代生活将难以想象，我们来到了数学圣地——这儿有些数字，还有一个是新的数字——0。在中东，我们为艾尔·克瓦利兹米的代数创新而叹为观止，他对问题的系统分析方式对任何数字都适用。

18～19世纪是欧洲的黄金时期，数学中产生了分析运动物体的新方式，还出现了新几何可以解释奇怪的空间形状，而有了黎曼理论，我们终得探索智慧世界的魔镜。

我们畅游20世纪抽象数学世界的旅行揭示了数学是书写宇宙的真正语言，是了解世界的关键。数学家不为钱、不为利，甚至不为数学实际用途而动。对数学家们来说，解决伟大未解之谜是无比荣耀的，那些未解之谜让前几代数学家智穷力竭。

希尔伯特是对的，正是那些未解数学之谜让数学充满生机，而这些未解之谜使新一代数学家为之着迷。过去7000年成果累累，但仍有些不解之谜。希尔伯曾号召说“我们必须知道，我们必将知道”，正是这样一种精神使数学生生不息。

第二部分

明珠素数

2000年来，一个数学难题让世界上最伟大的人困惑不解，它一直折磨着那些想要解决它的勇敢数学家们。这是一个在英国对纳粹的胜利中扮演重要角色的谜题，对物质的基本构成——原子的活动也有一定的启示；它催生了电脑的诞生；今天所有的金融网络系统都基于这个还未解决的谜题之上。这就是数学界的“圣杯”——素数之谜。

神秘的素数

The Primes

人们常说，数学是一门世界性的语言。不管我们身在何处，不管我们是谁，不管我们来自何种文化、国家、性别、种族甚至宗教，一些数学原理始终是真理。

我们生活在数字世界中，数字无处不在，是我们生活的一部分，数字使我们得以理解世界，使我们得以交流沟通。数字是现代生活方式的发电机。乘车或坐飞机旅行，看电视或听CD，接电话或做饭，都离不了数字。没有数字，一切将不复存在。

数字在日常生活中不可或缺，但数字中最重要的数是素数。何为素数，它又为何如此重要呢？

我们都学过素数的基本性质：它们只能被1和其自身整除，不能进一步分解。但是没有学习的是为何每个素数都如此重要，为什么它们被称为数学大厦的基石？

任何非素数都可通过素数相乘得到。例如，105等于三个素数3、5和7之积。素数生出数字，数字生出数学，数学生出整个科学世界。素数就好比数字世界中的氢氧元素，是数学中的基本原子。所以，人们通常也将它们称为“算术原子”。这种特殊形式的素数具有许多独特的性质和无穷的魅力，千百年来一直吸引了众多的数学家，如费马、笛卡尔、莱布尼茨、哥德巴赫、欧拉、高斯、图灵、埃尔德什等大数学家以及无数的数学业余爱好者对它进行探究。对数学家们来说，素数是该学科的核心。

素数如此重要，大自然早就捕捉到了它们。在北美森林中，有一种蝉进化的生存周期就是素数。这种蝉在地下生活17年，以树根为食，饱食终日。经过17年的沉寂后，它们钻出地面，在森林中热闹了6周。它们的喧闹声如此嘈杂，让周边的生物无法安身。这种蝉生存、交配、繁殖，6周后死去。森林又恢复了沉寂，这一沉寂又是17年。

为什么这种蝉要在地下待17年呢？据说是因为有一种捕食者曾破坏了它们的聚会，捕食者是定期出现在森林中的。无形中，这种蝉发现，若生命周期为素数时，就可以尽可能地避开捕食者。素数对这种蝉的生存起了决定性作用。

人类的祖先发现运用素数可以提高生存的概率。面对敌人的进攻，进攻或是逃跑就在于对数字的快速判断，而判断是否敌寡我众也是极其重要的。有些人甚至怀疑，是不是宇宙中的其他智慧生物也知道它们呢？

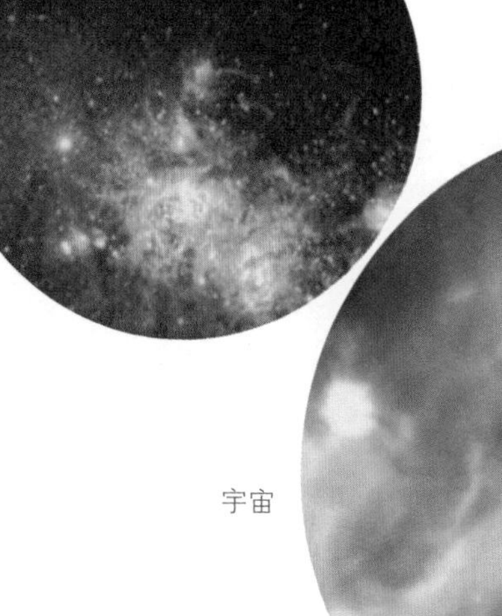

宇宙

20世纪60年代的搜寻地外文明计划（SETI）曾暗示：如果宇宙中有其他智慧生命，它们很可能和我们一起分享着数学语言。SETI坚信，数学是我们描述物理世界的根本，其他智慧生命可能用同样的视角看宇宙。如果我们一起分享这个共同的数学语言，那么素数——这些“算术原子”，就可能成为星际间交流的根本。

1974年，天文学家弗兰克·德雷克通过位于波多黎各的阿雷西博望远镜向外太空发出了一条信号。这个信息包括1679个二进制数，德雷克选择“1679”是因为它是个半素数，它是两个素数的产物，只能分解成23和73。

半素数“1679”的象形图

阿雷西博望远镜

透过阿雷西博望远镜向外太空发信号

德雷克是如此安排字节的：把它看成73排和23列的矩形时，它可以当成一个象形图来读，包括数字1到10、DNA双螺旋以及太阳系。这个象形图上端蓝色的部分表示1到10，中间的两条蓝线表示DNA双螺旋，末端的蓝色部分表示太阳系。

我们用数学解释地球上的一切事物。未来某一天，它可能会将我们与另一个星系的智慧生命联系起来。而今天，它将来自不同文化以及地域的人们联系在一起，甚至将我们同古代的祖先联系在一起。

在20000年前的中非，人类就已经开始用一种名为“伊尚戈骨头”的简单装

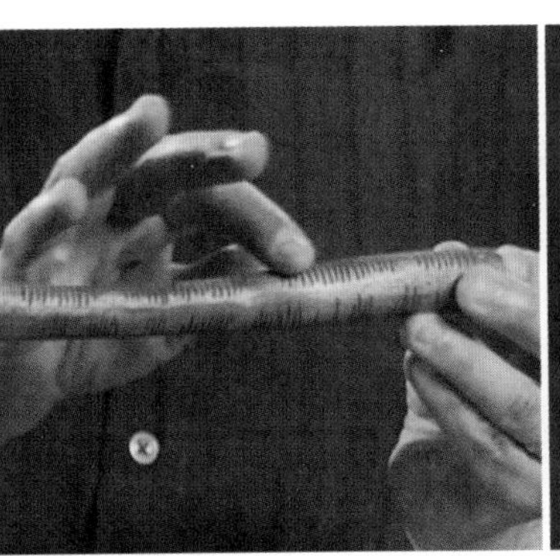
伊尚戈骨头

骨头上的刻痕

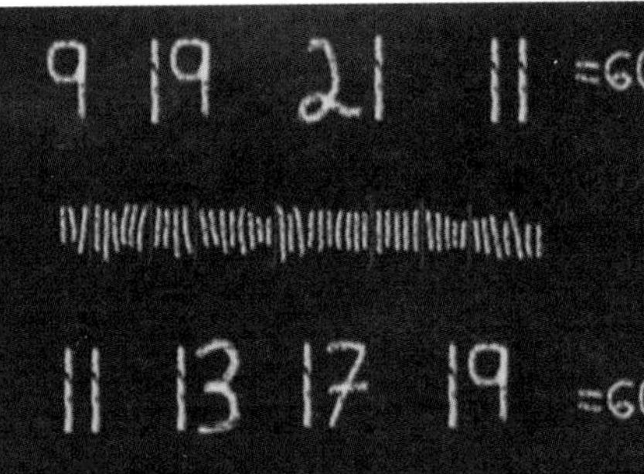

骨头上的素数

置来算数了，它用刻痕代替物体之类的东西，是抽象思维的最早的例子。“伊尚戈骨头”上聚集着不对称的刻痕，暗示着早期的人类有一种数学思维，这种思维涉及的不仅仅是算术本身。

“伊尚戈骨头”左右两边的刻痕都是奇数：9，11，13，17，19，21。每根骨头上的数字之和为60，中间的数字之和为48，60和48都是12的倍数。这也许暗示着人们对乘除的了解。

不过，更有趣的事实可能是：左边骨头上的数字全部是素数。也就是说，早在20000年前，有人可能就已经察觉出了这些数字的奇特性。

早期人类知道是什么让素数与众不同吗？现在大部分历史学家都赞同古老的文化似乎都肯定数字在运用中的价值，比如商业、农业和日历。但是对于数字之间以及数字本身的兴趣似乎产生得较晚，最早理解素数重要性的是古希腊人，他们为后来的数学研究奠定了基础。希腊人认为数字无处不在，“数即万物”就是毕达哥拉斯的格言。希腊人知道数字相乘，他们也知道有些数不可再除，那就是素数，不可约数。图书馆和古希腊学院开始创造较大的素数表,有些古希腊数学家认为，只要列出素数全表就可一举成名。

像毕达哥拉斯、亚里士多德和欧几里得这样的学者是第一批“纯粹的数学家”，他们在公元前7世纪左右开始就数字而研究数字。实际上，“数学家”这个词来源于希腊语“mathema”，是“学习”的意思。“计算”这个词则来自于希腊语“khalix”，意思是“卵石”，后来还从中得到了“微积分”一词。

希腊文明中一些最复杂、最抽象的研究是从一些简单有形的东西开始的，

古希腊人用卵石研究数学

如一把卵石。任何整数都可以用对应数量的卵石表示，希腊人给数字分类的一种方式就是根据相对应的卵石堆表示出来的形状。例如，如果一些卵石能组成一个正方形，那么这些卵石的数量就成为一个“平方”。所以，当边长相等时，一个数字乘以它本身，就是我们所知的“平方”。

大部分数字即使不能排成正方形，至少也能用长方形表示，我们所说的长方形是指那些每条边至少有一个卵石的长方形。例如，数字“12”既可以用2排6个卵石表示，也能用3排4个卵石来表示。

如果我们尝试用“11”或者“13”这样的数字做一个实矩形，总是会有剩余的石子。所以像“11”或者“13”这样的数字除了与1相乘外，不会是一个乘法式的答案。很多其他数字也都是这样的，比如2，3，5，7，11，13，17，19，等等。这些数字都是“素数”。

有些古希腊数学家执着于列出素数全表，但在公元前3世纪，天才数学家欧几里得发现这是不可能的。他认为素数是无限的，那些试图列出所有素数的人，他们的追求是永远不会实现的。

大部分人将欧几里得视为“几何之父”，他也是最早记录质数（即素数）

3乘以4等于12，3的平方等于9

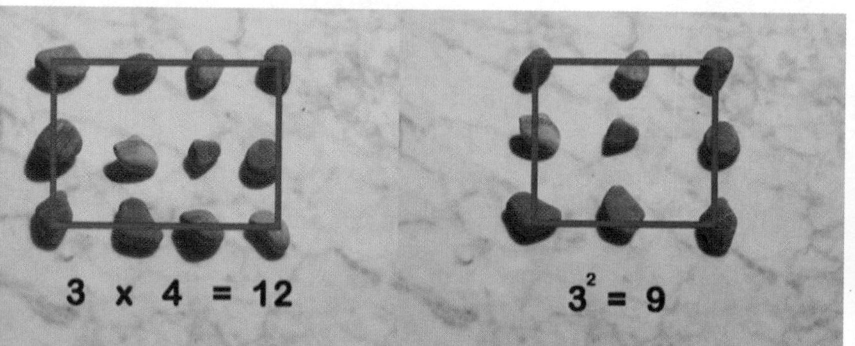

13分成6排余1

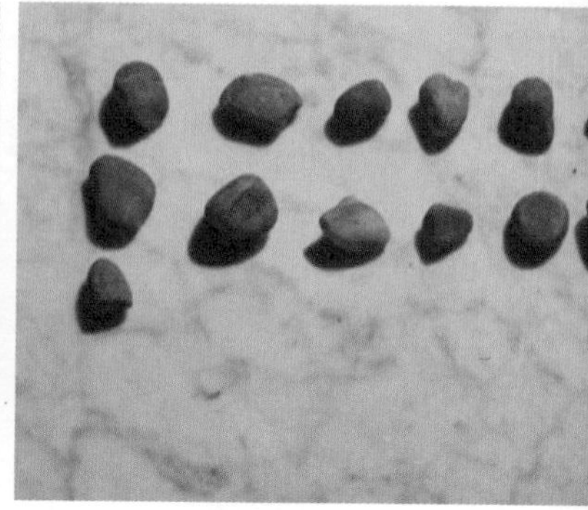

性质的人，他对质数的研究始于我们所称的“算术基本定理”，它描述了所有大于1的自然数都可以写成质数的特殊产物，这些质数称为它们的素因数。例如：12等于4乘以3，可以进一步分解成2乘以2，再乘以3。同样的，1200等于3乘以16乘以25，可以再分解成：3乘以2^4，再乘以5^2。“算术基本定理”凸显了素数的重要性，这就是为什么我们将它们称为“算术原子”。欧几里得在当时往前迈进了一步，认出了素数。

欧几里得认为素数是一个无穷数。他是怎么证明的呢？欧几里得设问题：是否可以通过有限个素数相乘得出无限个数。他列出了素数2，3和5，是否任何数都可以通过它们的组合乘得呢？

素数2乘以3乘以5，然后再加上1，答案是31。这个数字不能被2，3，5分解，实际上31本身就是一个素数，所以我们发现了一个新的被遗漏的素数。31不能由2，3，5相乘得到，以此类推，素数表中肯定有遗漏。即使欧几里得把31添加到表中，问题也并未得到解决。

既然有的数无法通过2，3，5这三个素数组合乘得，于是欧几里得开始扩大素数列表，一共列了30个，然后，也是天才的创举，他又添加了一个，凑成31个。素数2，3，5都不能整除它，总是余1。将有限的素数相乘，然后加上1，最后的结果不能被原来的任何素数分解。但是不管列表多大，他总能发现遗漏的素数。因此，欧几里得得出结论：素数个数是无限的。

如果我们顺着往下摸索，将2，3，5和31相乘，然后加上1，得到一个新的数字，这一次我们得到的是931，这个数字不能被原来使用的素数分解，但是931却不是一个素数，它能被7和19分解。于

算术原子

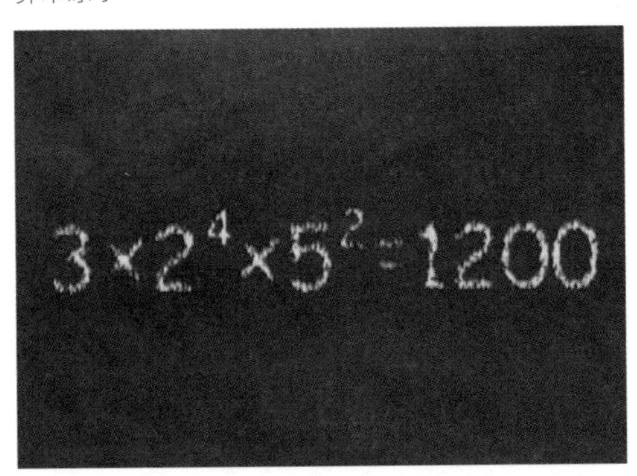

931能被素数7的平方和19分解

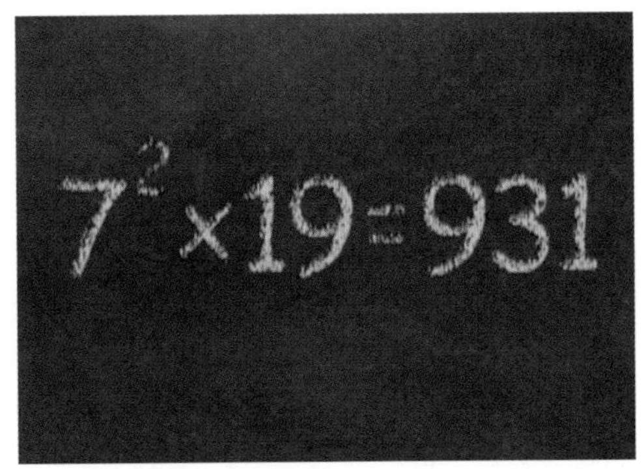

是，我们发现了两个新素数：7和19。

所以，即使欧几里得公式的结果本身不是一个素数，它们的因子也肯定是新素数。

我们可以发现，欧几里得的方法并不是如我们期望的那样将素数有序地呈现出来。不过他的方法告诉我们，我们通过欧几里得的方法用素数可以组成一个新的数字，因此，质数系列必须永远持续下去，一定有无数个素数，而且每一个素数都比上一个大。

如果我们重复欧几里得的方法，将一点上的所有素数相乘，然后加上1，然后发现新的素数，我们最终会得到一些区间。结果发现，7919是第1000个素数，这个素数看起来在数轴的末端。但是，那些遗漏的数字呢？

欧几里得的证明可谓是数学推理中的佳作，但有一个问题他想不明白。欧几里得无法预测哪些数字是素数。他找不到素数的分布规律，也就无法预测素数。

若将数字列成一条直线，素数的排列是毫无规律的。它们的出现很随机，就像彩票数字或是交通拥挤时公交到站的时间。问题是：是否有一定的秩序？是否有一种理解方法，即使不能完全，至少是足够理解以便找出它们对数学的影响规律？

试图预测素数出现的位置或是寻找简单公式所做的一切被证明是徒劳的。如同夜空中无数的星星，素数随机出现，分布在数字宇宙中，有时密集，有时分散，似乎毫无规律且不可解释，而数学家唯一渴求的就是规律和解释。

数学常被认为是精确到小数点后多位的除法及加法运算。但对数学家来说，这远不是数学的本质，数学家是规律的探寻者，数学就是找出混乱数字中的规律，找出数字乐谱。数学中所有的数字，只有素数是规律探寻者的终极挑战。

欧几里得的素数无穷定理没有提供一个发现所有素数的系统性方法，在他之后100年，另一个希腊数学家埃拉托色尼尝试寻找这个方法。他设计了一个简单的算法，那是一套明确的指令，或者说一种数学秘诀：将合数从素数中过滤出来，这一方法叫作埃拉托色尼过滤算法，以下是它的运行方式：

假设我们希望找到所有小于等于100的素数。所以，从2开始，我们用以下方式寻找所需要的数字。我们保留第一个遇到的素数2，然后删去列表中2的所有

1	2	3	4	5	6	7	8	9	10
11	12	13	14	15	16	17	18	19	20
21	22	23	24	25	26	27	28	29	30
31	32	33	34	35	36	37	38	39	40
41	42	43	44	45	46	47	48	49	50
51	52	53	54	55	56	57	58	59	60
61	62	63	64	65	66	67	68	69	70
71	72	73	74	75	76	77	78	79	80
81	82	83	84	85	86	87	88	89	90
91	92	93	94	95	96	97	98	99	100

埃拉托色尼过滤算法

1	2	3		5		7			
11		13				17		19	
		23		25				29	
31				35		37			
41		43				47		49	
		53		55				59	
61				65		67			
71		73				77		79	
		83		85				89	
91				95		97			

素数表上100以内的素数

倍数：4，6，8，10，12，等等。它们全部消失，然后回到列表始端，没有删除的第一个数字是3，这是一个素数。然后，我们又一次这样处理整个列表。用这样的方法，除了素数以外的数全都被删除，我们就会发现列表中小于等于100的每一个素数。

但是要记住，素数是无穷的，所以用埃拉托色尼过滤算法找它们既枯燥又费时。有没有更好的办法呢？有没有一个公式可以推导出素数呢？数学家们很乐于做这样的事。

1644年，一位法国神父马林·梅森发现了这样的规律：2的*n*次方减去1总是可以得到一个素数，也许还是无穷的，不过他不太确定。实际上我们用这个公式找到了更多称之为梅森素数的数，所以梅森素数的公式十分美好，但是数字增长得很快，以至于现在有成百上千名数学家在寻找梅森素数。

1996年初，美国数学家、程序设计师乔治·沃特曼编制了一个梅森素数计算程序，并把它放在网页上供数学家和数学业余爱好者免费使用，它就是举世闻名的大互联网梅森素数搜寻计划（GIMPS），一群素数搜寻者们将世界各地的电脑连接起来一起寻找更大的梅森素数。总部设在美国的电子新领域基金会（EFF）于1999年设立了专项奖金悬赏梅森素数发现者。不过，绝大多数人参与该项目并不是为了金钱，而是出于好奇心、求知欲和荣誉感。他们寻找着更大的素数，发现数学的乐趣以及美丽。

伊利诺伊大学数学系盖的邮戳

许我们正需要这种追求，让人们探索从来没有人走过的无穷世界。数学赋予探索者的是一种只受逻辑学束缚的自由，我们可以提出自己的疑惑，或者解答周围的人们提出的疑惑。不管是大是小，每一个未解决的疑惑或者难题就像一座需要我们去衡量的新的大山，像一片需要我们去跨越的大海，或者是一条需要我们去探索的边界。

在1963年，当第23个梅森素数被找到时，发现它的美国伊利诺斯大学数学系的师生是如此骄傲，以至于把所有从数学系里发出的信件都敲上了“（2^{11213}）−1是个素数”的邮戳。

但是到2006年，梅森去世将近4个世纪之后，人们只找到了44个梅森素数。第44个梅森素数是密苏里大学的两位数学家发现的：2的32582657次方减去1。它是一个9808358位数，比宇宙中原子的数量还大。

这样的追求是有意义的，甚至也

2的n次方减1

这真的很不可思议，虽然我们在20000年前就知道了素数的存在，但仍然还有很多素数问题尚未解决。我们已经观察到了模式，但是不确定这些模式是否会顺着数轴走向无穷。

2013年，美国中央密苏里大学数学家库珀领导的研究小组通过GIMPS项目发现了第48个梅森素数——$2^{57885161}-1$，该素数也是目前已知的最大素数，有17425170位，如果用普通字号将它连续打印下来，它的长度可超过65千米。迄今为止，人们通过GIMPS项目找到了14个梅森素数，其发现者分别来自美国、英国、法国、德国、挪威和加拿大。

尽管我们发现了第48个梅森素数，但是我们不知道这究竟是最后一个素数，还是这个模式会永远继续下去。

梅森素数只是我们发现的一种模式，现在，我们来看看最初的一些素数——“孪生素数”（只有两个单位之差的素数对）：3和5，5和7，11和13。可想而知，我们可以一直往下数：827和829，1607和1609，等等。孪生素数的数量是不是无穷的呢？欧几里得2300年前就提出了这个疑问，但是到今天为止，没有人可以给出肯定或者否定的答案，素数有无穷个，也许孪生素数也有无穷个。

有一位数学家一直对素数保持着浓厚的兴趣，他就是高斯。他出生于1777年（这本身就是一个素数），他计算出了一系列的素数之和，其结果达到上百万。高斯的数学成就遍及各个领域，他在1801年发表的《算术研究》是数学史上为数不多的经典著作之一，开辟了数论研究的全新时代。在这本书中，高斯不仅把19世纪以前数论中的一系列孤立的结果予以系统整理，给出了标准记号和完整的体系，而且详细地阐述了他自己的成果，其中主要是同余理论、剩余理论以及型的理论。

高斯认为素数是最重要的，他写道：“科学之所以尊贵，是因为每一个难题都用优雅高贵的方式探索出来。”高斯第一个察觉到，表面上神出鬼没的素数实际上可以被描述得“如此美丽而简洁”。

在现代的数学家中，也有人为素数而着迷，比如澳洲华人数学家陶哲轩。他是加州大学洛杉矶分校的数学教授，也是菲尔兹奖的得主，这是数学界的最高荣誉。他还获得了麦克阿瑟天才奖，人们将高斯称为“数学王子”，陶哲轩则被誉为“数学界的莫扎特”。洛杉矶加州大学数学系前主任约翰·加内特评价说：“他就像莫扎特，数学是从他身体中流淌出来的，不同的是，他没有莫扎特的人格问题，所有人都喜欢他。他是一个令人难以置信的天才，还可能是目前世界上最好的数学家。”

陶哲轩是一位解决问题的顶尖高

陶哲轩

手，他的兴趣横跨多个数学领域，包括调和分析、非线性偏微分方程和组合论。他解决了几个数学领域中困扰别人多时的重要问题。他说："虽然我们很难判断无穷的数中哪些是素数，但我们还是能够用统计法数出素数的总数。"

从"伊尚戈骨头"开始，到欧几里得之后的2300年间，人们对素数的研究从来没有停止过。人们可以经常看到笼统的数论和专门的素数研究，人们还会继续看到这些纯粹数学的权威例子：为了数学，研究数学。换句话说，不为别的，只为攀登那座山。

随着科技的进步，我们对素数的理解不断提高，我们能不能期望人们会常规地破解这些建立在素数基础上的字符呢？或者这些密码是不是已经被某些人破解了呢？如果宇宙中的其他生命真的存在，那么素数真的会重要到连其他生命形式也懂得它们吗？一些科学家提出，人类和外星人完全不同，他们的生物、文化、历史，甚至是科学不能为交流提供任何依据。但是，我们用数学描述宇宙，它们现实的模型和我们的大相径庭。如果他们会算术，那会怎么样呢？如果对他们来说素数很简单，就像"蓝色"一样呢？

对我们人类来说，数学是一门基本的语言，是我们描述周围世界的根本。伴着素数，数学家们可以揭开谜底，解读出宇宙的编码。但是，在许多方面，素数——数学这门语言的基本单位，这些算术原子对我们来说依然如最遥远的行星一样神秘，是它们让数学家们成为宇宙中真正的探索者，这段探索旅程从20000年前就已经开始，而且将永无止境。

素数与常数的不同

The Difference between Primes and Common Numbers

2000多年来，数学之谜——素数，让那些举世奇才困惑不已。谜题如此之难，只有足够勇敢的数学家才敢直面谜题困扰，而有些绝望而弃，有些未果而疯，有些则抱憾自杀。但是该谜题在大不列颠战胜纳粹德国上举足轻重，对电脑的出现也是至关重要，也使原子形态——物质结构基础得以让人们有所了解。今天，整个网络金融世界也因其不可破解性而赖以存在。谜题的解答一定会让整个金融世界折服于其膝下。因此，解谜者将荣获百万美元的奖金也就不足为怪了。这是当今数学界最大的未解之

网络世界

早期的计算机

谜，谁能破解谜题，谁将名垂千古。

素数的分布规律问题，或者是说素数没有规律，自欧几里得始就困扰着数学家。2000年来，它使最伟大的数学大师都智穷力竭。直到18世纪晚期，终于取得了突破，它来自于一个15岁的德国男孩。他就是史上最伟大的数学家之一高斯，我们在前面对高斯的生平有所了解，接下来我们重点了解一下高斯对素数所做的杰出贡献。

高斯一夜成名，准确地说这都归功于天文学。一颗新发现星体——天狼星，被耀眼的太阳光淹没，消失在夜空中。天文学家很沮丧，但高斯发现了天狼星运行的规律，指出了消失星球的位置。果不其然，它就在那儿，就如数学预言的一样。

高斯对星体感兴趣，但他真正着迷的是数字。他少年奇才，不停地计算，片刻都未停止过。他说在他能读写前就会计算了，他的数学才能与生俱来。

3岁时，高斯已在订正他父亲的算术。开始上学后，他开始秘密记录着他的数学发现。但改变数学发展史的是他15岁时收到的生日礼物，这份礼物是本数学表书。书的背面有张列表——素数表，这让年轻的高斯为之着迷。他整天地钻研表格，希望能揭示其奥秘，终于，他有了惊人的发现。

像之前的数学家一样，15岁的高斯盯着素数表，他意识到这些数字没有规律，无法预测下一个素数在哪儿。素数就像轮盘中奖的数字一样随机出现。当事情变得错综复杂时，不妨换个方向思考。新的思考方式，提出新的问题。高斯在众多数学家的研究中取得了重大进

轮盘游戏

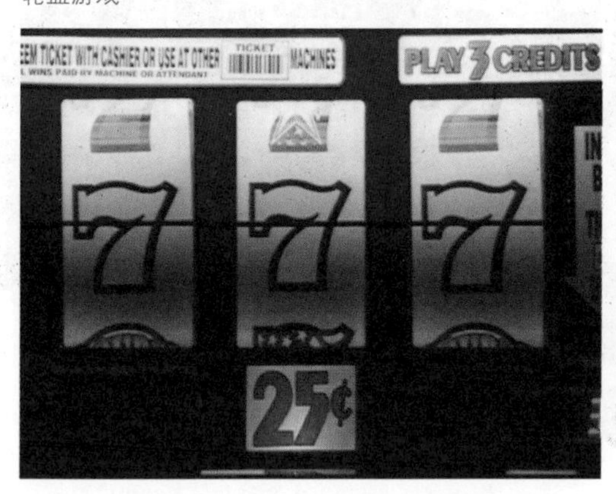

幸运转盘

步。高斯没有试图预测素数，而是探寻有多少素数。

高斯曾计算每1000个数中有多少个素数，一如既往地坚持。据说他可以在15分钟内将1000以内的数字盘填满。于是就得出了一张又一张的素数表。这样他做出了惊人的猜测，引导了今天大部分的素数研究。

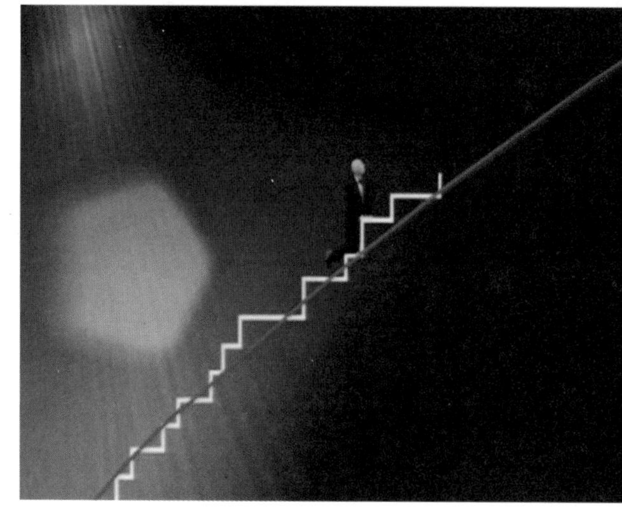
素数的分布

欧几里得奠定素数是无限的，高斯算出10，100，1000等之内有多少个素数。随着数字增大，素数减少，但它是怎样减少的呢？对于高斯而言，素数就像骰子一样随机和偶然。但随着研究的深入，他发现可以计算素数出现的概率。例如，100之内有25个素数，素数出现的概率是1/4。但在1000以内，素数出现的概率只有1/6。也许素数是通过掷骰子得到的。

随着素数的增大，高斯能预测骰子面数吗？当他计算更大的数，寻找素数出现的概率时，高斯发现了一定的规律。虽然素数随机不定，但有一惊人的规律正从迷雾中闪现。每次添加一个“0”，素数据所占份额减少相同量——大约为2。从1万到10万到100万，素数出现的概率从1/8降到1/10再到1/12。因此，要计算1万中的素数，需要用8面骰子，百万中的素数需要用12面骰子。

似乎素数是掷骰子得到的，随着素数的增大，骰子面数也定量增大。这一伟大规律是高斯发现的。数字范围扩大时，素数减少，他发现其减少比值。高斯作素数图时发现素数的分布呈阶梯式，每上一台阶就有一个新数，但他只能爬到这么高。利用素数骰子，高斯作出另一图表预测无限上升的阶梯。高斯图表不是着眼于每个台阶的细节问题，而是预测阶梯的整体趋势。高斯发现素数呈现出平均递减规律。

这就是首次发现的素数的规律性。之前对素数的聆听都是逐个、逐音符的，无法领略整个曲子。纵观更大图表，高斯能领略素数之曲的主题。高斯深知他只是对素数的粗略猜测，但他坚信与事实相差不远。但高斯无法证明，而对数学家来说证明就是一切。

“数学不是猜测而是证明，证明就是一切。”

“数学世界是你能，感觉你能真正走近真理。”

“数学的美妙在于一旦你证明它为真，它将永远为真，数学真理能穿越文化界限，并不受我们世界观的改变。它将永远为真，这就是数学魅力所在，它吸引无数人为之钻研。”

一直到他的晚年，高斯也未曾公开他的发现。高斯总对发表见解很谨慎，他的发现都秘密记在笔记本中。高斯不将其发表，原因有二：第一，他被雇为天文学家，数学只是他的副业。天文学家是他白天的工作身份，如果可以这么描述天文学家的话。第二，高斯是位没有确切把握、不够完善绝不发表的人。如今文字处理便捷，人们可任意发表观点，管它是无稽之谈还是字字珠玑。但高斯很特别、很精确。关于他的精确让我们想起这么句话：“他不会呈现留有脚手架的教堂。”对他来说，他的猜测此时只能算脚手架。

高斯发表的成果建立了他数学大师的地位。

“数学家就是英雄崇拜者。他们称很多人为杰出、伟大的数学家，但高斯是站在他人的肩上的。”他被称作“数学王子”，一来他成果质量高，二来他涉猎的范围广。他还是位物理学家，他对电磁学有深厚的兴趣，他还好奇空间是平面的还是弯曲的，兴趣之广甚至到抽象数论研究。”

但晚年时，高斯变得越来越孤僻，逐渐脱离社会。他整天待在哥廷根大学的天文台。虽然他增加了很多数字到他15岁时收到的素数表中，但素数的奥秘仍未揭晓。

高斯唤醒了哥廷根这座大学城，使它成为欧洲的数学圣地。他的学生中就有年轻的数学家伯恩哈德·黎曼，素数的下一位突破者。

受高斯魅力的吸引，黎曼于1846年慕名来到哥廷根大学。这座有着格林兄弟童话故事般的中世纪小镇，自黎曼之后并无多大变化，但哥廷根数学革命蓄势待发。

数学一度被认为是计算的工具，是其他科学的辅助学科。在巴黎，数学用来建造轮船和大炮，但在德国，数学与众不同，数学家进入了更抽象、更具想

伯恩哈德·黎曼

象力的世界，充满新奇的几何与数字。

黎曼完全沉浸在哥廷根的数学革命中，他的博士论文介绍了抽象几何新理论，被认为是数学最大的贡献之一。虽然他的学术成就斐然，但黎曼一直深居简出。他多疑且患有抑郁症，躲藏在钻研中，躲藏在越来越浓密的胡子后，但就是这样怪异内敛的人，接替高斯取得又一突破，改写了素数的故事。

黎曼猜想

Riemann Hypothesis

素数在数轴上的分布是随机偶然的，毫无规律的。几个世纪以来，数学家们试图解释这些无序的数字。

19世纪德国天才高斯是第一位探寻其规律者，高斯注意到素数呈规律性递减，但这仅仅是猜测，他无法证明。高斯在德国哥廷根大学的学生之一——伯恩哈德·黎曼接过了高斯的素数接力棒，他的发现震惊了数学界。

无序的素数

黎曼发现的“0”点

黎曼完善后的素数分布图

时间是1859年，这是数学史上重要的一年。黎曼在钻研一个叫作Σ（zeta）函数的数学公式。这个函数就像计算器——输入一个数字就能得出一个结果。黎曼注意到可利用Σ函数来构建三维数学世界，就像一面魔镜，Σ函数将他从古老的数字世界带到了一个新奇的几何天地。黎曼凝视着魔镜，深吸了一口气，迈了进去。

起初黎曼没想到Σ函数与素数有关，镜子的另一端，他注意到公式展现的新天地揭示了素数的奥秘。东边是辽阔的平原，黎曼朝西看，绵亘的山脉跃入眼帘。一座山脉陡峭耸立直逼天际。但在群山中重要的不是山峰。相反，在峡谷深处的群山中黎曼发现了他苦苦寻找的“财宝”。

在某些关键处，立体图形低于“0”，就像实景中低于海平面的峰顶。数学家称这些峰点为“0”。黎曼注意到这些“0”的重要性，它们与素数分布有出人意料的联系。这种联系能使任何跟随黎曼穿过魔镜的数学家为之惊叹。在数字世界与几何世界之间搭起一座桥是想象的极大飞跃。但黎曼的突破极大地改进了高斯处理素数的方法。

高斯利用骰子猜测数字宇宙中的素数，这只是粗略的估计，但数学家要求精确。黎曼发现“0”所在的精确位置可以改进高斯的猜测。每处“0”产生的音符震撼着高斯猜测，它更接近真实的素数阶梯。所有音符组合构成乐曲，随着数字增大，其精确性远高于高斯猜测。

不寻常的是，黎曼发现这些“0”乍一看与素数无关，但事实上却可以用来理解素数分布。黎曼的发现就像爱因斯坦质

能方程一样具有革命性意义。一个是物质转化成能量，一个是素数变成音乐。黎曼发现了蕴涵素数奥秘的宝藏图。处于海平面的“0”点是航行的方向。

但之后黎曼发现了更惊异的东西。当将前10个“0”移位时，新的分布规律奇迹般地出现了。这些“0”不再是零乱分布于各处，而是贯穿山峦的一条直线。黎曼不敢相信这10个“0”处在这条直线上仅仅是巧合。他提议所有“0”，有无限个位于直线上，即临界线上。他的猜测就是著名的黎曼猜想。

但这一规律对素数有何意义？黎曼认为所有“0”都在直线上的猜想若是正确的，那么高斯的猜测就远比高斯想象的不精确。这意味着素数骰子决定素数分布，其适用性极有可能贯穿数字始终。

“素数整体的规律性证明高斯猜测的正确性，素数组合似乎是最优化的。它们的分布恰到好处，是最好的方式。”

对我们来说，黎曼的发现告诉我们的不仅是素数乐曲之美。若如黎曼猜想的那样，所有的“0”都在直线上，那就意味着“0”发出的音符处于微妙和谐状态。若黎曼猜想出错，有一个“0”不在线上，就像音乐脱离了队。

但黎曼坚信没有“0”不在线上。他坚信无论多远，所有“0”都在线上，也说明高斯猜测与事实很接近。黎曼“魔镜”完全改变了我们的素数观。它将两种不同数学分支相连，图形中“0”点和素数。只要找到其中的一个关联就足够让一位数学家成为焦点。

黎曼猜想中的临界线

黎曼于1859年用9页纸发表了他的发现。黎曼的发现是革命性的，但他还只是猜测，猜测所有“0”都在线上。问题是黎曼不能给出证明。虽然没有证明，但发表论文让他声名鹊起。他被推荐为哥廷根数学主席，高斯也曾担任这一职位。

他顿时活跃起来，热衷社

交，似乎很享受。许多数学家早年很安静，晚年很活跃，黎曼就是这样的。

他所涉猎的学科，他都有所改革。他确实是个天才，但不同于高斯，是有魔力的天才。高斯对数学各分支都有涉猎，但黎曼就如同魔法师。

黎曼被看作是最重要的数学家之一。他在素数上有巨大发现主要是得益于他新发现的数学体系的帮助。他的几何贡献卓越，爱因斯坦的相对论就是基于黎曼50年前的数学发现。他的贡献至今仍很重要。

但黎曼从未享受到新发现的成就感。普鲁士和汉诺威之间的战争将哥廷根也卷入其中。黎曼惊慌失措地逃往意大利，他担心双方交火时自己会被击中。他饱受惊吓，3周后在意大利死于肺结核，年仅39岁。

不久以后，黎曼被公认为史上最伟大的数学家之一。要不是他的管家过于热心，他的名声将会更大。黎曼离开时房间里书纸狼藉，管家将那些未发表的手稿付之一炬。我们无从得知他的猜想已证明到哪一步。相反，他的观点呈现在了未来数学家的面前。现在证明黎曼“0”点定位的正确性是每一个数学家的梦想。

“黎曼猜想是根本性问题，当然是数论问题，也许是所有数学问题。”

“为什么这个问题如此重要呢？部分原因是问题公开未解很久了，部分原因是论述精辟独到，部分原因是它与素数总量有关。”

“它很重要是因为它是标志性问题，就像载人到火星之类的，这个问题被看作试金笔。”

到20世纪初，黎曼猜想成为世界最大的未解之谜。它无法验证，让人沮丧，但在第一次世界大战前取得了重大突破。这一突破不是发生在哥廷根，而是在欧洲的另一边。

20世纪初，英国数学还是一潭死水。19世纪席卷欧洲大陆的数学革命并未横扫英国高校。因此素数的下一次突破出现在剑桥着实让人惊讶。

唤醒英国沉睡的数学的是高德菲·哈罗德·哈代。他的一生都沉浸在素数中。哈代曾说素数表是早餐阅读的最佳材料，比足球报道更精彩。但哈代钟爱的是另一种运动。

哈代爱好有三：素数、板球以及挑战上帝。他竭力证明上帝的不存在，这样上帝就成为他生命中的重要对手。去观看板球时，他总带上一套抗雨设施。

高德菲·哈罗德·哈代

即使是在晴天，他也携带着4件毛衣、1把雨伞以及一捆文件。他这样做是为了欺骗上帝，表明他希望下雨就可以赶手头的活。他相信上帝——他最大的敌人，就会稳保晴空以破坏他的计划。

哈代曾寄给朋友一张卡片，宣称他已证明了黎曼猜想，但兴奋是短暂的。结果证明这只是哈代与上帝的另一次斗争。他在大海波涛汹涌时寄出的卡片，就像是一种保险单。他相信上帝永不会让他溺水，否则他会让世界认为是他解决了问题。

哈代对素数问题的主要贡献发生在他职业生涯早期。黎曼说至少有很多的“0”点都在直线上。哈代表明至少有无限多的“0”点都在直线上，因此这在某种程度上说是对黎曼所说的证实。

这一突破似乎感觉哈代已经证明了黎曼猜想，但无限是狡猾的狐狸。可以证明有无限多的“0”点在线上，但仍有无限多的“0”点无法证实。甚至更让人担忧的是可能会有无限多的“0”点不在线上。

就像有无限间房子的旅馆。我们可能查实了所有偶数号的房间，发现它们都占满了，但尽管已经查实了无数的房间，但所有的奇数号房间却没有查实。哈代没有核实房间是否占满了，他检查“0”点是否位于临界线上。不幸的是哈代连一半的“0”点是否位于临界线上都没证明到。他的成就是值得肯定的，但前面的路还很长。

1913年的一个早上，哈代桌上放有一封信，信上写着令人疯狂的与素数相关的定理。寄信人称有一个可以算到亿位的素数而不出错的公式。如果这是真的话，这将是划时代的进步。

哈代差点就把信扔进废纸篓里了，但数学并不歧视不按常规出牌者。到晚上的时候，定理开始发挥它们的魔法了。哈代注意到这是一封来自天才的信。更有趣的是，这封信来自世界的另一边。

这封信的作者是斯里尼瓦萨·拉马努金，年仅23岁，是马德拉斯港务局月薪20卢比的一位职员。像哈代一样，拉马努金也是位素数迷。他的工作是做一些货物运输记载，单调无趣，拉马努金经常在工作时投入到素数计算中。

斯里尼瓦萨·拉马努金

工作之余，拉马努金在海滩上赤脚走动思考素数问题。当然他无从得知西方已取得的研究成果，他竟自己证明了黎曼50年前证明的所有结论。更为惊奇的是拉马努金完全是自学成才。当他还在坤巴科努村学校读书时，他就显现出非凡的数学才能，但是他对其他学科的不屑使他失去了上大学的机会。

拉马努金不去上大学主要因为对他来说大学课程枯燥乏味。有一个故事说他曾在生理学成绩单如此回复："这是消化课里未消化的部分。"这是他所写的，他归还成绩单，他对其他学科不感兴趣。他深入到数学中，发现自己在做高等数学，于是对课堂数学失去了兴趣。

遭受马德拉斯大学的拒绝后，拉马努金决定自学。他坐在父母房屋的门廊里苦攻了5年数学。

"拉马努金才华横溢主要是因为他对数学完全投入。他一天24小时都在思考数学。甚至有故事说他钻研时妻子喂他吃饭，这样他不用中断手头的研究。很少有人像他这样痴迷。我们不确定是否这样能成就大数学家，但对拉马努金来说是这样的。"

不受数学常规束缚，他直接深入研究素数，像小孩般的痴迷。这种痴迷劲儿恰恰是他的强势。拉马努金是天才中的天才，这是毫无争议的。他自学就意味着他没有受当时主流思想束缚，全凭自己的直觉、爱好。因此他比别人走得远，有时出错，但大多数时候他是正确的。当他人寻着他的思路也能证明。

数学的创造性是不可捉摸的，但拉马

努金的创造是个谜。他宣称娜玛吉利女神常托梦传授他想法，那是他家族的女神。这听起来很神奇，但在他的思考创造过程中潜意识起了很大作用。有些数学家也曾带着问题睡着了，几个小时醒来后脑子里就有了答案。行走在数学迷宫时，拉马努金很会利用直觉引导他。

拉马努金信奉的毗湿奴女神娜玛吉利

急切盼望他的才能得到承认，拉马努金决定写信给英国数学家哈代。哈代为拉马努金的才华所折服，于是他决心将这位印度奇才引到剑桥，但拉马努金不愿意。因为这意味着他要离开妻子和家庭，再者作为虔诚的婆罗门徒漂洋过海意味着脱离婆罗门教。

这时，拉马努金的一位朋友介入了。知道拉马努金还是想去剑桥的，这位朋友想出了一个妙招。他把拉马努金带到庙宇，接受神的启示。在庙宇待了三夜，如朋友所愿，娜玛吉利显灵命令他远渡重洋。计划成功了。

1914年，拉马努金乘船离开马德拉来到了英国，此时正是第一次世界大战前夕。不久他出现在三一学院，趿着拖鞋在学院里，西方鞋子他穿不习惯。拉马努金与哈代并肩钻研很多数学问题。这对数学

拉马努金在剑桥

剑桥三一学院

骄子硕果累累。他们一起解决了很多数学问题，但素数之谜仍未解决。

以拉马努金的才能应该能取得突破，但他陷入抑郁之中，身体欠佳。在印度拉马努金独处于数学中，而在剑桥他独立于剑桥文化圈外。对拉马努金来说可谓度日如年。他在剑桥的5年正是战争时期，他无法与妻子正常通讯。除哈代外，他能与之交往的朋友很少，吃得也不好。只要是沾肉的他都不吃，他是素食者。

拉马努金曾尝试一些奥华田，以为是素的，但仔细看罐桶时才发现里面含有动物脂肪，他异常惊恐。被困于袭击轰炸中，他坚信这是娜玛吉利在惩罚他进食肉制品。拉马努金绝望至极，纵身跳到了地铁前。司机及时刹闸，但拉马努金被强迫送往了精神病院，在那儿关了12个月。当哈代去精神病院探望他时，拉马努金还能记得并说出送他进来的车牌号码是“1729”。

“这数字并不新奇”，哈代大胆指出。

“不，不是这样。”拉马努金回答，“事实上，这是可以用两种方式写成2个立方数的和的最小数。”拉马努金无法停止他对数字的思考。

第一次世界大战末，哈代建议拉马努金回家小住，休整一下。几个月后，获悉这位卓越合作者33岁便英年早逝，哈代震惊不已。哈代讨厌衰老，放倒了房子里所有的镜子，不想瞧见他日趋衰老的面孔。在这点上哈代很不幸。他一直保持很年轻，但60岁时，他开始患有心脏病，这让他很难过。

晚年的哈代

黎曼猜想仍困扰着他，他无法解答，逐渐消沉。像黎曼一样，他通过服用过量药物尝试自杀。黎曼猜想成为他不可战胜的恐惧。

20世纪初的素数研究

The Study of Primes in the Early 20th Century

阿兰·图灵

到19世纪，德国数学家黎曼在素数的研究上取得了突破。将数学建立在立体图形上，黎曼发现处于海平面的“0”点蕴涵素数奥秘。黎曼称“0”点位置暗示素数的分布自然有序。他认为所有“0”点有无限个，都处在临界线上。证明黎曼猜想是每个数学家的梦想，这个问题十分棘手，但吸引了很多杰出的数学大师。

1954年7月8号，世界上最伟大的数学家之一结束了自己的生命，他用氰化物毒害了自己，这位数学家就是阿兰·图灵。图灵是位真正的博学者，他被称为计算

图灵参加跑步比赛

黎曼认为所有“0”点都处在分界上

图灵的机器

机科学之父，还有人称他为人工智能之父，而他是数学迷，他还因在密码上的成就而闻名。

图灵破解了德国的棘手密码，帮助战争的一方打败了纳粹，成为有名的数学家。但鲜为人知的是他之所以破解密码，黎曼猜想有很大的功劳。第二次世界大战时，一群数学家被送往布莱切利园，去破解截获的德国信息。

对图灵和同事来说，布莱切利园就像剑桥大学，前面的草坪可以打板球。每天送来的密码信息就像剑桥每日收到的泰晤士报上的字谜。虽只是文字谜题，但却关系着无数生命。当不忙于解码时，图灵就会转向战前就在钻研的数学问题。这个问题是他在剑桥的导师之一——哈代告诉他的，它就是黎曼猜想。

图灵采取的方法与其他数学家有两点不同：首先，他考虑黎曼猜想理论上有可能是错的；其次，他决定用前所未

布莱切利园

有的方法来证明，他建造了一台机器。

这台机器可以穿越黎曼空间通过寻找临界线外调皮的点来验证猜想为假。20世纪30年代晚期，图灵在剑桥的房间变成了齿牙、齿轮的组合物，但战争中断了他的工作，图灵被送往布莱切利园。虽然他没能完成黎曼机器，但他所做的工作为新机器打下了基础，用来破解敌人的密码。

图灵的机器取得了极大的成功，将战争缩短了两年，拯救了无数生命，说图灵建造的黎曼机器为攻克德国开辟了道路并不为过。战后，图灵继续利用机器解决问题。

他在布莱切利园的经历告诉他最好建造一台能解决各种问题的机器。利用阴极射线管和磁鼓，图灵创造了现代计算机的雏形。

图灵计算机

图灵用它解决的第一个任务是黎曼“0”点，计算显示都在临界线上。他采用简便独特的方法计算“0”点并验证“0”点在线上。图灵的新机器找出前1104个“0”点都在临界线上，然而之后一切都瘫痪了。不仅是图灵的机器瘫痪了，他的生命也崩溃了。

图灵的尸体在床上被发现，验尸表明血液中氰化物的浓度很高。图灵是否是自杀仍是个谜。在他床边有吃剩的半个苹果。他在苹果里下了毒？或许他的人生就是童话的再现。图灵最喜爱的电影中，他最喜爱的一幕就是白雪公主和七个小矮人，巫婆在苹果里下毒……

“有一件事就是图灵是同性恋，这是他一生的阴影。他去世时年纪不大，但晚年他卷入了尴尬的诉讼案件，是与同性恋有关的。或许就是这导致了他的自杀。”“他因有同性恋倾向而被迫害致死，这是20世纪最大的悲剧之一，世界上也少了一位旷世奇才。”

但图灵计算机的概念已扎根。他带领我们跨越新世纪，这个时代机器代替人类继续素数的探索。到1952年，计算机发现了第一个超越人类计算能力的素数。

今天，最大的素数有780万位数。任

这个数滚动，需要一周半才能看完所有的数字。很幸运，今天的我们不会这么做，780万位数可谓天文数字。宇宙中的原子数是100位数。因此可知这个数奇大无比。当然，欧几里得早就证明总有更多的素数等待计算机去发现。

正如图灵最初提议的，计算机可用来探索黎曼问题，而这在之前是不敢想象的。

现在大多数人都肯定黎曼猜想，但20年前不是这样的，对该猜想的正误仍有不少质疑。近来计算得出的结果验证了黎曼猜想的正确性。有报道说，前10万亿个“0”点都在临界线上，这个问题的计算量似乎过多。从一定意义上讲，证明黎曼猜想最好的方法就是大量的计算。

黎曼“0”点线始于哥廷根，然后他带领我们走出了这个小镇。图灵带领我们远至月球，但计算机让我们可以看到距离哥廷根100光年远的地方。计算机像宇宙飞船，从数字宇宙外捎来信息，“0”点都遵守黎曼猜想。

计算更多的“0”点是否在线上是可能的，但永远不能证明黎曼猜想，计算机无法帮助我们理解极限。没有人能知道数学宇宙外会发生什么，可能有个“0”古怪地站在线外。

正如数学家们所说：“无法计算无穷数，这是关键。因此，黎曼猜想的证实，计算机能做的就是这些，都在临界线上。到这个点为止，它们都位于临界线上。但有无穷个数，而且只有验证无穷个数才能为真，一旦停止，你就没有计算无穷种答案。”

随着20世纪的到来，数学家开始承认他们卡壳了。但是到了20世纪70年代，素数之谜取得了重大突破，突破来自最意想不到的地方。

普林斯顿高等研究院是数学和科学领军性人物的理想之地。德国数学没有熬过第二次世界大战的劫难，很多杰出的犹太数学家逃亡到美国，寻求庇护，

普林斯顿高等研究院

其中就有爱因斯坦。第二次世界大战后，普林斯顿成为最著名的世界数学研究院。

1972年，年轻的美国数学家休·蒙哥马利在此研究院讨论他的新思想。但与前人相反，蒙哥马利研究的不是“0”是否按照黎曼直线分布，而是怎样分布，他有了惊人的发现。蒙哥马利是这样说的：

休·蒙哥马利

“它们之间的间隔让我发现很少有较近的一对。似乎‘0’点互相排斥。‘0’点与‘0’点之间似乎有小弹簧连着，可以压缩拉长。你若干预，它们就伸来缩去，有时可能捕捉一下，但它们状况不一，有上有下，总是相隔较远。”

“‘0’点总是相隔较远，之间有种斥力，将它们排在一条直线上，总体间距恰到好处，若单看某些点，似乎间距很大，很沉重。”

“很有趣，我觉得深藏着奥秘。1971年夏天，我第一次看到它时，我很困惑，我抓不住深藏的奥秘。”

每天三点钟，学者们都聚集在公共休息室喝下午茶，这是数学系的惯例。一天下午，有人向蒙哥马利介绍了著名物理学家弗里曼·戴森。

休·蒙哥马利

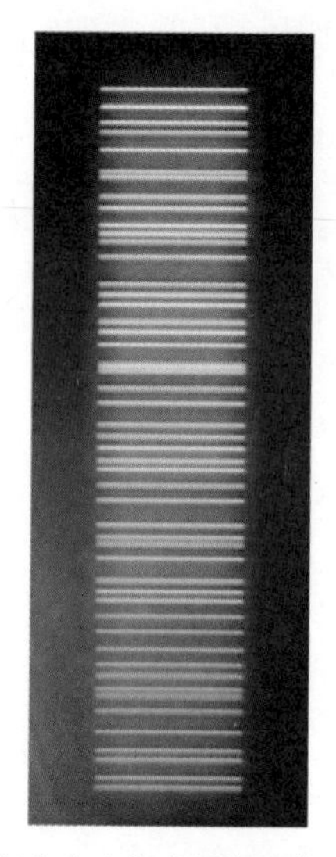
“0”点之间总是相隔较远

“那是不同寻常的一天，还有位常客在旁边，他就是数学家周拉。我正跟周拉闲聊着，这时戴森走进来了。周拉说：‘你见过戴森吗？’我说没有。他说：‘过来，我给你引荐一下。’我说：‘算了，不用麻烦。’但你知道他是不会善罢甘休的。周拉是那种想到什么就一定得做的家伙。周拉就有点强人所难地把我拽到戴森面前，戴森礼貌地问我在研究什么，我就说零间距，他指出该密度函数正是随机矩阵理论本真值的关联函数。”

物理学家研究随机矩阵理论构建活动微粒能级模型。一两个微粒，甚至十几个微粒，都可以确切指出之间的相互作用。但成百上千的微粒，要想找出这些微粒释放的能量，那就得做实验根据获得微粒能级数据制作图表。这些专业术语是什么意思呢？这里利用数学构建了重原子如铀原子核能级。

原子核能级与乐器演奏的音符大不相同。吹奏小号，用更大的力，音符便一个个蹦出。原子核差不多也是这样。当原子活动剧烈时，原子核内部振动就像小号吹出的音符。物理学家发现原子核能级，比如铀原子的核能级就像黎曼直线中的非凡“0”点一样，也是以相同的方式排列的。

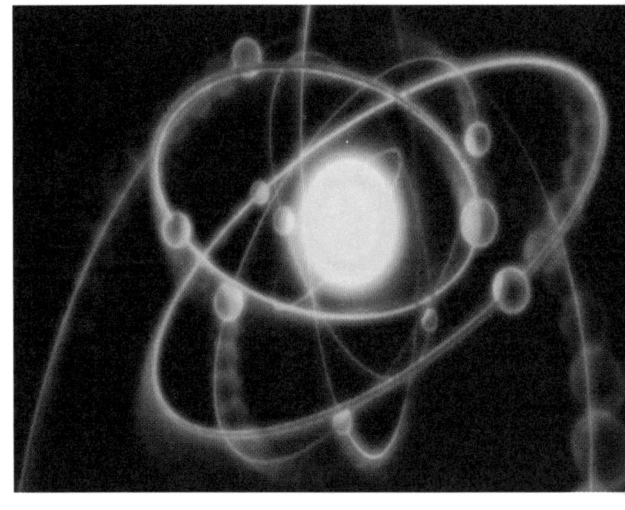
铀原子核能级

能级比较有规律，几乎可以预测，带有一定的随机性。例如，相隔不近也不远，有一定的波动。有平均出现概率，但有一项数据很特别，可以比较准确地预测原子核的运动规律。蒙哥马利发现了这个公式，弗里曼·戴森证实了它的价值。似乎黎曼非凡“0”点也遵循该规律。

蒙哥马利和戴森发现原子的基本形态这一构成物质的基本微粒似乎与构成数学大厦的素数的分布特征惊人地吻合。这种联系是始料未及的，它打开了处理黎曼猜想的新思路。蒙哥马利和戴森发现的联系是振奋人心的。它将物理学家引入到黎曼猜想的探索中，并引出了新的研究方向，而这些研究单独在物理和数学中都不会出现。

世界特色正在逐渐被融合。事实就是如此，非科学研究者没有这种体会，不同领域之间常是关联的。当然对于科学来说，这是激动人心的时刻。我们突然意识到本来以为毫不相关的学科事实上是相连的。从某种意义上来说，这比黎曼猜想更让人惊奇。这是个价值亿元的问题。为什么数学中的素数分布与物理原子形态之间有联系？这是谜中之谜，要是破解了这个谜，也就能证明黎曼猜想了。

也许核子物理能解释素数特征。毕竟，直线外的“0”点就像虚能级，在核子物理中是不存在的。这是最有希望能解释黎曼猜想的，但至今仍未得到证明。

这真为黎曼猜想的证明打开了一扇新门吗？我们不得而知，我们不知道会用什么来证明黎曼猜想。也许明天就有人通过这种方法破解疑惑，也许这本来就是个不解之谜。也许这只是巧合，并不能产生什么结果。

尽管突破不断，但黎曼猜想的证明仍让数学家们感到困惑，素数仍然是个谜。几年前，只有数学家才关注这些神秘的数字。但是，现在这些研究也能运用到实际中，比如译码。

译码是一种打乱数据的方法，如果我们知道一个密码，就可以发现其中的秘密。如今的很多私人数据都是通过因特网传送的：信用卡号、银行账号、社会保险号。其中的任何一个号码被解密，坏人就可能窃取密码所有者的身份，造成很大的麻烦。

专门研究这一领域的公开密钥密码学就是素数的产物。为了不让坏人得

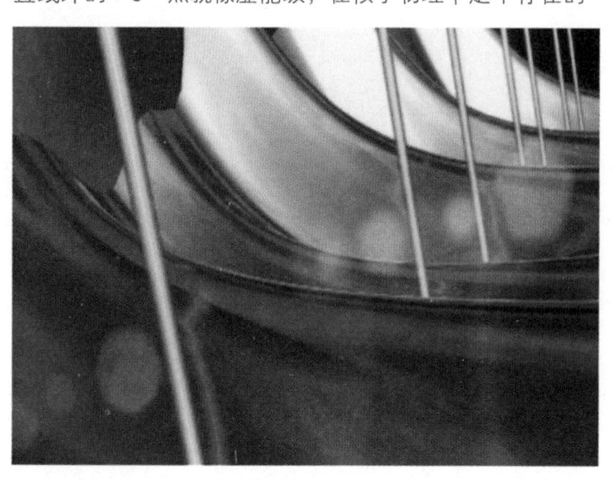
直线外的“0”点就像虚能级，在核子物理中是不存在的

素数在密码学上的应用

逞，只有公共密钥，还有一些标记的信息或者普通文本以及暗记文的匹配配对。因此坏人只有进行2的80次方的操作，才能将数字分解，而这大约是百亿次的操作，人们认为那是不可行的。

素数成为纷繁复杂的电子通信世界的主角。我们每次在网上交易时，都是素数在解码信用卡上的信息。将一个数分解为素数集的难度确保了系统的安全性。

我们可以用两种颜料来解释它。假设每一种颜色代表一个素数。将几种颜料混合，就像两个素数相乘，得到新的颜色也即新数。这个新数可用来解码信用卡，但这需要知道它是哪两个素数乘得的。正如很难分开混合的颜料，也很难算出解码数是由哪两个素数得来的。但找不到原本的两个素数，就不可能破解信用卡密码。因此系统很安全主要是因为我们对素数的掌握不够。

黎曼猜想的证明可以告诉我们素数特征的所有信息，甚至能帮助我们找到更大的素数群，而该发现将使网络金融世界崩溃。网络安全人员已经做了大量工作寻找新方法确保系统安全和破解已发现的密码。一个故事讲述的是身居美国的英国数学家奥利弗·阿特金，据说美国陆军和空军都曾接到巨额奖金获取对方的动向。这样看来，商人提百万美元奖励给破解黎曼猜想的人也就不足为怪了，但数学家对金钱没有兴趣。答案对数学界的影响将是巨大的，因此数学家们愿为此付出终生的努力。

数字在生活中随处可见

我们不知道怎么证明黎曼猜想，也不知道这将会揭示什么样的秘密。但可以肯定的是这对数学的影响将是翻天覆地的。

“黎曼猜想，在你拾起它的那一刻，它就弥漫整个数学世界。无数数学问题都建立在黎曼猜想上。”

“很多数学理论建立在黎曼猜想为真的基础上，但若证明为假，就不得不寻找新的研究数学的方法，而很多数学理论也就不再正确。”

但我们在证明黎曼猜想的道路上有更进一步吗？在理解素数的奇怪特征上有更进一步吗？这个问题会解决吗？让我们听一下数学家们是怎么说的。

“会，我们得坚信这一点，否则就会前功尽弃。要是不认为它为真，为什么会有人倾其毕生心血来证明呢？”

“若有‘0’点不在线上，那我不会再搞数学了。数学就不再是我认为的学科了。”

“我很想会会那些怀疑黎曼猜想的人，因为我还没遇到过。”

“我不敢肯定它是真。但我被告知，还有我自己也认为其假的可能性极小。”

“黎曼猜想能否证明，我很怀疑。像黎曼、哈代或其他论证黎曼猜想的人很可能无法证明。”

“若要我下赌注的话，我认为是可证的，而绝非不可证。来自物理的论据持肯定观点。但要是它是假的话会更有趣，那么所有论点都是错误的了。也许上帝很捣蛋，让我们相信所有的证据为真，然后又蹦出一些不在线的‘0’点，所以我们得做好不可证明的思想准备。”

“现在是不可争辩，我想某天由于某种原因某人找到了路。可能通过几何，可能通过洗牌，可能通过物理，我想会有人证明它的。”

“它是个谜，它也是研究数学问题的乐趣所在，我们不知道答案在哪儿，答案有多深奥。现在数学发展迅速，我想它的解答就在不远的将来。”

“就像公交到站时间，可能在100年到300年之间，我想在50年里，我很有可能有希望看到黎曼猜想的证明结果。”

3000年已经过去了，素数之谜难倒了一代又一代数学家。虽然有物理学、密码学及计算机的帮助，数学家离答案还相隔很远。不能确定何时何地会产生答案，但有一件事是确定的——谁破解了黎曼猜想，谁将永垂数史，他将被颂为素数乐曲大师。

素数

第三部分 数学世界

人们常说数学是一门世界性的语言，不管我们身在何处，不管我们是谁，来自何种文化、国家，不论我们是何种性别、种族，甚至是宗教，它始终是真理。数学，对生活在地球上的人们来说始终是一门普遍的语言，但这门语言的魅力却往往被掩埋在枯燥乏味的表象之下。我们需要做的，就是摒除成见，颠覆传统，发现一个完全不一样的数学世界。

组合计数

Combinatorics Counts

我们有那么多的地方可以去，每个地方又有那么多条路可以到达——有时候选择太多了，我们如何统计有多少路径，怎么合理安排我们的行程呢？这个看似简单的生活决策却能带领我们走进组合学的数学世界。

身边的组合数学

查理是一家保险公司的区域理赔人，在路上时，他常常会面临突然需要拜访不同客户的问题。现在，他要用最快的速度和最高的效率到5个不同的工作地点，这样才能准时到家参加女儿萨拉的生日宴会。他的问题是：找一个最好的方法安排他的行程，要将每个客户之间的距离、与每位客户在一起的时间以及最有效的路径考虑在内。

有时我们有很多可能性，有时我们只面对几个选择，可我们总要做出决定。他能做出正确的选择吗？让我们算算有几种方法。

要算这些东西看起来很简单，但其中的原理却比较复杂。小孩子们靠直觉数数，用手指来算有多少，我们也用一些方法来安排我们生活中零零碎碎的东西。寻找有效、有趣的方法安排事物以及信息，这个领域称为组合学。

即使是面对一些很简单的不同颜色的纽扣，我们也可以用相对复杂的方法来组织信息。我们先采用一种普通直观的组织形式——列举。

假设有一群小孩，每个小孩有一个不同颜色的纽扣。列出所有的小孩，然后用这些纽扣去对应孩子。现在我们有很多种方法可以将孩子们“分配到”各个纽扣，每一个对应着与孩子们有关的不同东西的数量。我们采用抽象的方式将孩子们变成一种数学事物——一个集合。我们把代表孩子们的纽扣集中到一个罐子里，那么罐子里面的纽扣的属性就相对简单，容易区分和计算了。

组合数学就是数东西，它是个相对年轻的个别研究领域。近年来，它与计算世界紧密相连，为人类组织、学习计算机的功能提供洞察力，它对现在科技来说至关重要。但是，作为一种尖端的科目，组合数学的基本问题要回归到早期数学思想遗留的各种谜题上。

莱因德纸莎草纸摹本，是公元前

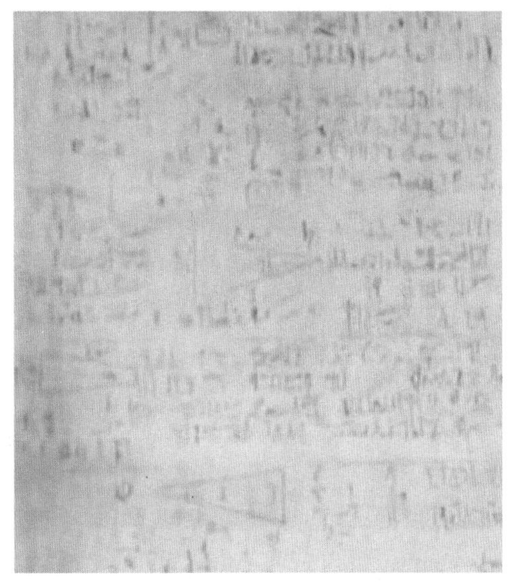

莱因德纸莎草纸摹本

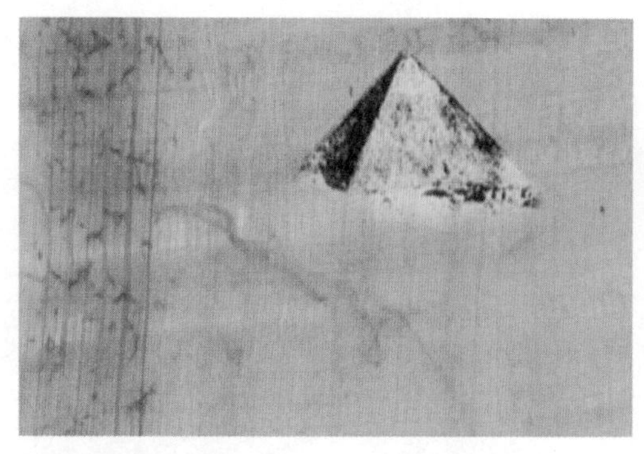

莱茵德莎草纸里面的记载

1650年抄写员阿摩斯从一份现在已经失传的文本上抄写的，它是以苏格兰古董收藏家亚历山大·亨利·莱因德的名字命名的。莱因德于1853年从埃及卢克索买来它，他从中发现了一个类似于数学教科书的东西，里面满满地记载了日常事物的题解。比如怎样将10个面包平均分给9个人及一些代数问题，它还包含了可能是最早的组合数学问题的记录：

7座房子里面有7只猫，每只猫杀死7

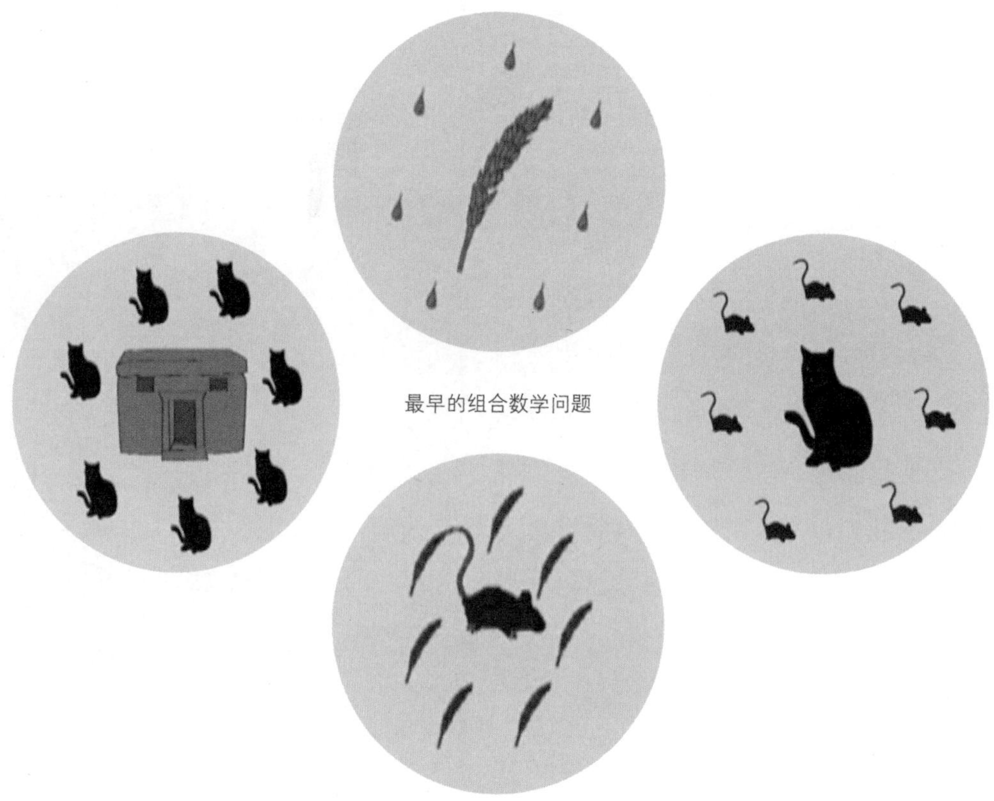

最早的组合数学问题

只老鼠，每只老鼠吃了7穗谷物，每穗谷物可以产7合小麦，一共有多少小麦？

这是一道很简单的数学问题，也是一个很实用的组合命题。如果我们知道“7的乘方”的简单形式，那么这个问题就可以圆满解决了。

几个世纪之后，我们发现公元前6世纪的印度记录了比“莱因德纸莎草纸”更加复杂的问题。我们从医学经典《妙闻集》中找到了这个问题：

6种不同的口味——酸甜苦辣咸涩，一共可以组成多少种不同的味道？

首先一次1种口味，然后一次2种口味，再一次3种口味，等等。这样我们就能算出63种组合方式。组合数学对草药医学非常重要，因为它为古代医生提供了一种方法，让他们为不同的患者提供不同的医药。

口味的组合

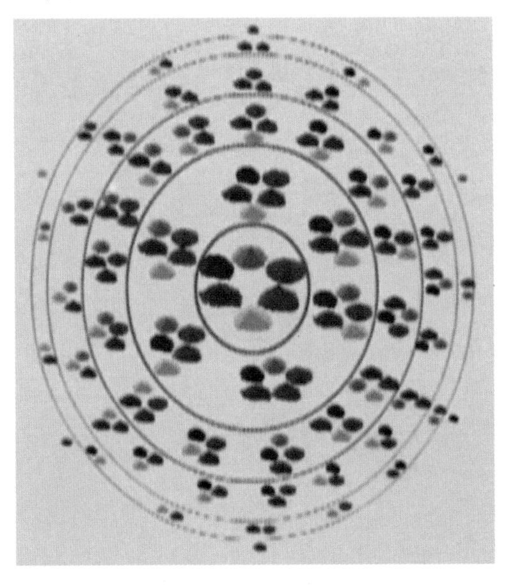

我们寻找6种不同调味品可能的组合和子集数量，我们知道，这个数字为63，是2^6-1。请注意“6次方”和“6种调味品”，这里数量和乘方相同。在这里我们发现了一个公式，即使我们没有把调味品的各个组合列出来，我们也可以迅速算出这个答案。

现在我们来看看简单一些的问题：单种调味品有多少种组合，2种调味品有多少种组合，等等？我们也可以简单地将它们列出来，我们会发现一个有意思的现象：其中有一个模式或者公式。

300年后，印度学者撰写了解决这个问题的运算方法，还是不用数就可以找到那个模式的运算法则。这个法则给了我们最早的组合数学规则的书面记录，而不仅仅是一些难题。

帕斯卡三角形

我们回到几个世纪前，数学家兼科学家布莱士·帕斯卡在1655年发现了组合规则，这个规则后来被命名为“帕斯卡三角形”，这些三角形阵列的数字组合其实相当简单。

我们从顶部往下看：从“1”开始，

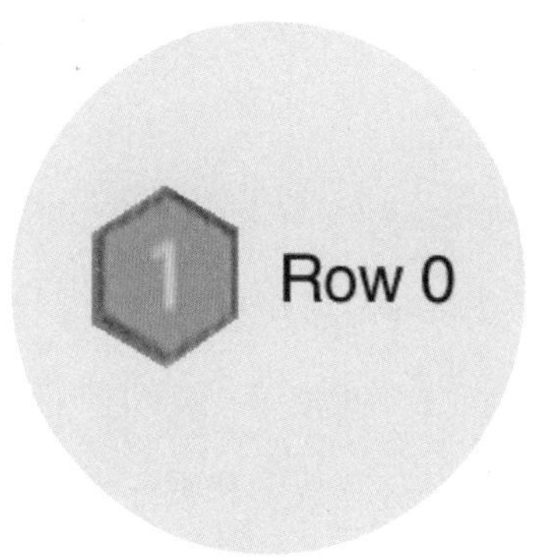

“1”的两边都有一个“0”

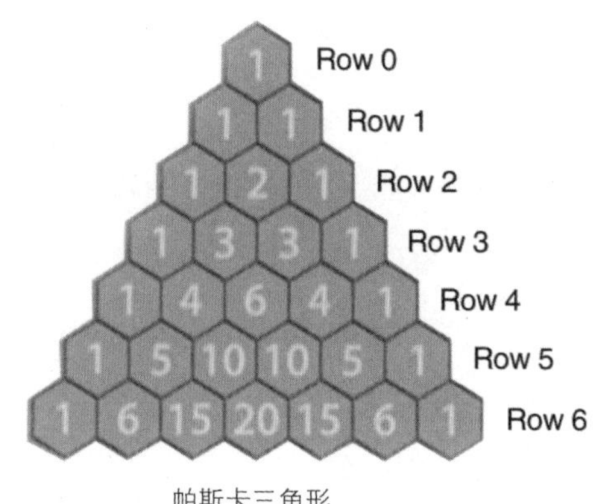

帕斯卡三角形

然后想象“1”的两边都有一个“0”，我们将这一排称为“Row0”。现在，我们将相邻的两个数相加，并将它们的和写在下一排，0+1=1，1+0=1，于是下一排就是“1”和“1”，依照先前的，这是“Row1”。现在我们看“Row2”，还是这样，有一个“0”和一个“1”，所以我们在底下写一个“1”，有两个“1”，我们在它们中间的下面写一个“2”，有一个“1”和一个“0”，我们在它们中间的下面写一个“1”，把“0”放在两边，这样“Row2”便完成了。就这样一直往下做，到我们觉得可以的时候，把三角形两条边上的“0”删掉，我们就看到了“帕斯卡三角形”。

我们已经知道“帕斯卡三角形”的样子以及它是如何得来的，但是它有什么用呢？举个例子：

路易叔叔的生日到了，他十分喜欢帽子。从5顶帽子中给他选生日礼物，但是现在只买得起2顶，而且无法抉择买哪两顶。那么问题就是一共有多少种2顶帽子的不同组合？也就是要考虑多少对选择。

我们在研究帕斯卡三角形时，实际上可以从三角形之外得到这个答案。现在我们要做的就是完成“Row5”，记住我们是以“Row0”开始的，所以到“Row5”，我们实际上要数到第6

路易叔叔的帽子

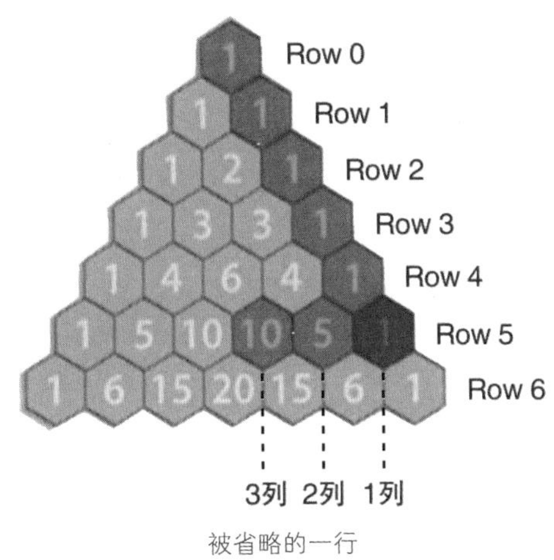

被省略的一行

杨辉引用贾宪《释锁算书》中的贾宪三角形

行。帕斯卡三角形里的列也是从“0”开始的，我们从帕斯卡三角形的右侧开始数列，0，1，2，3，结果出来了，我们发现这个数字是10。

从5件东西里选出2件，数学家称为5选2，5选2一共有10种方式。但那时，帕斯卡没有发现蕴涵在这个三角形中的所有概念。他所做的和其他数学家一样——从之前的时代构建知识体系，然后推动那些知识的界限，给予我们更有趣，而且通常是数学中更有用的东西。

组合数学的这些谜题考验了我们解决问题以及高效、有逻辑地组织信息的能力。

组合与映射

让我们回到开头的那个“孩子与纽扣”的问题，我们现在有6个小孩的照片和6个纽扣，也就是两套“6件品”。

首先，我们要假设6张照片（A）和6个纽扣（B）都各自为一个集合，当我们要建立照片和纽扣之间的对应关系——

照片和纽扣之间的对应关系

一一对应

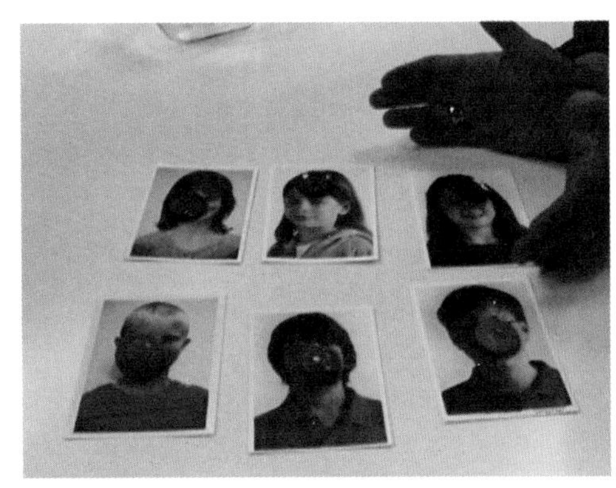

即集合A要和集合B里的元素相对应的时候，在数学上我们将这个过程称为“映射”。

因为我们的元素都很独特，那么我们可以用多种方式对它们进行对应。在无条件的情况下，这两个集合将产生720种组合方式。在这里我们不需要这么多，我们要采取某种方式来减少信息。

实际上，我们可以让橙色的纽扣组成一个子集（集合中一个比较小的集合），与穿橙色短袖的孩子匹配；蓝色的纽扣组成一个子集，与穿蓝色短袖的孩子们匹配——这实际上是映射中的映射。

映射的可能性数量将随着我们关注对象数量的增加而变得棘手。我们要学会怎么追踪更多的信息，或者要抓住真正对我们有用的信息。如前面说的，有6个不同的纽扣，我们可以给第一个人6种纽扣供选择，然后给第二个人的选择就剩下5个了，第三个人4个，第四个人3个，第五个人2个，第六个人1个，所以映射方式的总数是那些数的产物：6×5×4×3×2×1，就是6的阶乘（6！），其结果是720。如果有更多小孩，就需要更多纽扣，照这样，我们可以数得很快，这就是我们所说的组合性爆炸。

在生活中，我们要追踪的信息太多了，所以我们要做的反而是判断哪些信息对我们来说是最重要的，组合会帮助我们整理思绪。我们建立的纽扣和孩子之间的映射只是组合数学冰山的一角，组合数学中还有更丰富的映射，那些映射将更加复杂和优雅。

现在我们回到“帕斯卡三角形”。我们已经知道“路易叔叔的帽子”如何在“帕斯卡三角形”中进行编码。我们要从5顶帽子里为路易叔叔选2顶，它对应的是那个位置（5选2），所以想象一下，从（0，0）这个顶端的位置开始，每迈出一步，不是向左，就是向右。往左迈，那就意味着不会选那一排的帽子；每往右迈一步，就说明会给路易叔叔其中一顶帽子。所以从上面开始，往

帽子的编码过程

（5，2）这个位置走，要往右走两步，往左走三步，这样才能到（5，2）这个位置。这就是为什么我们在前面会得到“10”这个答案的原因。这样我们就明白了关于“帕斯卡三角形”的一些构造，在三角形中任选一个位置，我们都能知道它的来源。

还是“帕斯卡三角形”，我们再来看看能否将5选2的算法扩展到普遍规律上。

首先，我们将之称为N选K，即从N个元素中选出K个。和上面的选法一样，从第一步开始，要么包括这个物体，要么不包括。所以包含这个物体的方法有$N-1$选$K-1$种，不包含这个物体的方法有$N-1$选K种。它解密的其实是数学家们称为递归的东西。当我们从N选K中推导的递归等于$N-1$选$K-1$和$N-1$选K，这其实是一个十分基础的组合原理的例子。

下面这个例子很多人都很喜欢，它叫鸽巢原理，之所以喜欢是因为它很直观。

我们有5只信鸽，它们要飞回家，但是只有4个家，所以会有鸽子可能会被漏掉，但是，为了让鸽子更快乐，我们要将每只鸽子都放到盒子里。那么要做的就是强行将某只鸽子放入已经被占的盒子里面。

换句话说，鸽巢原理就是：如果4个盒子里面有5只鸽子，那么，不管鸽子们如何分配盒子，某个盒子里面肯定至少有2只鸽子，有的盒子里可能有3只鸽子。实际上，如果我们把鸽子的平均数量放入盒子的数量中，那么，鸽巢原理表示某些盒子至少包含了这个平均数。所以，每个盒子里面鸽子的平均数必须是盒子的数量4除以鸽子的数量5，不过我们不可能往盒子里面装$\frac{1}{4}$只鸽子——这是不连续的物体，我们要四舍五入。那么，这就告诉我们要在某个盒子里面放至少2只鸽子。

除了上面讲到的比较小的数量里衍生出的信息外，我们平常会得到更多的可能性，我们常常经历着被我们称之为“组合性爆炸”的东西，下面我们会看一个复杂点的例子。

还记得开头提到的查理么？他好像找到解决的方法了，至少他划去了一项。但是他的老板打电话，往他的日程里再加了几站，准确地说是8站，现在他要安排12个地方。他觉得好像有很多种出游选择，而他永远找不到一条有效的回家之路，这种感觉会令人感到手忙脚乱，这种遭遇就是我们以前所称的组合性爆炸。虽然可怜的查理找不到人帮他解答这个难题，但是我们却有一些方法研究问题、整理信息，以减少不必要的工作量。

德布鲁因序列

假如说我们有一个10个键的键盘，我们想键入一个三位数的密码打开大门。如果我们很自然地、有条不紊地去列，我们会设0-0-0，0-0-1……慢慢探索，从0-0-0到9-9-9一个一个地试。如果有1000个代码，我们要拨——每个代码按3次——3000次。现在，如果我们利用一个叫作德布鲁因序列的东西，这是一个整理信息以减少我们工作量的方法，我们的工作量可以减少到原来的$\frac{1}{10}$。

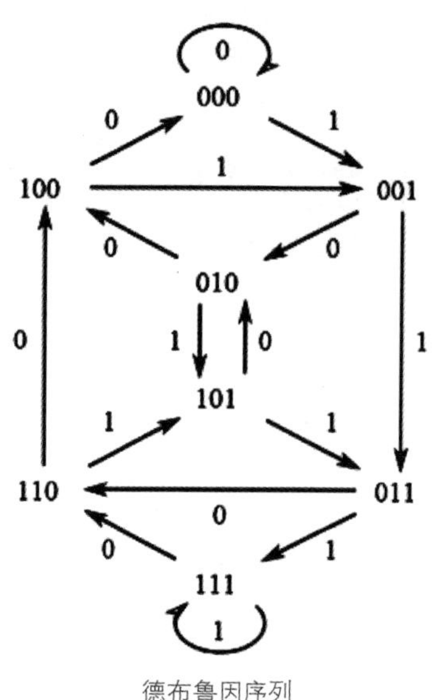

德布鲁因序列

在“德布鲁因”序列中，我们可以用这种方式安排一串数字，那么我们想要读取的每三个数字会是不同的集合、不同的组合。我们可以从0-0-0开始，先试试这三个数字，然后按1，那就会是0-0-1，现在就要去试0-0-1。换句话说，按一个1，那么就是0-0-1，这就是我们要测试的下一组代码。通过这种方式，我们的工作量可以减少10倍，所以如果我们要花5个小时测这1000个数字，那么现在只要花30分钟就可以了。

实际上，“德布鲁因序列”不仅能帮助我们进门，目前还运用于基因组分析。基因组学基本上经常使用组合工作，以处理不连贯的基因单位，这里有一个例子，我们一起来看一下。

我们首先将基因组进行定义。如果是一位计算机科学家，可以将之视为0和1，或者视为四个字母A、C、G和T；如果是一位生物学家，可以将DNA视为一个长而复杂的分子，这个分子由A、C、G、T代表的任意一个复合物组成。

基因组是存在于一个特定的组织中

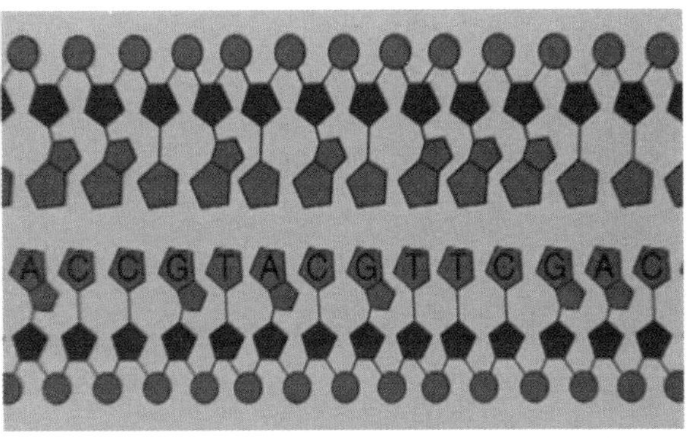

DNA

的一组DNA。我们可以将DNA看作图片、文字、句子，那么基因组就是一本书。顺序分析就是将DNA分解成微小的部分，读取每一部分的过程。

在过去，人们开始尝试基因排序时，他们想到了一些非常有趣、有创意的方法，这是一个直接引物步行的过程，随机地进入基因组，读一读，然后设计一个小探针，它将把人们带到阅读的末端。不过，基因组的重复性很高。例如：一个完整的基因组，将它分离成许许多多的小部分，反复读每一个小部分，可以得到足够的信息将这些小部分还原。

对任何书本来说，如果可以，会有许多本书，我们在一本书的第一章处撕成两半，在另一本书的第四章处撕成两半。如果我们撕得足够多，会粘成一本。拿出这个部分，再拿出那个部分，200份重叠的书稿，我们将它们放在一起，看我们还能不能把下一个也放进去。如果那两份重叠了，那么再把第三份也加进来，如果匹配了，就对了。

像人类基因组这样有30亿A、C、G、T的基因组，我们必须更机灵一点，我们要计算有关它的所有细节。从单细胞微生物、细菌到古细菌，每一个有机体都是独一无二的。所以这让人们退一步思考，并说：“好，我们要给更多的有机体排序，将这颗生命之树里面的洞和裂缝填满。”现在我们从单细胞有机体开始，到更复杂的多细胞有机体，甚至到各不相同的细胞，诸如海胆或者人类。

从基因到基因，我们可以俯瞰进化树，并问：“海胆的哪个基因与斑马鱼的基因相配，哪一个与人类的基因相配？”通过研究海胆基因的产生和死亡，了解一个健康的有机体的繁衍或者养护过程，也得知人类基因的运作方式。而这一切，都依赖于组合，数学为人类做出了巨大贡献。

上面所提到的查理的难题也是个旅行推销员难题，最好的办法就是给出一些固定的城市，用最省钱的方法从一个城市出发，到所有的城市旅行，然后回到起点。

如果城市的数量比较少，那就不难分析。如果只有3个城市，那就只有两个可能性：不是顺时针走，就是逆时针走，每条路线也都要花一些费用。但是如果我们往上加一个城市，他的2个选择就变成6个了。如果我们再加另一个城市，情况越来越糟糕了，就从6个变成24个。

这里面有一个公式。如果我们跳到10个城市，那他的路线安排就可能有多个了，选择可能性就是9！，如果我们跳到25个城市——哇，那好像真的是个难题了——有十亿条路线了。不管我们多聪明，我们也没办法看遍每一条，并找出最好、最快的选择。所以查理还在对着一大堆可能的答案、一张简单的地图、一本便笺纸甚至他的手提电脑也没办法算得出来。

不过有时候，我们要走的路很清晰。我们的生活似乎由无穷无尽的可能性组成的。我们做选择，因此我们可以更有效地完成手头的事，更快到达我们的目的地。

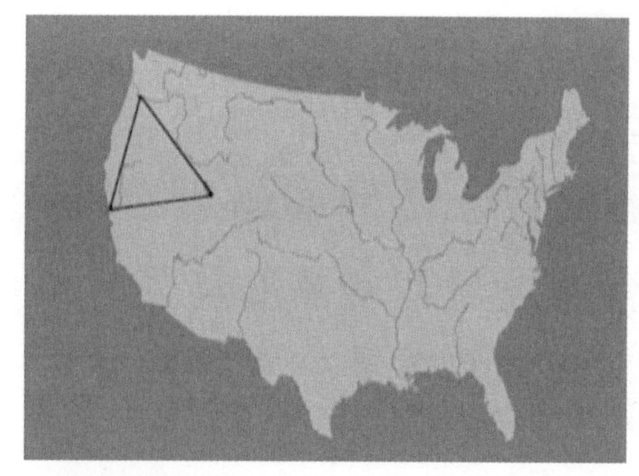

3个城市的旅行

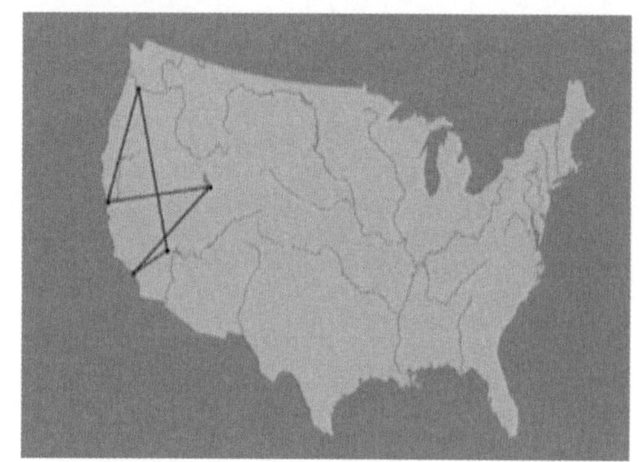

5个城市的旅行

10个城市的旅行

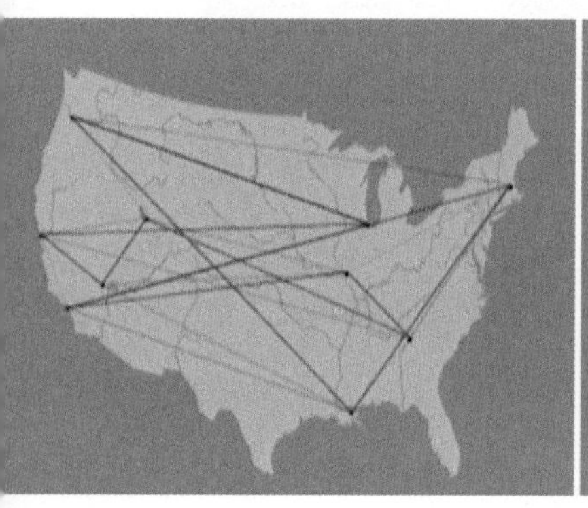

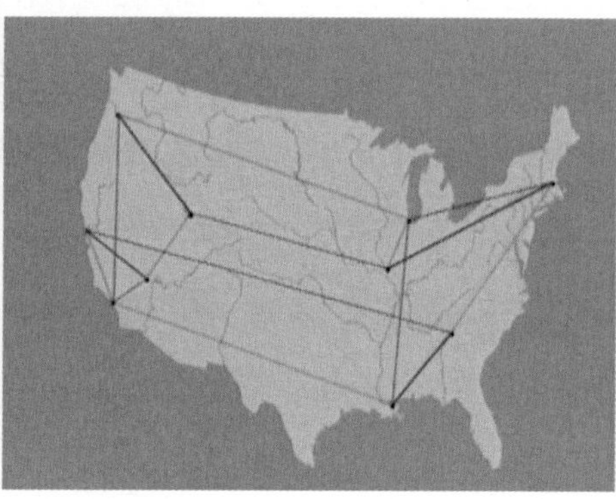

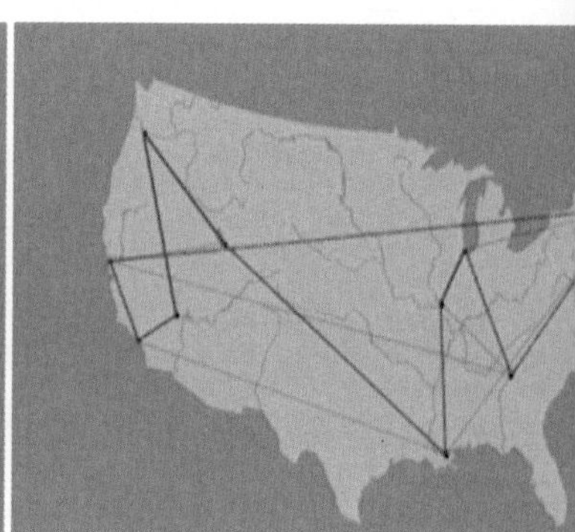

无穷大有多大

How Big is Infinity

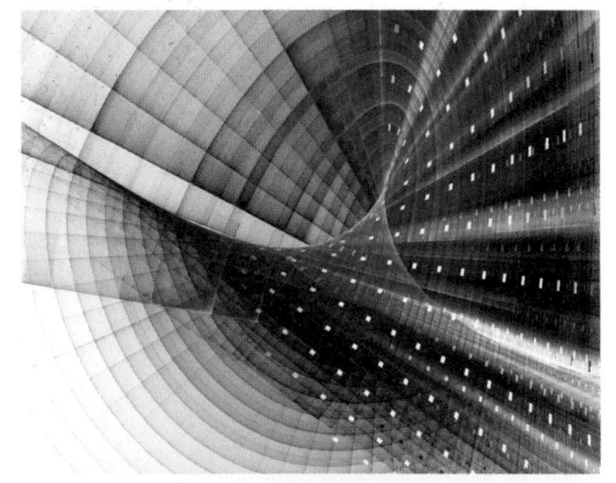

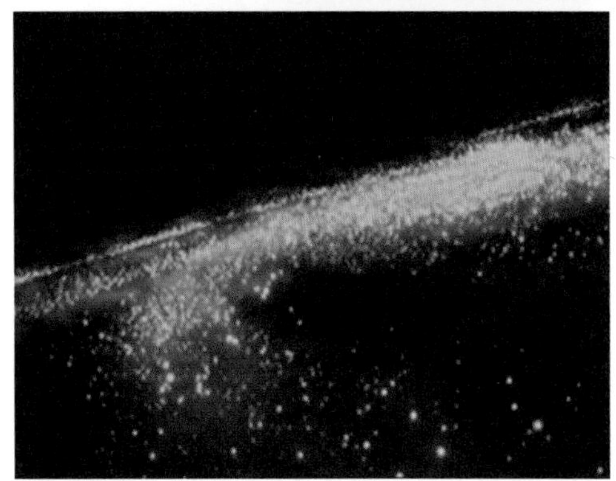

宇宙中的星星

“无穷大”是什么？它是只存在于我们的脑中，还是真实有形的东西？它是关于数学的，还是关于神学的，或者是关于宇宙学的物质？我们可以衡量无穷大吗？

生活在19世纪末的诗人威廉·布莱克写道：“一花一世界，一沙一天国，君掌盛无边，刹那含永劫。”几千年来，“无穷”之谜一直吸引着数学家们，从毕达哥拉斯到伽利略，甚至高斯，许多伟大的思想家都不去解决这个难题，他们将“无穷”视为无法思考的东西。

不过不管我们信不信，“无穷”这个概念是由和计算一样简单的东西以及我们衡量世界的方法开始的。人类在知道如何计算时就已经发现“无穷大”的线索了。一旦我们无法用十指计算，就意识到事物的数量可能是无穷的了。从地球上的沙粒到宇宙中的星星，面对着人类力所不能及的数量级，许多伟大的思想家认为“无穷大”

不在数学范围之内——应该留给哲学家或者神学家研究。

实际上，在历史的长河中，这个领域一直是数学家们研究的禁地——对古希腊来说更是如此——因为它提出了一个永远无法解决的问题。

古希腊人研究数学

乌龟与对角线

比亚里士多德更早的意大利半岛南部埃利亚的芝诺写过一系列悖论，最有名的莫过于《阿基里斯和乌龟赛跑》的故事了。

阿基里斯跑得很快，他让乌龟在自己的前面跑，他们都匀速奔跑——阿基里斯跑得很快，乌龟跑得很慢。经过一段有限的时间，阿基里斯到达了乌龟的出发点，但是乌龟也在跑。阿基里斯要花一段时间才能到达乌龟的下一个目的地。不过等他到那儿的时候，乌龟也已经从那里跑过了。就这样一直跑啊跑，跑啊跑，永远跑下去。

直觉告诉我们——芝诺在告诉我们阿基里斯永远也追不上乌龟。芝诺的悖论对希腊哲学家来说是一个大难题，他们竭尽全力避免涉及无限性——因为他们将算术以及整个世界观建立在有形的

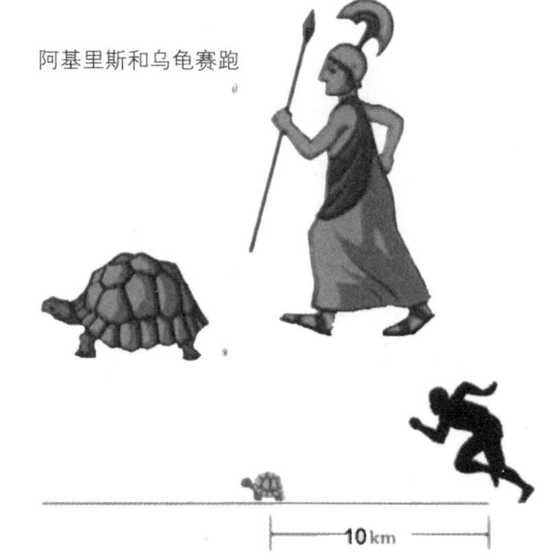

阿基里斯和乌龟赛跑

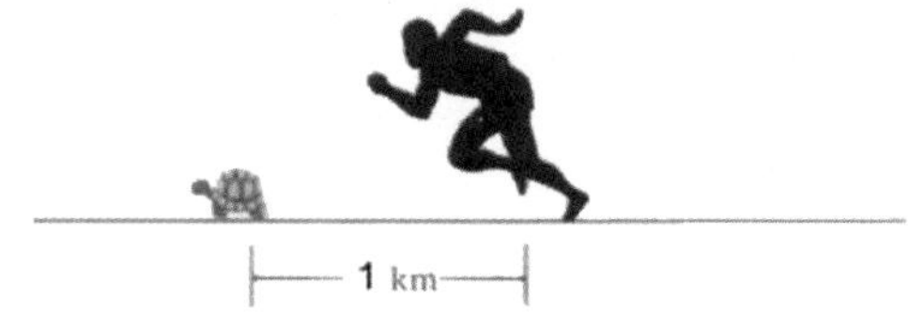

东西上：几何。

他们的数学和物理理念与测量物体的“实在”紧密相连，这些物体都是用任意却有限的单位测量的，像手指的长度或者手掌的宽度。和现在一样，像米或者厘米这样的单位都是任意而普遍的长度分割单位。

希腊人相信只要有任意两个长度，通常能发现某种任意的单位能用整数的倍数测量这两个长度——这意味着两个长度通常是成比例的。

毕达哥拉斯也许是第一个用整数将这个信念表达出来的人——这个信念是他从音乐中发现的。毕达哥拉斯注意到如果两条成比例的弦弹拨到振动，那么它们产生的声调会很和谐动听。因此，毕达哥拉斯和他的门生相信，世界上所有美好和谐的东西一定基于整数比，所有的度量一定是有理的。

这个哲理在本质上几乎是神圣的，不过当时他们遇到了一些无法用这个有理的模型解释的“东西”，他们信念的核心受到了挑战，这个“东西”就是正方形的对角线。

一条简单的对角线怎么能颠覆毕达哥拉斯的世界呢？这是因为正方形的对角线与它的边不成比例。希腊的数学家和昔兰尼的西奥多罗斯最早得出了这个总结。以边长为1的正方形来说：画一条对角线，正方形分成两个三角形，把那条对角线当成第二个正方形的边长。这个更大的新正方形实际上是比组成第一个正方形多一倍的三角形组成的——就是说它的面积是原来的两倍。所以，边长为1的正方形的对角线的长度等于一个正方形的边长乘以面积的两倍。因此，对角线的长度称为$\sqrt{2}$。

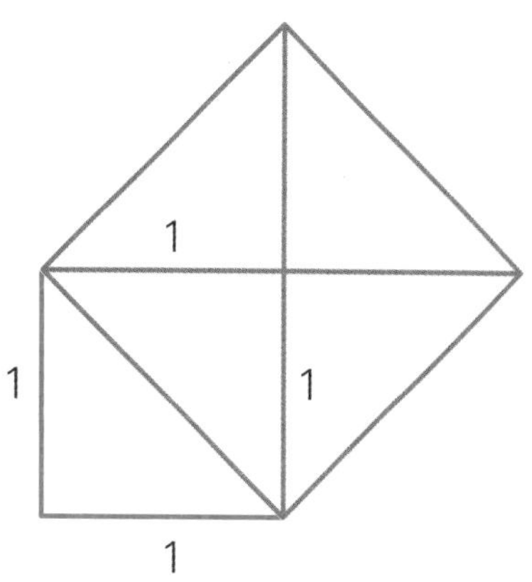

更大的正方形的面积是原来的2倍

无理数和无穷大

到现在为止，至少对希腊人来说，对角线毕竟是实在的，是真实的，我们可以将它画出来，它就存在于边长为1的正方形中。西奥多罗斯努力测量对角线的时候，他实质上发现了一个悖论。

毕达哥拉斯学派的学者们认为度量

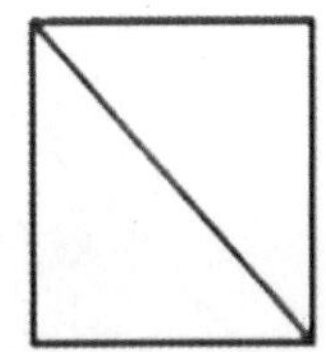

毕氏学派的人认为度量的单位可以是手掌

的单位可以是任意的——像手掌，或者对今天的我们来说，一米或者一厘米的长度。不过他们还认为一定有一个普通的长度同时适合测量边长和对角线的整数次方，度量必须成比例。

西奥多罗斯在用边长为4的正方形证明这个结论时，他无法用所有这些单位测量对角线，剩下的单位寥寥无几了。实际上，无论我们用多少单位分割正方形的每条边，当我们试图用这个基本单位测量对角线的时候，总有剩下的一些测不出来。这是个很有趣的发现，但是西奥多罗斯有更重大的发现。他还找到了一个十分富有逻辑性的铁证：不可能存在这样的常用单位。

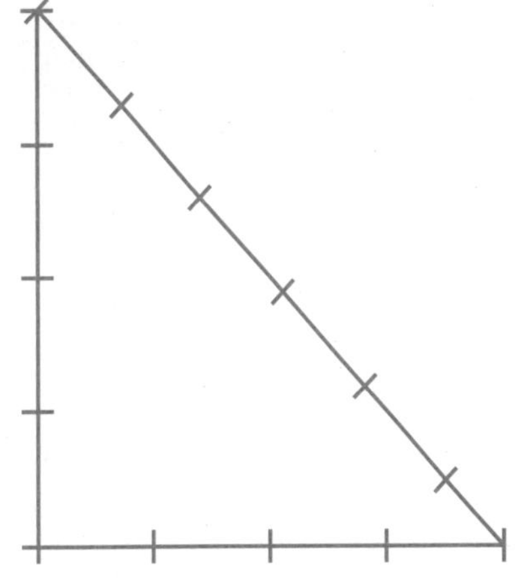

西奥多罗斯测量边长为4的正方形的对角线

西奥多罗斯处理的问题中隐含了一个事实：在任何能够用所有的单位衡量边长的度量体系中，对角线的长度必须用一个无穷的十进制展开表示，这意味

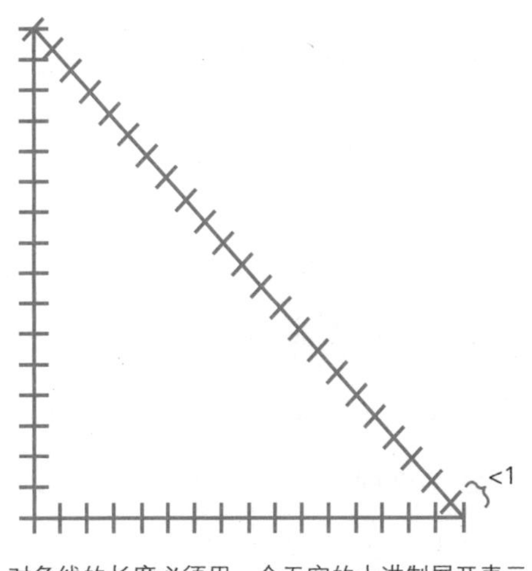

对角线的长度必须用一个无穷的十进制展开表示

着$\sqrt{2}$是一个无理数。所以，西奥多罗斯没有像“阿基里斯和乌龟”的悖论一样受“无穷大”所扰，从某种程度上说，他接受了“无穷大”。作为个体人类，在我们的一生中，我们去尝试一个普通

的单位，尝试的次数只可能是有限的。带着这个合理的论点，西奥多罗斯表示，即使有限的人类每个人都尝试有限次，寻找一个常用单位测量正方形的边长和对角线，也肯定是一无所获。

西奥多罗斯否定了毕达哥拉斯的基本假设，他认为：没有常用的长度单位可以同时测量正方形的边长和对角线，这两个长度不成比例。这反过来证明了$\sqrt{2}$——正方形对角线的数值与众不同。它的大小存在于无理数中，用现代的语言来说，它的长度是个无理数。这个发现颠覆了毕达哥拉斯的世界。以前无法想象的数字不仅为世人所知，还被证实了存在性。

$\sqrt{2}$是个无理数，意思是：它由一个永不循环的十进制展开。所以，即使用任意的测量单位，希腊人发现他们无法躲避无穷大：$\sqrt{2}$以及后来的圆周率，这两个数字的特点是永不重复，由无限的十进制展开。

即使如此，很多毕达哥拉斯学派的伟大思想家还是继续躲避无穷大。亚里士多德坚决不相信，他称之为“实际无穷”。他写道：“可感知的量值都是有限的，所以不可能超越每一个指配量值，因为有可能存在比天际更大的

伽利略

东西。”16世纪有一位伟大的天文学家伽利略，他发现平方数的数量好像和自然数一样多。虽然伽利略的发现仅限于此，他写道：“无穷大和有限数应该遵循着不同的计算法则。”

不过空气中弥漫着一些标记，至少是改变的标志：1665年，英国数学家约翰·沃利斯是第一个引用“情结”或者“睡着的8”作为“无穷大（∞）”的代号的人。一些权威人士猜想，这个象征来自古老的沃洛波罗斯，它代表着“永恒”或者“凯尔特情结”。

但是，无论沃利斯的无穷大象征有何来头，一位在俄罗斯出生的雄心勃勃的年轻数学家乔治·康托尔彻底将“无穷大”的概念加入数学中。康托尔最早的作品存在于数字理论的科目中，在数学领域中，这个领域在设法揭示自然数的真相。康托

尔不仅揭示了一个悖论，还发现了人类以前无法想象的一种美丽与富饶——他发现了一个全新的数学世界。

康托尔与集合论

康托尔一开始并没有立马开始研究“无穷大”的概念。他转向另一个更基本的问题：数字是什么？

比如，这里有几只猫和狗。如果我们第一次尝试定义“数字”，那么这两个集合——一群猫和一群狗——是一样的，均势或者有相同的基数。现在，康托尔的研究就是“什么是数字？”那么，怎么分辨呢？这里有个简单的办法——举起我们的左手，再举起我们的右手，指尖相对，然后一只手代表数字“5”，表示我们的手指和数字一一对应。我们已经处理了“5”这个数字，同样地，我们可以处理更多的数字。

因此，我们得知每个数字应当会对应任何一个拥有一群特殊事物的集合——数字变成抽象的东西。所以集合论成为数学的基本概念，而不是数字。我们用集合论定义数字，也用集合论做很多算术。它描述了一些数学家们喜欢做的事：玩转思维，将问题封闭起来。

那么，康托尔下一步做什么呢？他问道：我能用我们数的东西数数吗？我能数自然数集合吗？有自然数：1，2，3，4，等等。它们有一个有趣的性质——我们可以挑出双数，即偶数。还可以挑出单数，即奇数。奇数集可以放到与自然数本身一一对应的位置：1∶2，3∶6，100∶200……那些奇数和自然数本身拥有相同的基数，即使我们可能觉得没那么多。

所以我们可以将一个无穷的集合分成两个同等大小的集合去比较原来的集合。这很奇怪吧！不过是一个很好的游戏。可能一些人会说，这没什么好奇怪的。但是我们要想到，无穷大就是无穷大，人们可以用无穷大做奇怪的事情。

别人可能问：“我能用分数玩一个相同的游戏吗？”——我们能创造一桌子的分数，虽然这张桌子上的分数会有一些重复。

从某种意义上说，应该有一种数——自然数的平方之类的数，让人从直观上感觉比自然数本身的一维无穷性更无限。打个比方，因为它有无数排数字，而这样的有无数排的数字又有无穷个，这就是更无穷。

现在我们又有了一个问题：我们能把这些有理数、这些分数像自然数一样

“无穷”的分数

分数和自然数之间的映射

放到一张表格里面吗？

如果按照顺序从1/1开始往后增加，那么我们将永远不可能换行到2/1。让我们看看康托尔是怎么做的。他说，我们沿着对角线织一个“S形”的图案吧。

因此，从某种意义上来说，我们可以向分数和自然数之间设映射，就像5只猫和5只狗。说某种数和自然数有相同的基数，其实就是寻找罗列它们的方法——任意选择自然数的基数，然后乘

阿列夫0

以立方，或者平方或者四次方，无论是哪个。

康托尔为这些集合进行了一个定义，他将自然数集合，也就是那个基数称为“阿列夫0”。

无穷大与无穷大

我们现在纠缠的问题是：有没有无穷的东西。不过迄今为止，一切好像都在显示这是“阿列夫0”。但是还有另一种数——无理数。$\sqrt{2}$不是分数，它是以无限不循环的十进制展开的。但是现在问题又来了：我们能不能把所有的实数放入一张表中？它有没有基数“阿列夫0”？

我们化难为易，就关注0和1之间的数吧，就写几排小数，比所有的实数少。如果我们证明这些数字不能放在一

张表里，那么很肯定，并不是所有的实数都可以放在一张表里。这是康托尔的第二个对角线论点。

没有一张列表能够完全列出所有的实数，至少是0和1之间的实数。它第一次向我们证明了确实存在不同类型的无穷大。那些无理数、实数放在一起，是一种新的无穷大，比“阿列夫0”大。所以现在我们看到的就有两种无穷大，自然数，我们称之为“阿列夫0”，实数的数量，我们也可以将之为“阿列夫0”。那么我们自然会问：还有更多还是仅此而已？这是个很好的问题。康托尔肯定也问过这个问题。这个问题的答案是：还有更多。

为了解释他所做的，我们要往后退一步，让我们先来看一个例子。

假设你有3个朋友，你要邀请他们来你家做客，你可以邀请3个，也可以1个都不邀请，也许只有其中之一，也许只有其中之二。如果你仔细看，这其实有8种不同的可能性，从原来3个人引申出8个子集，这样我们是无法设立一个映射的。现在引人注目的是康托尔所做的是先假定他有无数个朋友。所以，这群朋友的子集的集合，任意的集合，肯定是比较大的。即使原来的集合本身是无穷的，所有子集的集合也比原来的大。所以，康托尔发现基本上子集的集合通常比原来的集合大。

我们可以再做这个游戏——我们一起进入自参考循环，把所有集合的集合也一并带去。集合的集合的集合的集合，一直这样。瞧，现在我们拥有了这个许多无穷子集的无穷分层结构，每一层都比原来的那个大。所以，我们已经拥有这个无穷分层结构：两个首字母和2∶2等。

邀请朋友的方式

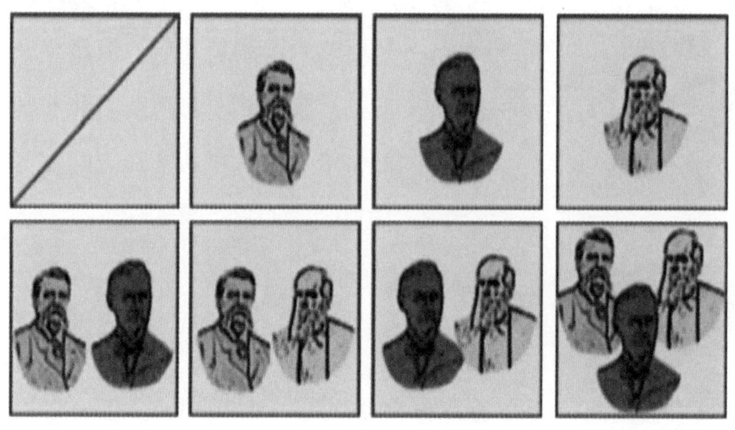

另外，康托尔还成功证明了：实数和阿列夫1，自然数子集的集合之间可能存在映射。那么很自然人们要问：这个东西

上数字之间存在什么吗？当然：有分层结构，还有什么吗？对。其实康托尔问了那个问题，还对此纠结过。实际上，他一生都没解决那个问题。它变成了一个高深无比的问题：比如，阿列夫0和阿列夫1之间有什么联系吗？

实际上，在康托尔死后几十年，数学家才得出某个结论——或者说对这个问题一无所获——他们发现，如果其中有什么联系，数学可以发展得很好，但是没有，数学照样发展得很好。这个称为连续统假设，这也是数学最深奥的问题之一。

希伯来语的“无量”

无穷大与艺术

乔治·康托尔肯定对无穷大的标志很熟悉。不过当他将我们对无穷的模糊的概念转化成我们可以用数学掌握的时候，他还赋予了它一个新的身份——希伯来字母阿列夫。学者们一直在争论为什么他选择了这样一个标志，最普遍的答案归因于他的遗产。康托尔的传记作者们一直广泛地争论他的宗教背景，有人说他是犹太人的后裔，因为他家族的移居史和很多放逐或者秘密的犹太人一样。

康托尔祖籍西班牙和葡萄牙，后来移民到丹麦和波罗的海地区，犹太人也普遍移民到那里。康托尔懂希伯来语，他为什么选“阿列夫”作为“无穷大”的代表还有一个说法，因为它是“无量”拼写中的第一个希伯来字母，“无量”在希伯来语里面的意思是“无边无际”。无论如何，康托尔的“阿列夫”关联的深层含义和约翰·沃利斯的“睡着的8”在人们将它们选为数学标志代表无穷大之前就已经存在了。就是在这个标志性的领域，数学和艺术结合在一起——将我们带进无穷大的另一个视角。

艺术和数学以多种形式相伴而生，对艺术家来说，这为他们表达自己、看待事情提供了新的方式；对数学家来说，在设想事情方面，艺术能提供非常有趣的东西。艺术家在他们的艺术中已经用各种各样的方式尽力克服无穷大

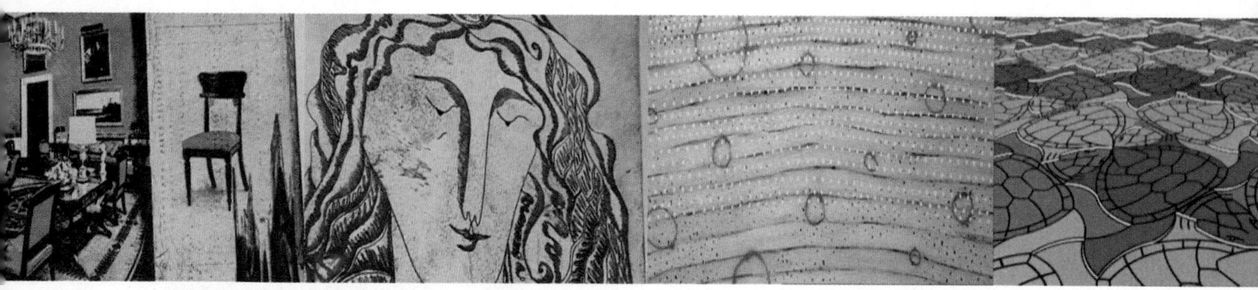

艺术与数学相伴而生

了——“每个人都在学算术，从1开始，2，3，你的第一个惊喜是你可以继续走，4，5，还可以一直继续下去……当你这样一直继续下去的时候，有人会指出，你往原来的数上加了一定的值，所以你可以得到更大的数，这会令你产生无穷大的想法——你可能永无止境，一直往下走。”

所以，如果要举个例子，那就是生活在100年前的丹麦艺术家埃舍尔——他倾尽毕生心血设想无穷大，并尝试了各种各样不同的方式去研究。埃舍尔书上的插图显示了一种标准的方式，叫作莫比乌斯带，很久以前别人就已经做过了。如果靠近一步看，这就是艾舍尔的想象力，如果靠得非常近，其表面有很多蚂蚁爬来爬去，不过其连接的没有里外之分。它还只有一条边，所以这个表面只有一条边，一个面。他想起的另一件事是如果重复图案会怎么样呢？

埃舍尔太喜欢这个想法了，因此他尝试了不同的方式添加图形。不一定是正方形或者三角形，只要把它们放进永远循环的图案里面。现在他的纸是有限的，但是可以看见它刚好顺着边，而且可以想象到它们永远循环的样子。

埃舍尔的无穷

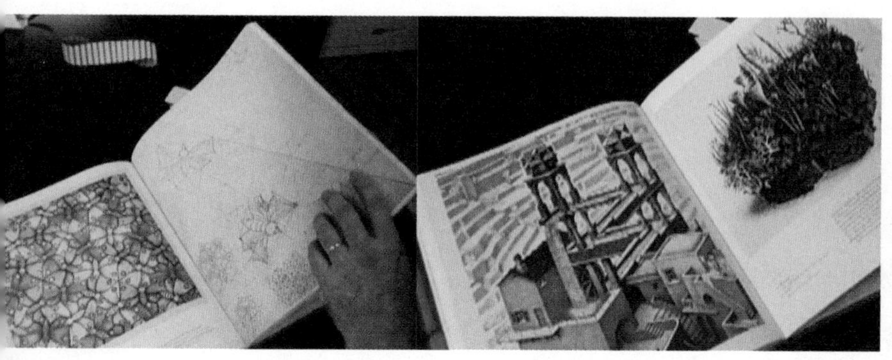

莫比乌斯带

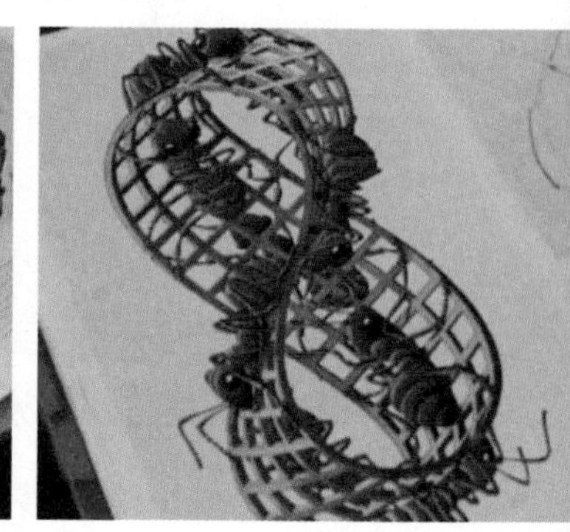

有趣的是，在数学中可以看到不同种类形态各异的图形。比如，当我们有一个五边形的时候，试着想象铺瓦的样子，这样它在效果上呈现无穷性，我们发现在五边形之间会有缝隙。我们可以在平面上均匀铺瓦，所以必须把它放在这种平面中，我们可以通过扭曲形状，在图片上展示，当我们持续这样做的时候，可以把他们变得更小。所以原则上，当我们一直这样做的时候，它们真的会变得很小。在效果上会在边缘走向无限。

越变越小的边缘图案

海拉曼・费古生的雕塑

海拉曼・费古生既是一个数学家，又是一个艺术家，他将无穷大的很多不同的角度融合在一件雕塑作品中。如果仔细看这件雕塑，会发现交叉部分是一个向内曲的三角形，这个三角形向四周扭曲，最后把底结合在一起——所以其中有一个螺旋。如果一直顺着这条边，经过底，经过内部，然后回到起点，这都只是一条边，所以它和我们先前看到的莫比乌斯带很像。这个方法可以代表一些持续的东西，就像是无穷大永恒的一面。

这个例子可以很好地说明数学思维如何启迪人们创造一件真正伟大的艺术品。在我们的生活中，数学无处不在：我们可以在图案上看到它，可以在街上看到它，在地铁里砖的图案上看到它，可以在花朵上看到它——在任何自然物中看到它。但是还不止如此，因为数学还呈现了诸如“无穷大”这样我们无法直接感知的理念，只是因为数学家有很多处理方法，艺术家也有很多处理方法，所以我们可以将这类理念变得更具体。

要推动认知的边界，探索并解释无限的界限需要很大的勇气。数字和算术都是真实的——是我们日常生活的本质。我们的数学世界基于抽象的思想，这些思想通常不是人类的视觉、听觉、触觉能力所能感知的。不过，毫无疑问，我们已经接受“无穷大”是具体、有形、真实的东西了。这告诉我们探索数学就像永无止境的旅行，让我们见识到茫茫宇宙中无穷的奥秘。

拓扑学的迂回曲折

Topology's Twists and Turns

我们能想象宇宙的形状吗？如果从上面看是什么样的？从下面看又会是怎样的？或者从里面看又是什么样子的？当然，我们已经在宇宙里面了，而这种形状正是我们所想象的一部分。数学家们想象并发现了宇宙到微观宇宙的一切形式，包括最小的DNA链。因此，让我们来到拓扑的世界，了解灿烂的数学知识——拓扑学的扭曲和旋转。

宇宙的形状

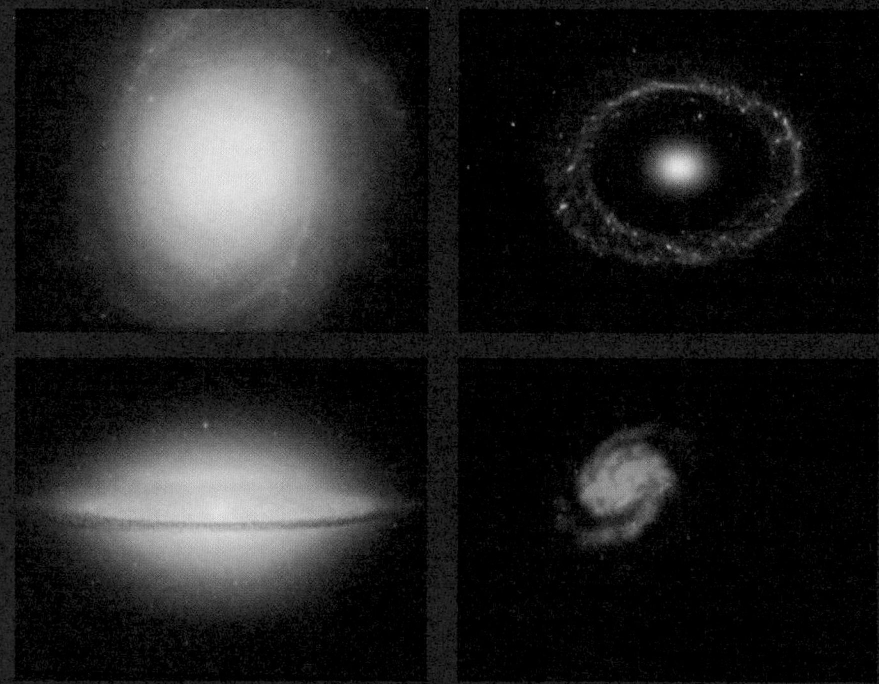

空间与拓扑

我们可以从一个简单的小行星游戏开始了解这个最惊人的数学分支。

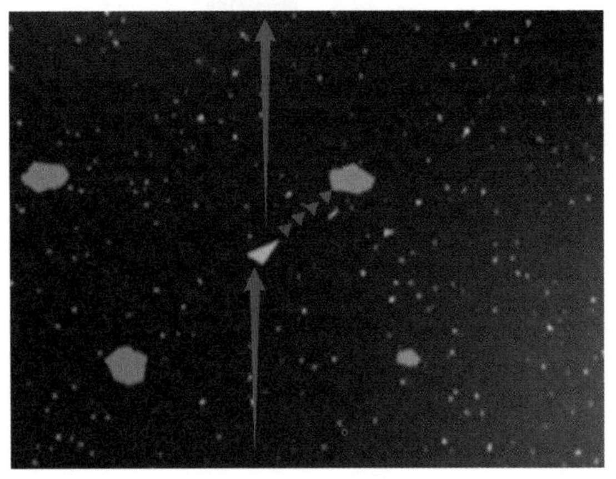
小行星游戏

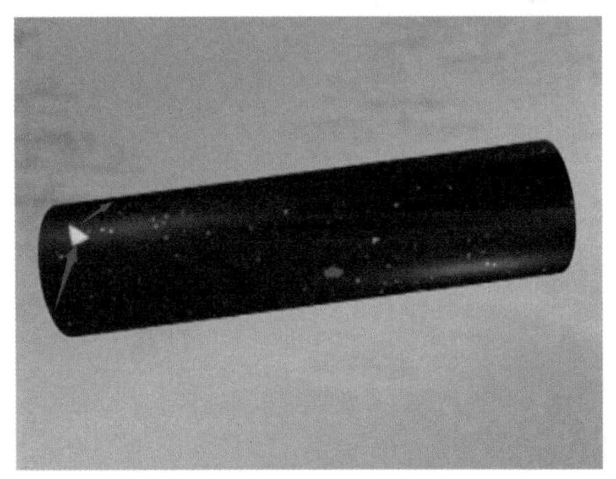
游戏里的宇宙

想象一下计算机游戏的世界。表面上，它看起来像一个二维的标准欧几里得平面方形截面。不过当我们操控小船（图中的三角形）扭头以免碰撞的时候，有趣的事情发生了。小船从最顶上消失了，接着又从最下方出现了！刚刚发生了什么？难道船舶跃进超空间了吗？它从宇宙的边缘掉下去了吗？或者是程序员扰乱我们的感官，想增加游戏的难度？还是发生了别的事情？

在现实中，飞船一直不停地在沿着地球旅行，为了安全旅行，它还爆破小行星。对我们来说，观看电视屏幕上的游戏，小行星的飞船似乎只住在一个二维平面的表面里，但实际上，它可能是“活”在其他地方——像圆柱的表面，甚至是更奇特的表面。

这就是拓扑的出发点：作为数学的一个分支，不依赖于测量去研究空间关系和“之间”“内”的概念以及事物如何连接。拓扑学家不在乎我们扭曲行星宇宙以便于更好地了解它。游戏中的飞船消失又出现对拓扑学家来说再正常不过——游戏里的宇宙设定仍是一样，只是从不同的角度来看待它。

“从一个不同的角度看世界”是拓扑学的核心，有助于今天的数学家们了解许多不寻常的难题的本质，而这一切是从“七桥问题”开始的。

18世纪初，世界上伟大的一位数学

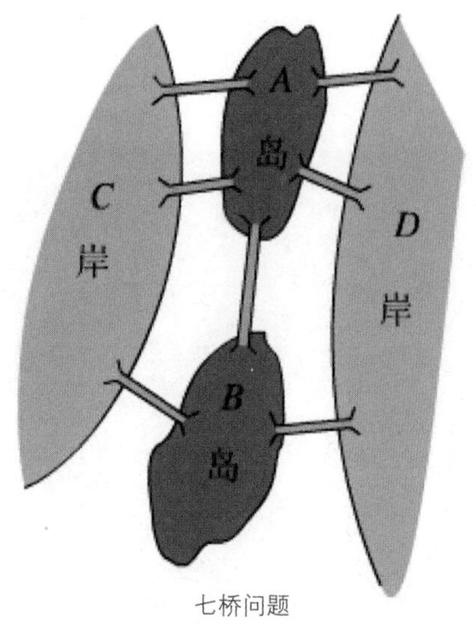

七桥问题

家思考了一个难题，这个难题在当时很受欢迎。它和哥尼斯堡镇有关，普拉格尔河流经这个镇，有7座桥将普拉格尔河中两个岛及岛与河岸连接起来。镇上的人们常常思考着，是否可能从这4块陆地中任一块出发，恰好通过每座桥一次，再回到起点？现在我们可以尝试自己彻底解决这个问题，寻找所有可能的路径，看其中是否有解决办法。

实际上我们可以用数学解决这个问题，明白这点的是数学家欧拉，他住在哥尼斯堡，他意识到这个问题和“地理”无关，和桥梁的长度以及桥与桥之间的距离也无关，它与“连接”有关：哪座桥与哪些岛屿或河边相连。于是他把桥梁变成线，把陆地挤压成点，我们称之为顶点。通过简化，他得知了问题的实质。在此过程中，他画了一张图，这张图成为拓扑问题的精髓。

欧拉把环镇旅行变成了在4个顶点和7条边的图上航行——从而把问题转化为图论之一，从而开创了图论和拓扑学的领域。在他的解决方案中，欧拉意识到，除了开始和结束的顶点之外，每次把边变成一个顶点，就必须离开另一条边，以避免重复踏上一条边。这就意味

哥尼斯堡镇的七座桥

七桥问题与“连接”有关

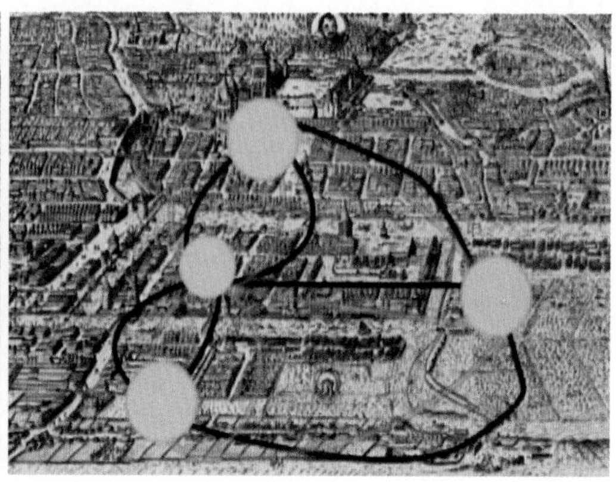

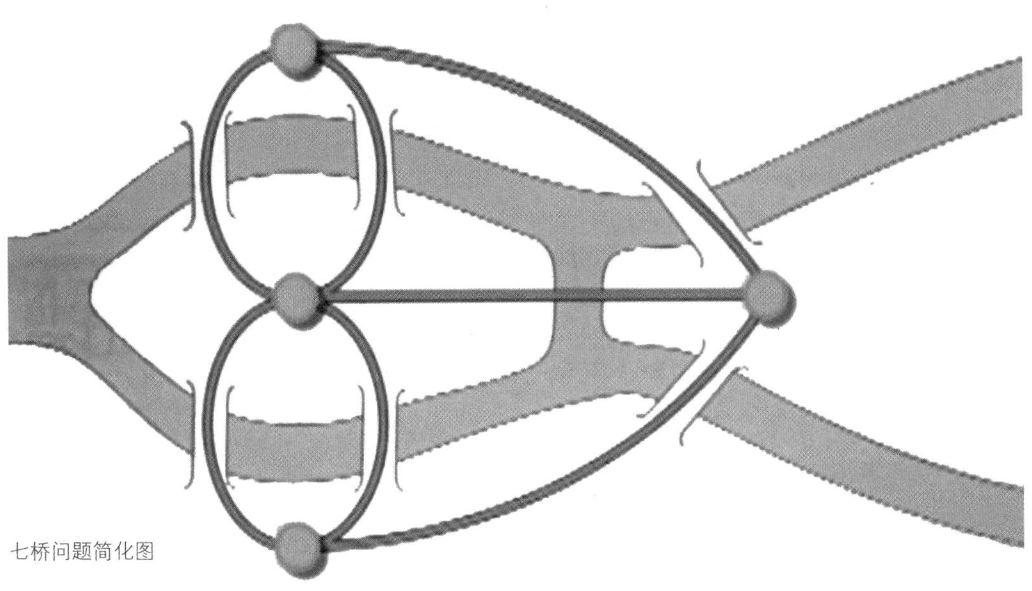
七桥问题简化图

着：如果永远不要返回，来自内部顶点的边的数量就必须是双数。但是，欧拉的哥尼斯堡桥图显示，所有的顶点连接到奇数条边，因此必须重复1座桥才能越过所有的7座桥。换句话说，这样的旅行是不可能的。从另一个角度看世界，欧拉从问题中归结出几何道理，并把它变成一个简单的连接问题，而忽略几何，他能够得到问题的实质。

结构与表面

事实上，这个过程我们已经习以为常：球体看起来像是地球的一个合理代表，尽管我们大多数人都没有真正看到整个球体。对我们来说，在当地，地球表现为一种二维的东西，平的，更像一个表面。

但是，如果我们往回拉得够远，这个有限的当地小地表最终成为地球，就是一个球体——一个基本的拓扑形状，也是二维表面的一个例子。

现在，因为我们已经从外太空看到它了，我们知道地球是一个球体，但是如果我们往回拉，发现它更像一个甜甜

微观版地球

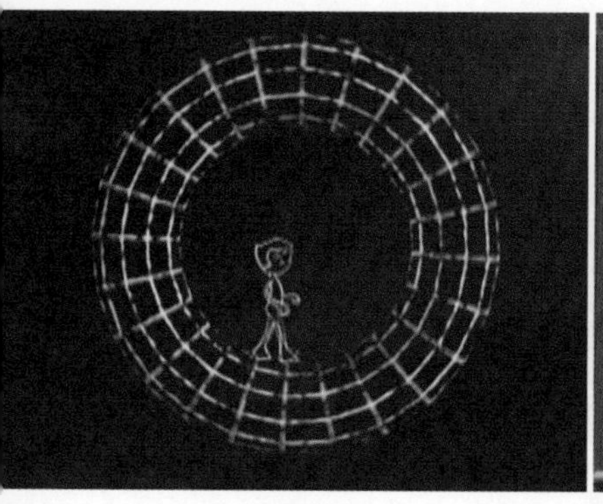
甜甜圈版地球

宏观版地球

甜甜圈版游戏宇宙

圈，这又如何呢？

这完全是可能的，因为甜甜圈的外围和球的外围一样，是局部二维的，它可能中间凹凸，但也可能很平坦。数学家可以把甜甜圈称之为环，这是拓扑的另一个基本形状，也是更笼统的多面体的一个例子。

事实上，我们只有通过拓扑结构才能区分表面看来似乎是一样，形状却不同的大型结构，像一环，或者一个球体。反过来有时我们对表面看起来不同但拓扑学上相同的东西感到非常惊讶。举例来说，如果我们说咖啡杯和甜甜圈基本是一样的，人们会怎么看？嗯，这是真的：从拓扑学角度看，我们可以这么操作，将杯体没“洞”的部分变形，最终杯体成为一个团块，使杯子最终仅有手柄一个洞，由一个不间断的表面包围着，就像一个甜甜圈。当然，不能不破坏它的表面就把一个球体变成一个环面。所以我们只关心这个表面，想象有一个橡皮泥做的球，然后我们把它挤扁，上下连成一体，想得到一个洞的唯一途径就是撕开它。

现在我们有一对表面：一个球和一个环。生活在球或者环上面的生物可能会觉得这些表面是相同的，每个表面都为一个二维的宇宙提供了不同的模型。前面我们看到的游戏中的小行星生活在什么样的宇宙中呢？小行星生活在小船航行过一边然后回到另一边的宇宙吗？我们正在寻找一个平面，因为计算机游戏的屏幕就在上面。我们可以把边的顶部和底部粘在一起，为它创造一个圆柱体来玩。但我们也可以把游戏放在环上。同样，船不知道它在环上，它只知道要把阻挡它的小行星炸光。

但是，除了球和环，我们还可以在

其他宇宙玩游戏吗？如果有，会是什么样的宇宙呢？

当我们思考表面的可能性时，主要有两类很特别，我们也需要习惯于去这样思考：定向性表面和非定向性表面。我们先来了解一个最简单的非定向表面的例子，也是最著名的例子，它就是莫比乌斯带。如果我们想象它没有厚度——我们必须记住。它有一个边界，这意味着它有某种边，当我们沿着这条边不断地前进时，马上就会发现一件有趣的事——它只有一条边。

假设我们生活在非定向性表面内，我们出去散步的时候，往前走，再回来，会发现我们没有按顺时针走，这时候会有一点惊讶——我们正在逆时针走；如果生活在非定向表面，这将令人大吃一惊——往回走，这在某种程度上是非定向性的，顺时针方向没有一个一致的定义。

我们在物理世界中看到的大部分曲面是可定向的，如球面、平面与环面，像莫比乌斯带这样的是不可定向的，在三维空间中看起来只有一“侧”。因此，我们有了这个初步划分的表面：有定向的和非定向的。

这个划分完成之后，我们来看看还可以有什么类型的表面。其实，看看莫比乌斯带的另一个版本，就比较容易做我们想做的事了——这就是所谓的交叉帽。交叉帽有一个很好的属性，那就是边界圈。

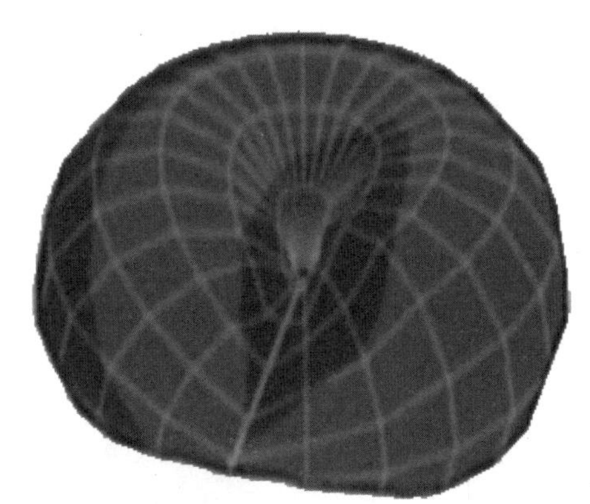

交叉帽

莫比乌斯带

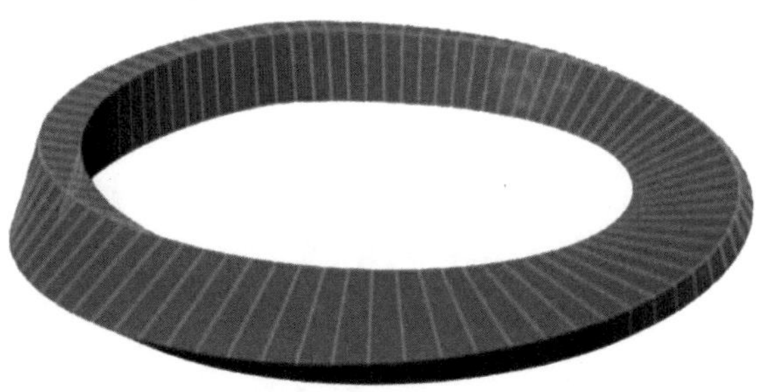

我们还可以用一个球举例子，我们剪下一小片，这一小片就是另一个循环边界之一，然后将它固定在交叉帽上，这样做后产生的形状甚至有一个名字，它称为射影平面，它当然也是不可定向的。

这里还有另一个好例子。如果我们把两个交叉帽固定在一起，或者把一个帽子放在一个球上，我们将得到另一个著名的物体，叫作克莱因瓶，它也是一个非常经典的数学图形。

克莱因瓶

现在，一旦我们有交叉帽，或者投影平面，或者克莱因瓶——我们并不需要知道很多非定向性曲面的名字就可以直接研究定向的平面。

现在让我们从局部开始，这将是定向的表面，每个表面都可以非常合理地去思考。我们还是从球开始，现在要把一个手柄放在上面，就像钱包的手柄一样，它像一个小环柄。然后，我们削减了两个洞，要固定在一个叫作拓扑学柄的东西上。我们会注意到，可以把它变形为一个完全正常的环面或甜甜圈。从拓扑学角度看，它们是相同的。我们之所以要做这些手柄结构，是因为如果我

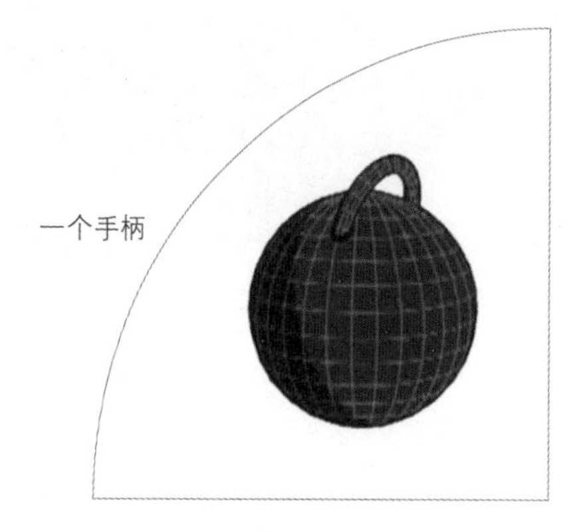
一个手柄

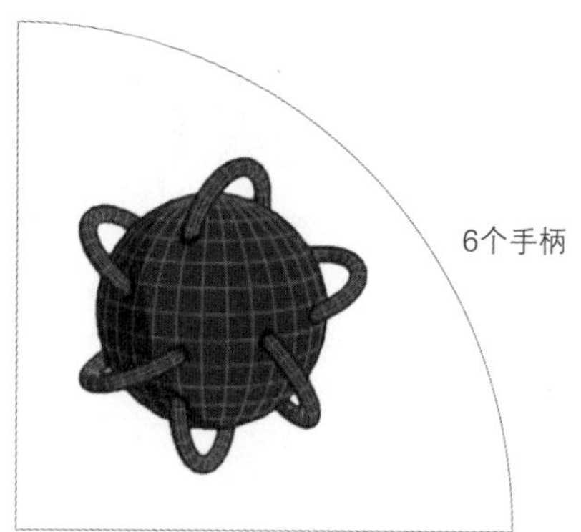
6个手柄

椅子和立方体

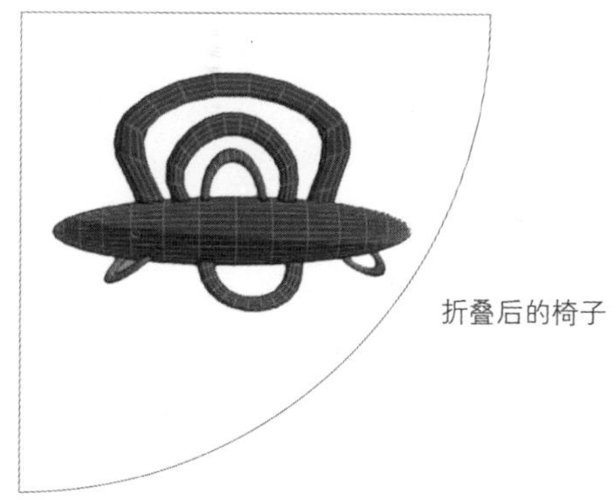
折叠后的椅子

们不断增加手柄时比较容易想象。只要不停地继续这样做，不停地做。如果把N形的手柄放在那里，就会得到一系列无限而受制的表面。

一把椅子，我们可以想象着坐下来，它是定向的，这是在拓扑学名单上的东西，但是人们用不同的方式塑造它，如果它在空间上是一个内嵌的表面，那么它确实是在这个名单上。我们将它挤压和伸展，首先让椅子腿贴在一起，然后将椅背也90° 贴到椅面上，然后一把新的椅子就出现了。它变得非常对称，然后我们可以让它再次变形，使它看起来不像手柄，就像6个顺次连在一起的甜甜圈。

理解这些之后，当我们看向周围的世界时就会发现，表面的概念无处不在。

相对不变的数

所有的这些物体都是某种面，不过它们非常复杂。它们是什么东西呢？在数学中，有一个叫不变量的东西——这意味着当我们扭曲物体的时候，它都不会改变，它被称为欧拉示性数。这可能是最著名的不变量或拓扑不变量了，它可以追溯到欧拉时代，就是发现拓扑学基础之根本的“七桥问题”的人的时代。

欧拉示性数是一个数字。怎么得到它呢？我们的方式是将表面分解成片段。还是设想我们有一个环或甜甜圈，然后将它们分解成小四边形，它好像是由砖建成的，一旦我们拥有了这些片段，接下来就要计数了，我们将构造上的东西称为面、边和点。现在，我们数数看，当然，我们

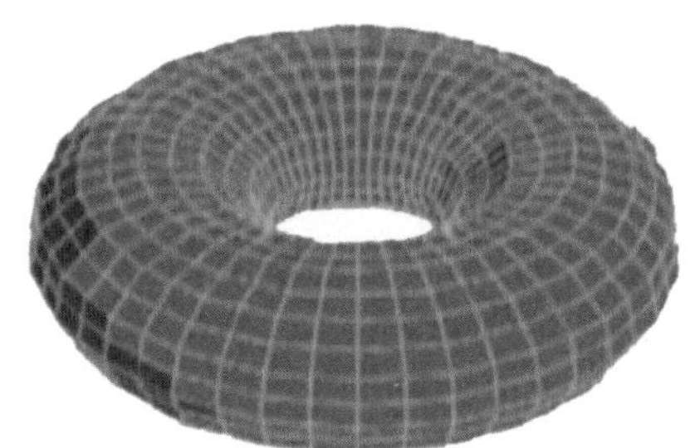

设想的环

环的表面分解成小四边形

计算欧拉示性数

现在的划分数目很大，会得到3个数字：面的数量、顶点的数量和边数。如果要把面数减去边数，加上顶点数，就会得到一个欧拉示性数。它的属性不变，这意味着无论我们怎么做，无论我们将物体分解成多少个多边形，这个数字始终是相同的。也就是说，如果它们的拓扑是一样的，欧拉示性数总是相同的。它让我们知道两个表面是否相同。

此外，还有一个更好的思考方式：我们的钱包有一些柄，可以把它放在定向的情况下思考。不过这个时候，我们有另外一种算法。

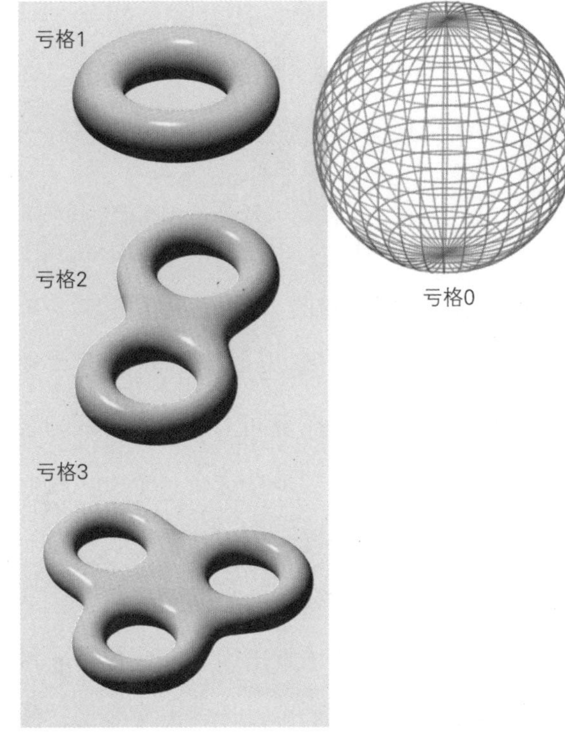

可定向曲面的亏格

由于曲面和流体一般不好区分其边长和顶点，我们会涉及另一个新概念——亏格。对于可定向曲面而言，亏格是一个整数，代表沿简单曲线切开但不切断曲面的最大曲线条数，这和柄的个数是相同的；对于不可定向闭曲面而言亏格是一个正整数，代表附在球上的交叉帽的个数。球面、圆盘的亏格都为0；环面的亏格为1，和带一个柄的咖啡杯的表面是一样的；克莱因瓶有不可定向亏格2。

之前我们说到曲面的欧拉示性数。前人为了方便我们理解和计算，给我们提取出了许多公式——对于闭可定向曲面的欧拉示性数可以通过它们的亏格g来计算：$2-2g$；对于闭不可定向曲面的欧拉示性数可以通过它们的亏格k来计算：$2-k$。

首先算算平面上的正三角形、六边形等，我们会发现任何平面的欧拉示性数都是2。我们前面说的那个有很多手柄的球。1个手柄的时候：$2-2\times1=0$；4个手柄的时候：$2-2\times4=-6$。那些号码是不同的，那么手柄的数量就可以马上和这个号码相关联。因此，所有平面的欧拉示性数为2，所有一环的欧

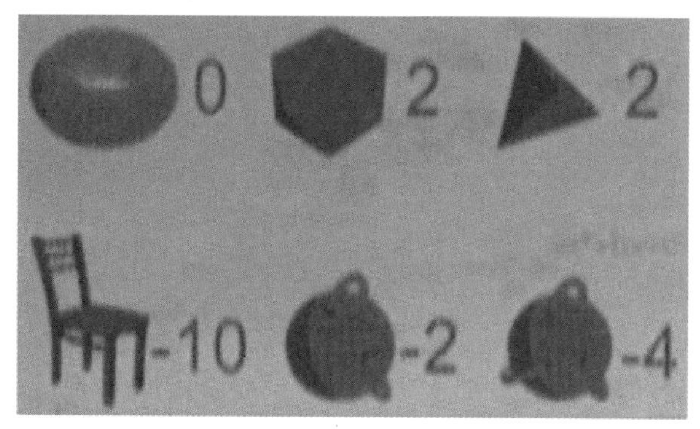

不同物体的欧拉示性数不同

拉示性数为0，所有4环的欧拉示性数为-6。

也许这不是看到它最简单的方法，但在我们的“变形椅子”上，它也能给人以力量。我们可以把椅子变成***n***环图，自己算一算。

欧拉示性数是一个十分有用的工具，现在拓扑学家一直用不变性来研究问题，比如拓扑与代数组合和排序之间的根本的联系。我们可以计算四面体、六面体……二十面体的“数”，很神奇的是，所有这些多面体的数字都是相同的。生活中很难得到一个完美的不变量，但欧拉示性数就在我们身边。这就是为什么它对数学家来说是一个漂亮的理论——从现代数学的角度看，欧拉示性数告诉我们关于某个表面的一些特殊的东西，现在我们有了这个分类清单，所有的表面都可以用数字来描述。例如，我们有一个沙滩球，这是一个非常对称、漂亮、均匀的圆球状物体，“2”这个数字积极地捕捉到了它的球体特征。此外，“0”告诉我们另一种几何位，它就像欧几里得平面一样平。

三维与宇宙

如果我们回到原来的小行星游戏，把游戏里的平面欧几里得空间变成一个环面——小行星在环状的宇宙里运行，然后继续我们的游戏。当我们玩游戏时，从屏幕上看到的也许就是一些正方形的“广场”。

几何就存在于此。总体上，我们得到了环的拓扑结构；局部上，几何就是那个平面。我们已经从问题中得出几何结论，创造像“环”一样的抽象概念，这些空间以及形状为我们提供分类信息的方法，将几何回归到问题中去——欧拉示性数的特性会告诉我们哪三个几何形状可以使用。

如果我们去看一个三维图形，那会怎么样呢？我们能不能像理解二维空间一样理解三维空间呢？答案是可以。但是，一些数学家花了整整一个世纪才得出了这个结论。

当数学家谈到三维空间或流形[①]，他们指的是一些和我们所想的普通的高度、宽度和深度不一样的东西。二维图形，我们用两个数字就可以判断任意一个点——纬度和经度。现在，让我们试着想一个三维球体。

描述三维球体的特征相当于解决著名的庞加莱猜想[②]，这个挑战已经有100年之久了，是以伟大的法国数学家亨利·庞加莱命名的，是七个千年难题之一。现在看来，俄罗斯数学家格里戈里·佩雷尔曼已经解决了庞加莱猜想。他的举动可能为人们了解三维空间提供关键途径——包括宇宙的形状。

宇宙的形状是一个深奥的谜，杰弗里·威克斯是研究这个难题的数学家之一。我们来到大自然，看到世界，看看周围，会想知道我们看到的是什么，就像是看到天空中的光点，我们称它们为星星，但它们是什么呢？宇宙也是如此。

杰弗里·威克斯是一位数学家，他的研究方向是拓扑学与几何学。在过去的10～15年里，他和他的同事们运用几何和拓扑学研究真正的宇宙，试图证明我们的宇宙到底是无限的，还是有限的。他们研究宇宙的形状以满足人类基本的好奇心。人类在这个世界上出生，现在我们已经有能力向外看，因此我们想知道我们在哪里。

庞加莱猜想

① 流形：流形是局部具有欧几里得空间性质的空间，是欧几里得空间中的曲线、曲面等概念的推广。欧几里得空间就是最简单的流形的实例。球的表面为二维的流形，它能够用一群二维的图形来表示。一般的流形可以通过把许多平直的片折弯并黏连而成。

② 庞加莱猜想：法国数学家亨利·庞加莱提出：“任何一个单连通的封闭的三维流形一定同胚于一个三维的球面。”简单地说，每一个没有破洞的封闭三维物体都拓扑等价于三维的球面。

就像行星围绕着太阳旋转，而数学真的是一种途径，科学家们看到了一些原始数据，他们希望通过弄懂它的意思来了解宇宙是怎么形成的。这个问题人类已经思考了2000多年，当时的古希腊人也思考了很多。有人认为宇宙是无限的，其他人认为它是有限的，它有边界。我们可以从这个最终的球体出去，但是无法走得更远。直到19世纪，数学家们才提出建立一个有限的但无垠的宇宙。

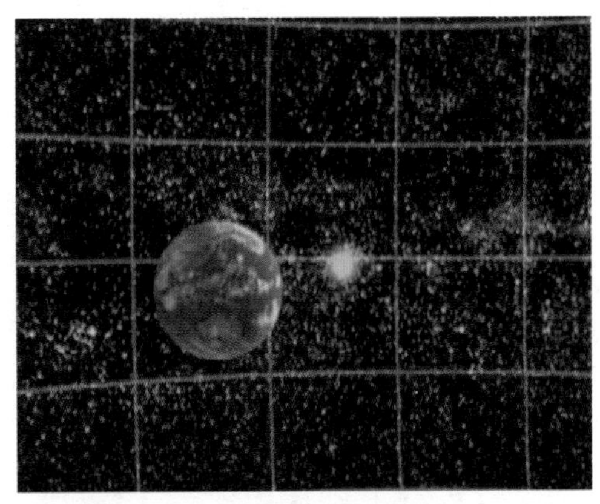

宇宙的微波背景

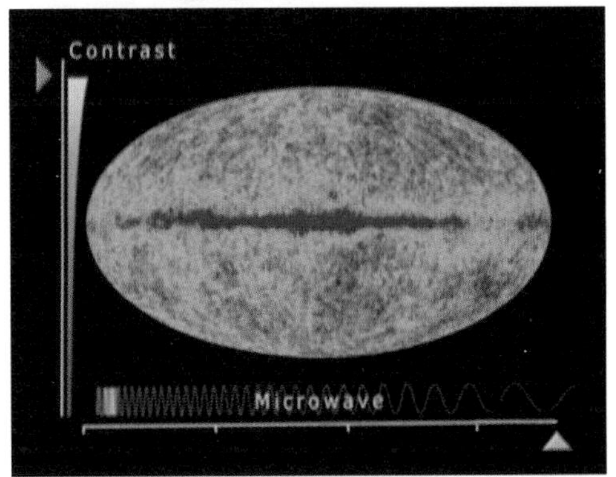

微波背景和我们的视线一样远

现在的研究情况是，科学家们先尝试描绘出宇宙可能的各种不同的形状，然后预测在每种不同形状的情况下能在天空看到什么，把它和现实中的实际观察作比较。这看上去似乎是一个非常可行的办法。

研究这个问题的时候真的非常振奋人心，因为科学家们终于能够得到一些实际的数据，使他们能够解决这个问题，事实上这些数据至少能够初步表明宇宙可能真的是有限的。

最有趣的数据是波动的数据，在微波背景下的波动。微波背景来自我们的视野范围，所以它基本上和我们的视线一样远——我们可以看到的最有可能的大小。在无限的宇宙中，科学家们会期待各种大小的波动——这有点像我们往浴缸里放水，然后晃动它，会得到一些

浴缸里的波动

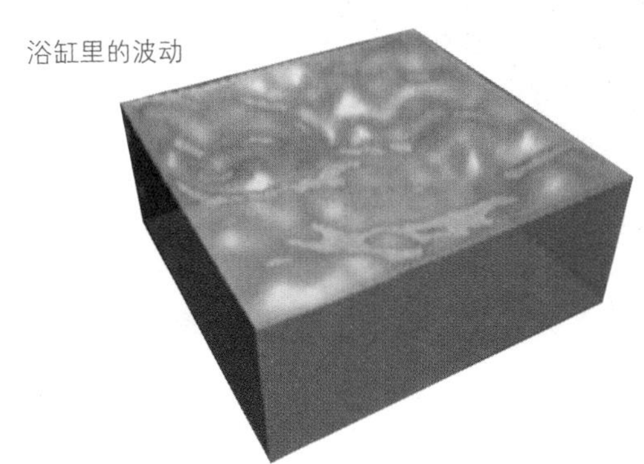

宇宙探测仪的显示结果

较长的波，得到一些更短的波浪，得到一个小波浪，全部相互叠加——微波背景也一样，在无限的宇宙中，我们期望小型波动、中型波动，最有可能的大型波动。但是当看到真正的宇宙时，我们会发现预期的小型波动和中型波动，但是最大规模的波动几乎完全丢失了——它们根本没有出现。

“宇宙背景探测者”于20世纪90年代发射，以我们的视野范围可以看到非常模糊的景象。当时人们首次发现，最广的波动似乎非常虚弱或消失了。后来，美国宇航局发射了威尔金森微波各向异性探测器（WMAP）卫星，一种能够更为精确观测宇宙微波的探测仪，并再一次证实了“宇宙背景探测者”的看法——长波确实不见了。

有两种方法采集数据和比较两种不同的模式。首先，我们可以看看和声、泛音，看看它们的相对强度，但就像乐

和声的相对强度

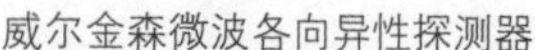

威尔金森微波各向异性探测器

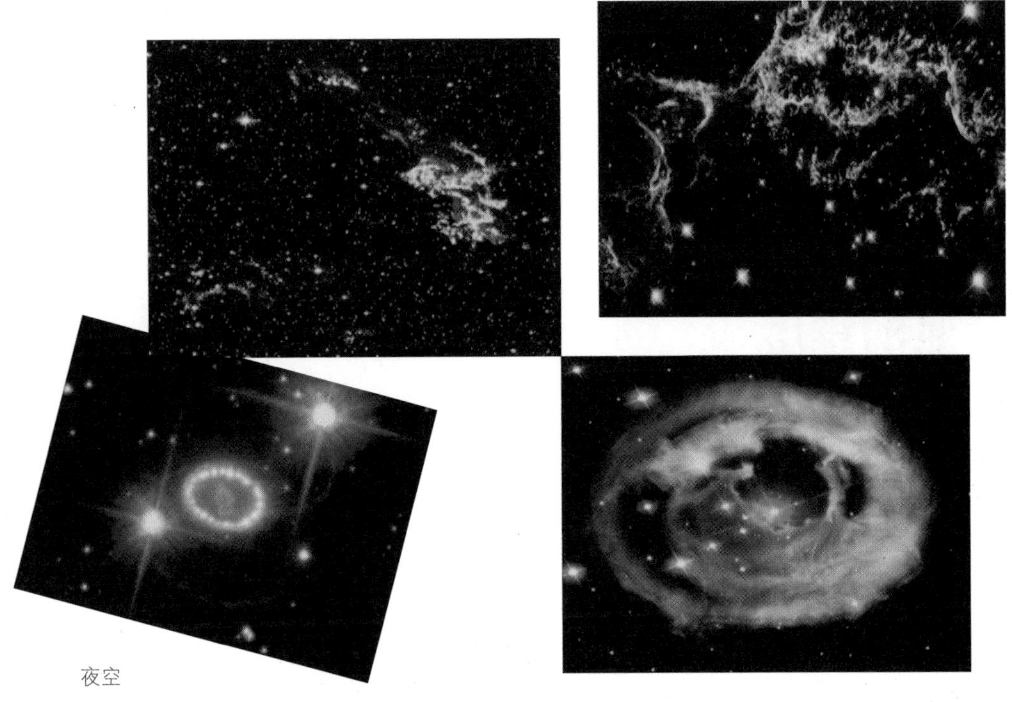
夜空

器有和声一样，天空也有其谐波；不同空间的不同形状，每个都有一套特色鲜明的谐波。其次，我们还可以看看地平线上的天空和地平线下的另一部分天空是否匹配。到目前为止，这些发现都是否定的。这就意味着，人们注意到了它们，但是并没有发现它们。

我们想为太空的形状寻找一个可能的模式，并要求其符合现实。拓扑学帮助我们探索候选的形状是什么，并为我们提供合理的探索方法。这就像我们到森林里散步，看到树木，还看到其他的东西，我们会说“它们很漂亮”，但是如果了解了它们的工作原理——每个叶片是由细胞组成的、通过叶绿素发生光合作用等——我们的理解会更加丰富，我们对树的审美也更加丰富，在我们对宇宙的感受上也是这样。

我们可以看看夜空，会看到满天星光，看到一些光斑点，它们很美丽。但如果了解它们的大小、形成，了解星系就在那里，知道宇宙确实是有限的，这些信息都会使我们对宇宙的欣赏更加有深度。

把环镇旅行变成图上散步；从“将甜甜圈变成咖啡杯”中寻找乐趣；从尝试着观察，到从高维图形中找到挑战、感受神秘以及享受乐趣；从努力发挥我们所有的能力，到通过外太空的形状来探索内在空间……这一切都是拓扑！

其他的维度

Other Dimensions

最开始，我们的地球被认为是一条直线，后来，有人说“天圆地方”，再后来，人们发现地球是一个球体，而且宇宙中有更多的球体，于是三维宇宙的思想确立了。这是全部吗？不是。

伟大的爱因斯坦告诉我们，宇宙是四维的——还要加上时间，具体的内容我们可以在相对论的相关文献中看到。四维是全部吗？

关于维度的问题

多维空间的想法真的很疯狂，也许是这样的，但我们这个话题的想法比这个更疯狂。存不存在比四维更高的层面——平行宇宙或者来世今生，它们是否真的存在？

多年来，艺术家、作家和电影制片人都曾试图回答这个问题，他们在这个过程中创造了许多耀眼的科幻作品。但是，高维真的和我们在科幻小说里看到的一样吗？

旅行家从天球中探出头来，探索宇宙运行的机制

玛姬白天是位科学家，晚上就变成了科幻迷。 她看了一部1950年的电影，该电影讲述了科学家发明的一种装置把他们弹进第四维的故事，在那里他们可以穿墙凿壁，还可以解读人们的思想。

像我们一样，玛姬生活在三维世界里。不过，她似乎对其他维度的世界也很感兴趣。

1940年，大师级科幻作家罗伯特·海因莱因写了一部短篇小说《他盖了一所怪房子》。故事中的主人公用一个展开的四维超立方体盖了一座房子，当发生地震时，房屋折叠起来，房子的主人还可以俯视走廊，看到自己的背……

维度是数学中最重要和有趣的想法之一。我们搬到三维空间，我们生活在四维时空，但数学家和越来越多的科学家——从统计学家到生物学家，都发现他们需要了解并在数百甚至数千维的世界里工作。

世界远远超出了人类的感官认知范围，当我们开始问："我们的宇宙始于何时，会如何结束？"回答这类问题时，许多科学家相信，答案将涉及10，11，12，甚至更高的维数。不过，我们所指的维度这个词是什么意思呢？一般来说，空间的维度或问题的维度仅仅是我们需要用来说明情况的数字的数量。这些数字被称为坐标。

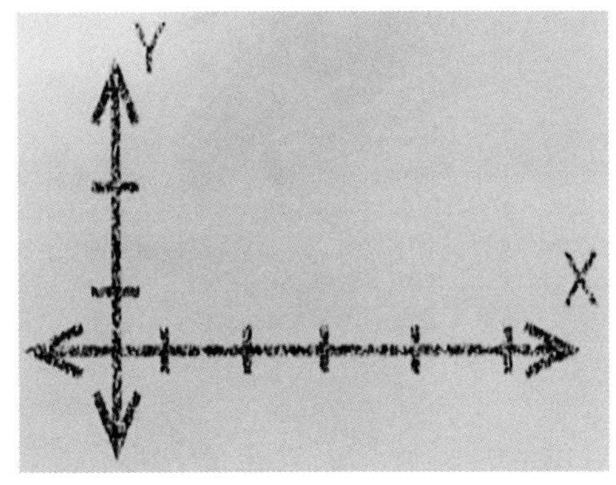

笛卡尔坐标系

"坐标"这个概念是在1637年由法国数学家、哲学家勒内·笛卡尔提出的。笛卡尔从来没有在上午11点前起过床，相传，他总是躺在床上观察天花板上的苍蝇，直到它掉下来打到他——这就是我们现在称之为"笛卡尔坐标系"被发明出来的实践基础。笛卡尔通过观察苍蝇在天花板上漫步的路线，意识到苍蝇在天花板上的位置完全可以用两个数字来表示，我们可以称之为x轴和y轴。

现在，我们来认识一种奇妙的玩具，它叫神奇画板，与水平和垂直方向的坐标有关。它是一块平面的白板，就和小孩子们玩的磁性画板那样，当我们转动画板下方的两个旋钮的时候，可以

控制画笔在横向或者纵向上画画，我们甚至可以用其中的一个旋钮控制线在水平方向的往返运动和在垂直面上的上下运动。我们可以用这个画板完成一些漂亮的图片，但是我们的行动自由只限于两个独立的参数。

但是我们生活的世界不像画板里面的二维世界，我们可以左右、来回移动，还可以上下移动，这样我们就需要用3个数字来形容我们周围的物理世界中的点。因此，我们需要有一个三维的神奇画板。

三维神奇画板有3个旋钮，我们可以垂直地画、水平地画、往深里画，这样就有了3个独立的参数，我们在3个维度里都有自由度。在数学领域里，人们会用一些比较独特的方式来处理维度。事实上，当数学家谈论维度的时候，他们更多的是谈论空间维度。

当谈论参数设置时，似乎是我们想研究多少维就能研究多少维。但是，我们生活在一个三维的世界里，而且大脑在三维中思考。那么，我们能看到三维以外的东西吗？四维的物体长什么样呢？我们能在不伤害自己的情况下看到四维吗？也许我们要经受一点点痛苦才能看到更高维的东西。要想了解更高维，比如说四维，先来认识一下低维，我们就从了解立方体开始。

三维神奇画板

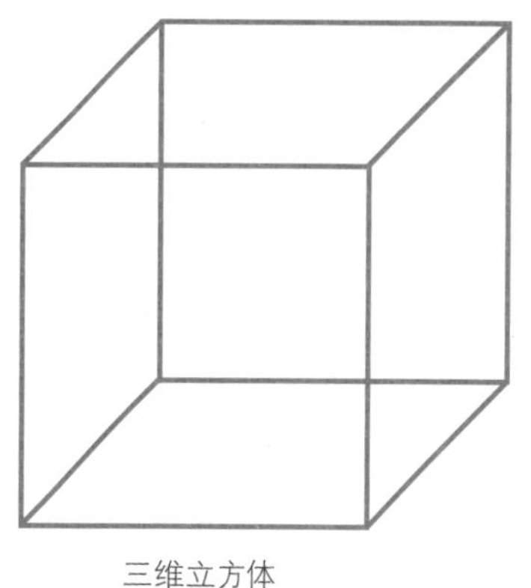

三维立方体

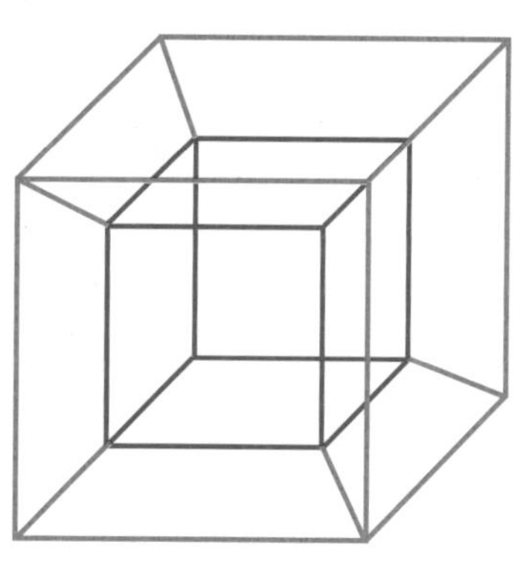

四维立方体

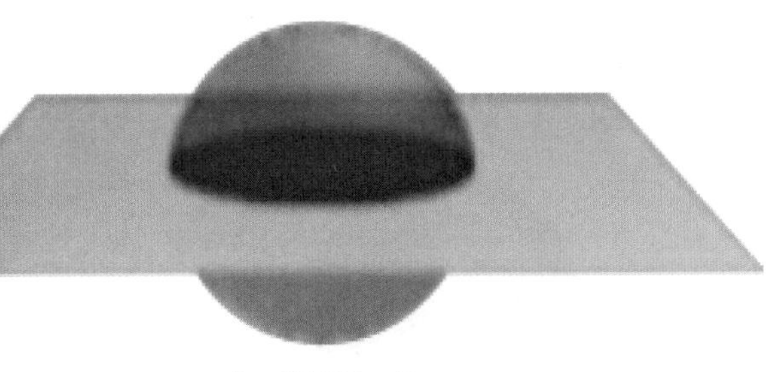
当二维遭遇三维

二维和三维

我们在二维的平面上画一个三维立方体的图形，虽然实际上它是在平面上的，但是幸运的是，我们的大脑很容易就将它解读成一个三维物体。我们再将这个三维立方体发展成一个四维立方体，可以发现这个四维立方体看起来非常凌乱。

有本书名叫《埃得温·艾博特的平地》，它于1884年第一次出版印刷，书中描绘了人们生活在一个二维的世界里：二维世界的人们生活在一种无穷薄的表面上，他们可以在二维世界里面移动。乘坐飞机的时候，如果人们喜欢，飞机甚至可以没有厚度。生活在二维世界里的人们就像生活在三维世界里的人试图体验四维生活一样，他们也体验立体生活。

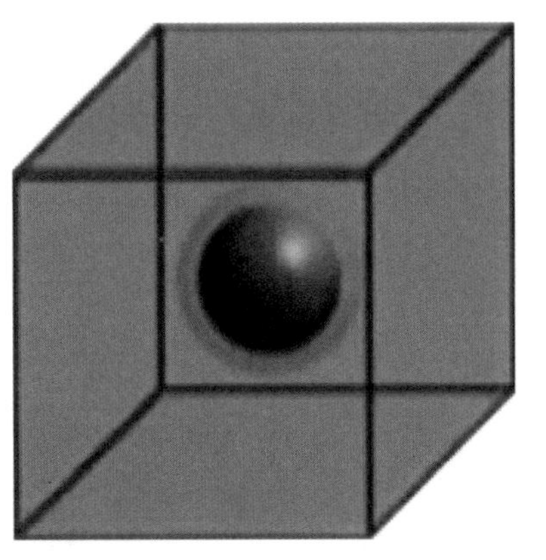
三维空间中的二维球面

我们可以想象一下，一个三维世界的球要闯入二维世界，二维世界的人们也将经历这个球的另一个维度，我们将之视为数学领域的“球片”。因为球在二维世界移动着，二维世界的人们会一直观察这些“球片”。

当这个球闯入这个二维的空间，球的一点会瞬间膨胀成一个小圆圈。当球进入平面，它会生长，长到一定的长度（球面的赤道圈）后，它开始变小，缩回一个点。那么，二维世界里的人们看到的是什么呢？他们生活在这个平面上，看到这个平面里面的“点”膨胀成圆片，然后又缩回一点。这就是他们的思考方式。他们将开始思考我们一直生活的三维世界中的二维球面，他们要在不同的时间思考它，并通过时间的连续性将这个物体组合在一起。而我们看到这个物体是因为我们可以把时间作为我们的第3个轴，也就是第三维，它下沉到哪里，那个层面就会变化。

接下来，我们要想象一下，我们从

房间往外看，看见一个从点开始的东西，它扩展成一个球体，达到一定的大小，又往回缩成一个点，我们只看到一个小小的膨胀和某种收缩。

再想象我们在二维世界里，一个立方体要掉到这个世界里：开始它飘浮在二维世界上方，完全是静止状态，然后进入二维世界，之后脱离。从整个过程来看，它像一个瞬间消失的静态正方形。也许我们还可以通过改变立方体来到世界的方式让二维世界的人们得到不同的观点。

现在，我们换一种方式让这个立方体再一次来到二维的世界。我们先研究顶点，它先以顶点出现，二维世界的人们看到的也是一个点，就如同前面的球进入的时候形成的点一样，但是，接下来这一点没有演化成一个小圆圈，反而成为一个小三角形了，当我们降低这个三角形，每一个三维立方体的顶点不断地进入平面，形成了新的边，小三角形变成四边形，一开始有很短的一边，然后变长，然后变成五边形，之后变成六边形，然后这个六边形又变回五边形，然后变成我们曾经所看到四边形，最终变为三角形，最后是一个点。这和球的情况极其相像。

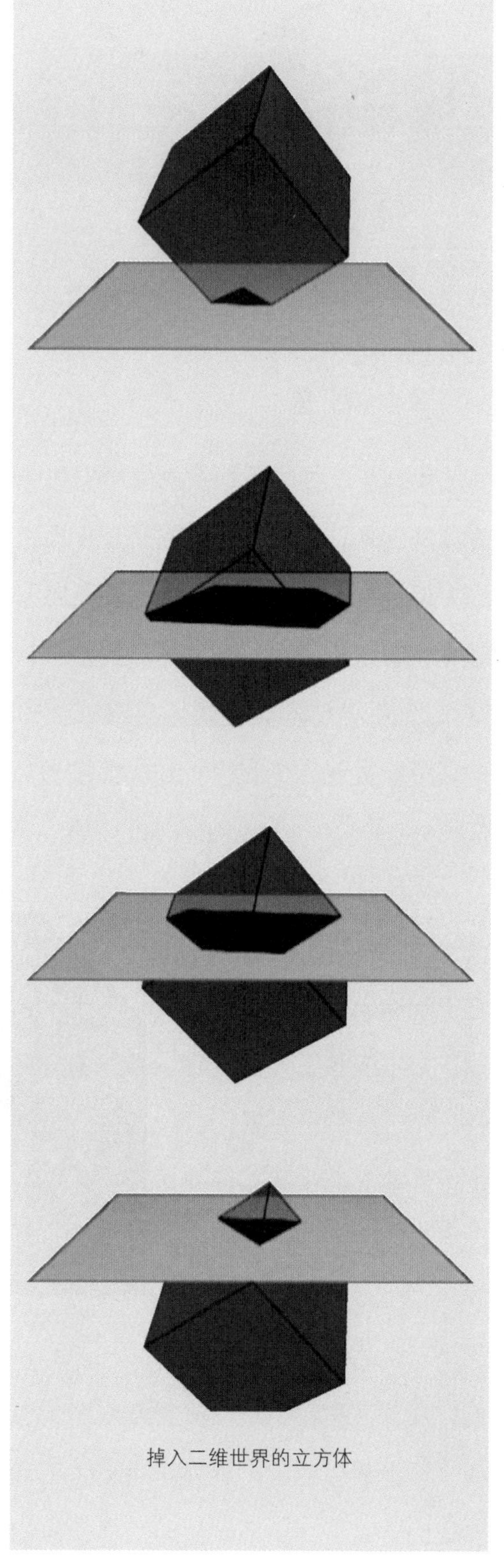
掉入二维世界的立方体

三维和四维

接下来要玩一个游戏，这个游戏和将三维立方体放到平面的世界中完全一样，但我们要做的是把一个超立方体放到我们的三维世界，去看看四维的物体来到三维的世界会是什么样的。

一个四维物体掉到我们的世界，首先是从一个顶点开始的，当它掉下来的时候，因为它在角落里，接下来我们得到一个单一的有4个顶点的四面体。它在有限的空间中变大，当它撞击这些角的时候，顶点掉下来了，于是我们得到的这些东西和我们原来的四边形长得一样。

平面世界中的人们经历的就是一个完美比喻。现在我们检查一下整个过程，我们会发现形状一直在变化，直到回到顶点。

《科学美国人》在1910年举办过一次比赛，要求读者描述第四维度。15个获奖作品对四维空间进行了详细的描述。但是，没有一个提到时间维度。直到艾尔伯特·爱因斯坦提出“相对论”改变了这一切。爱因斯坦说，如果不处理时间问题，就无法谈论空间。

第四维度是时间吗？可能吧。不过，事实上对一个数学家来说，它可能是任何类型的统计。可能是身高、体重，或者任何我们喜欢的东西，任何的参数，比如我们可以有30个参数，在一个30维的大空间里，我们的坐标和参数其他人都看不见，事实上，在某些方面看到的也不一定是对的，部分原因是这些东西可能有不同类型的单位。像空间，它总是以相同的计量单位测量，所以我们可以做一切事情，进行测量，并理智地做跨维度的事。我们也会以单纯的参数来定义维度的概念。

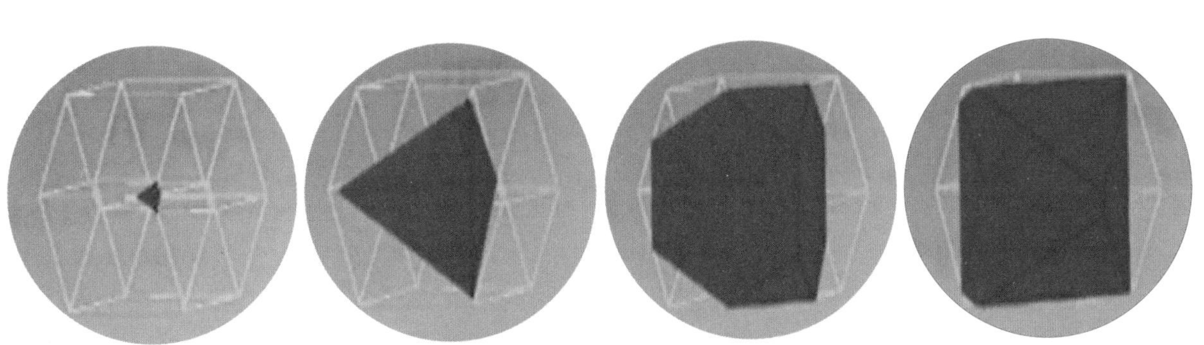

当四维物体掉落到我们的世界

也许，我们可以从一个例子来理解一下。想象一下，甲、乙各有一把尺子，甲的尺子有一条英尺（1英尺大约为0.3米）那么长，乙的尺子是一个码尺（1码尺等于3英尺）。两个人画一条线，甲的线比乙的长两倍，然后他们再画一个正方形。如果甲用20把尺，乙用20把尺，甲的线还是比乙的长两倍。这些东西可以完美地测量。

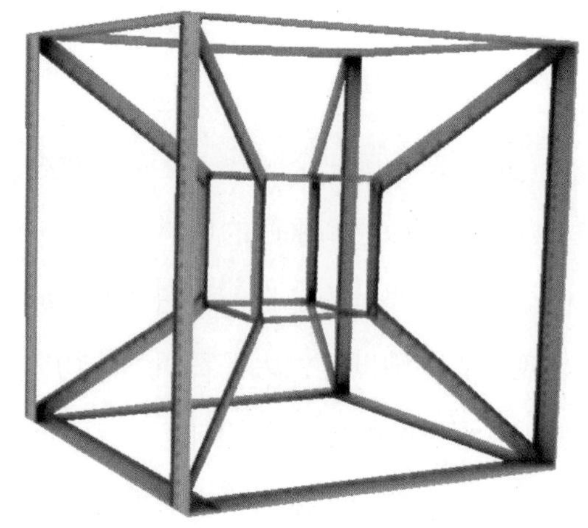

这个大的四维立方体需要多少个小的四维立方体来填充?

现在我们假设，乙先开始，用乙的码尺画一个边长为1的正方形。甲也画同样的东西，不过使用甲的单位，甲有一把1英尺长的尺子。那么，乙的正方形是甲的9倍，线是甲的3倍长，这是3的平方。现在让我们从二维的概念进入三维的概念，长度如前的情况下，甲还要补充多少个正方体才能和乙的正方体一样大?

这是一个空间概念。现在，让我们画一个立方体。乙最好一起画出乙的大方块和甲的小方块。乙的方块是甲的几倍?——乙的尺子是甲的3倍，由于我们现在进入三维了，那就是3的3次方，所以甲要拿27个方块才会和乙的相等。

物体的测量方式很重要，它如何测量边长。如果甲的尺子变成原来的3倍大，正方体就大了27倍。这个有趣的发现将我们带回原点了。我们依旧用尺子画出超立方体，现在我们差不多习惯了看这幅照片——它代表四维的东西。现在我们能算出需要多少个小号超立方体来填满大号超立方体么?

我们需要用81（3的4次方）个小超立方体填满大超立方体，这是通过类比来推出的答案、理解维度的定义，这个概念对我们下一步的了解非常有力，因为我们刚刚只是讨论完一些不错的友好维数。现在，我们来画一朵雪花，一种叫作科赫的雪花。看到这个图，我们有没有任何头绪?

还是刚才的那个例子，让甲、乙来画。首先，乙要用他的尺度建立一个等边三角形，所有各边都是一样的，接着乙要把每一边分成3个大小相同的块，每一块的大小和乙的尺子大小相同，记住乙的码尺有3个英尺，然后，乙将三块的中间一块删除，乙要用等边三角形的边代替，将其可以作为三角形的底，然后画出以这个空缺为一条边的等边三角形，然后如此重复下去，到第三次分解的时候就可以停下来，这样就得到了这个雪花。我们将上面的过程称之为迭代，这意味着我们重复它，要拿走每一条边，然后再重复我们先前做的事。

分形

现在我们要做一个类似的游戏，要求是乙要画一朵相同的雪花，不过要用甲的英尺。以前，乙的线是甲的3倍，乙的正方形是甲的9倍。现在我们来看看，要用多少小雪片填满大雪片。

幸运的是，乙的雪花的边经过迭代之后，看上去和甲的完全一样，而乙的长度是甲的3倍。因此，我们可以张开之前的雪花，把它放到乙的雪花上，它只能覆盖乙的雪花的一部分，大概覆盖了四分之一。我们会发现，乙需要用4片小

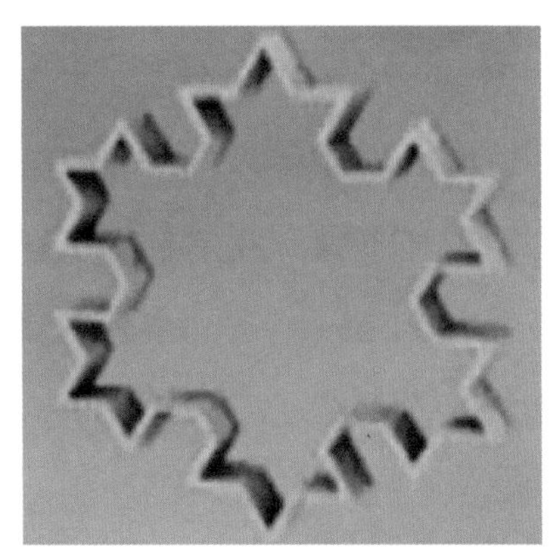

科赫雪花

科赫雪花的形成过程

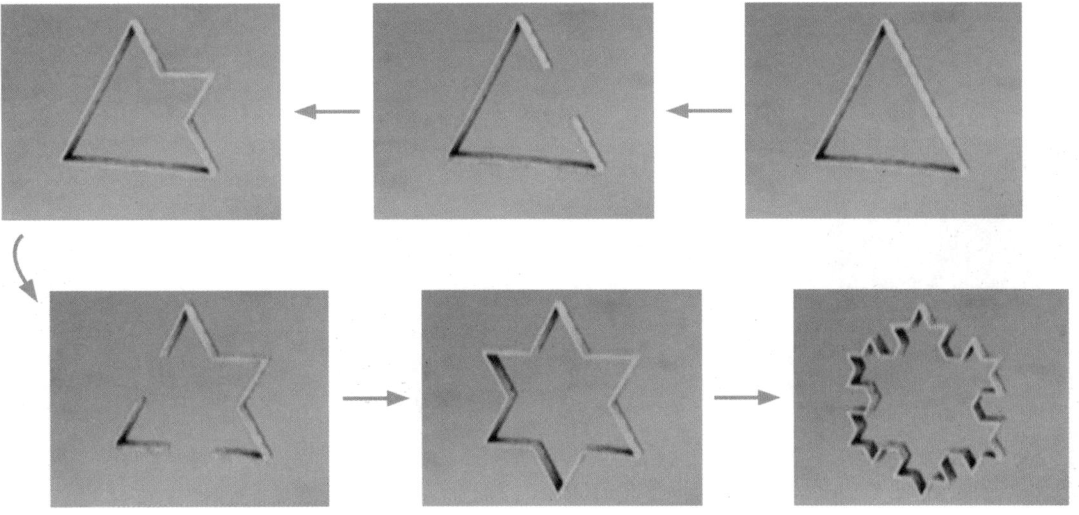

雪花填他的大雪花。所以现在我们正处于一个有趣的状况：画了3条线、9个正方形、4个雪花。我们感兴趣的是其间的关系："3"到"9"是平方的关系，但是"3"到"4"实际上是一种分数幂的关系。

我们想想"1"到"2"之间的东西，"4"相当于在"3"的基础上加一维，我们要找到那个维度。幸运的是，我们可以通过数学解决这个方程，我们得到这样一个$1\frac{1}{4}$维的东西。因此，这告诉我们，尺寸不一定要是整数，维数的概念从各方面来说都是非常强大的，分数维，或者短的、零碎的几何形状等——分形，生活其实就是分形体。

事实上，分形可以用于创建各种类型的计算机图形，不只是这里的雪花，从某种意义上看栩栩如生的东西——山脉、海岸，所有看起来是分形体的东西都可以。

莱卡是波兰的一家公司，这家公司的业务中包括了电视广告，他们用电脑动画以及停格动画和手绘单元动画制作广告，把别人的想法变成现实。他们使用计算机生成图像元素，一个例子叫作分形噪声，它是通过计算分形和构造更复杂效果的算法。他们的分形噪声仅仅是一个有机模型，可以引进一个元素，使其看起来更加自然，比如山脉，如果我们看一座山脉，从远处会看到大山，但是走近就能发现比较小的山，另一种是云，它们有大有小，形状各异，分形能够完美地描述这类东西。

莱卡公司一部作品的其中一个片段，它被称为"葛饰北斋之梦"，我们

分形噪声制作的薄雾

葛饰北斋之梦片段一

葛饰北斋之梦片段二

将以它为例讲述一下分形的应用。它主要是定格动画，莱卡公司的制作部完成所有的定格动画后，他们将其交给设计师，来增加一些电脑图形效果。

首先设计师添加的是水上的薄雾，这种水其实只是一块伸展在桌上的聚酯薄膜。设计师用和云一样的分形噪声增加这些雾，只是加了一些微妙的上向速度和一些更好的灯光。如果我们放大到森林以及那些格斗的武士，我们就会发现，设计师还增加了叶片。当故事主角挥洒他的剑时，落叶簌簌而下，这个动作是用“湍流噪声场”完成的，它基本上是用分形噪声来干扰每一片创建的叶子的速度——赋予它自然落下的动画效果。

动画的整体想法是赋予这些画以生命。对设计师来说，将不存在的元素赋予生命真的很振奋人心，在这里能把数学和艺术结合在一起，这简直太奇妙了。

在今天的高科技的特效世界，电子游戏、虚拟现实，“维度”数学已经赋予了它们新的维度，就像分形已经成为漫画家在复杂的自然物中创造现实主义的重要方法。不过，认知维度真的是经历真实的世界的一个有力途径，它帮助我们解决像时空这样的大自然的奥秘以及一些简单的问题。

那么，开篇问题的答案是什么？这是真实的还是只是科幻小说？我们不能明确地告诉你，但有一点我们可以说，在数学领域，更高的维度并非是虚构的——它们是真实的。

对称之美

Beauty of Symmetry

有人说，情人眼里出西施。事实上，我们所认为的“自然美”“艺术美”或“音乐美”往往随着文化的不同而不同，随着国家的不同而不同，甚至随着年代的不同而不同。但无论如何，似乎都有常量——我们人类“看”到的“美”的共性。

美的东西有一种平衡感和秩序感。那种“感觉”从哪里来呢？它和代数或几何学又有什么关系呢？我们能否量化蝴蝶的美？让我们来了解一下对称的世界。

对称的变换

水晶、雪花、贝壳、几何形状、花……如西班牙阿罕布拉宫面砖装饰艺术一样，除了我们所说的“美丽”，它们还有一些共性。这种有规律或自我暗示某种相似性的

自然界的美丽

对称图案

“4”的翻转

我们所说的双边对称。

这种双边对称似乎是自然的根本，我们可以在我们的身上看到，它以所有生物的形式出现。比如说蝴蝶：它折叠的双翅是基本的图潜在的东西叫作对称。

我们在日常生活中满意并快乐地经历着对称。通常，我们经历的对称仅仅是最终的图片。但是，那个美丽、对称的图案是怎么形成的呢？

经过一些深思熟虑，任何人都会发现对称始于一个基本的主题，然后就会在时空中操控。数学家将这种操作称为“变换”，虽然这可能会让人疑惑，我们也称它们为对称性。

例如，一个基本的形状或者图案，比如数字4。如果我们把它翻转过来，就像它在镜中一样，我们使用的是变换的一种——映像。映像所形成的结果就是

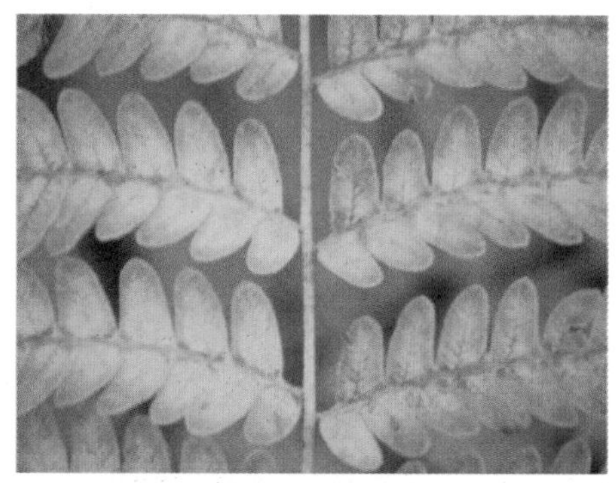
植物的双边对称

蝴蝶翅膀的双边对称

案。张开翅膀，它形成一种映像，形成了自然界最美丽的双边对称之一。

但是视觉对称只是数学冰山的一角。事实上，对称的类型不计其数，有些我们可以看到，有些我们看不到。有些和星系有关，有些与亚原子粒子有关，有些与魔术有关，有些与方程有关……但是，自然和艺术呈现出的美丽的视觉对称，使我们看到了必须知道的一切。

对称既和最终的图案有关，也和将我们引到最终图案的运动有关，很多人就是对这些运动的数学感兴趣。在这里，我们要记住，说一个物体或图片双边对称时，指的是：如果我们在它的中间画一条线，也就是我们所说的“对称轴”，线两侧的两部分完全相同；如果一半可以完全覆盖另一半，一边的每个点可以在另一边找到一模一样的点；当我们将两部分折叠起来的时候，每个小斑点和花饰都完全匹配。

蝴蝶张开双翅，揭示并阐明了对称性，这可以作为数学和几何变换的一个例子。

数学和几何变换可用于生成和显示对称的特征。例如，如果它产生的图像能在镜子里反射出原始的图像，那么它就称为反射。反射在物体以外的平面产生。不过，平面图像里面也可以产生对称性和变换，其中最简单的就是平移。

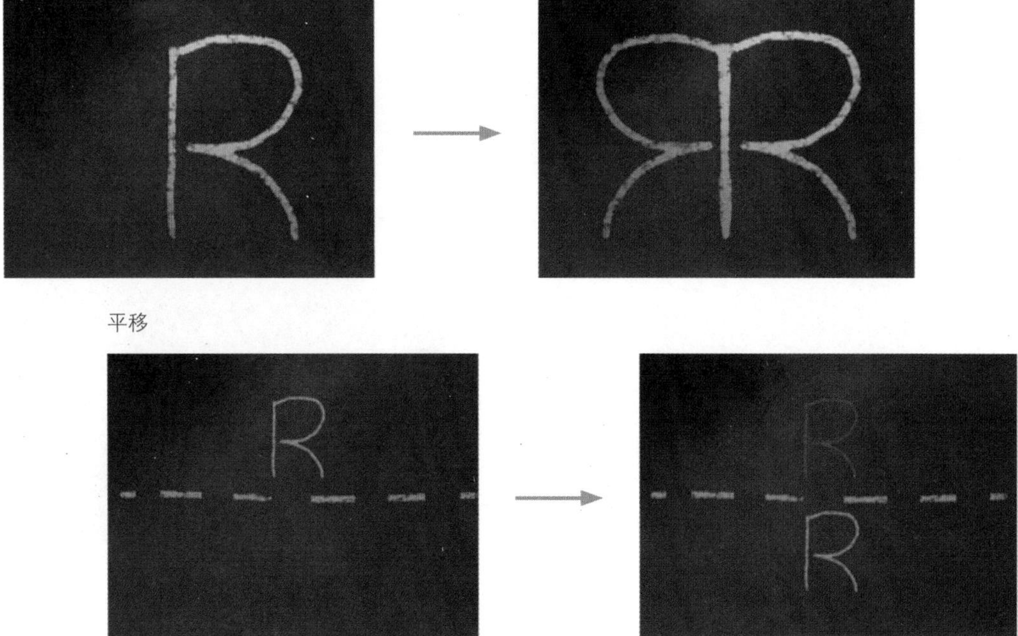

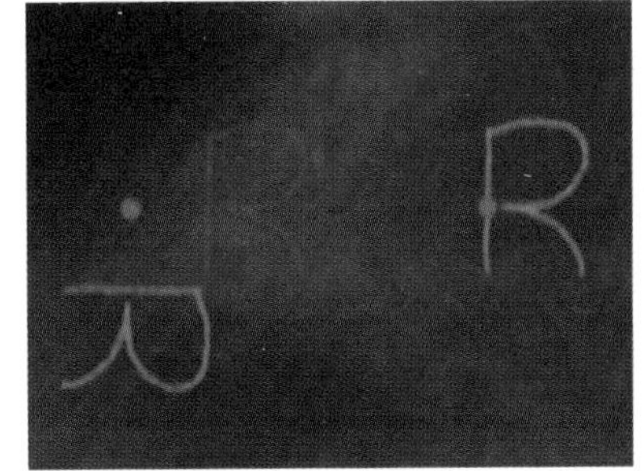

旋度

在我们的基本图案的上面或下面画一条参照线，然后将基本图形平行移动到参考线的对面，与原图形位置垂直的地方。请注意，平移将完全通过我们移动的距离和移动的方向描述。

另一个不同的例子是旋度。旋度的特征不仅通过旋转的点，还通过旋转度数显示出来。越接近旋转中心，图标勾勒出来的曲线就越近。

除了反射、平移、旋度这三种对称性，我们也可以产生其他类型的对称性。比如滑移反射，一种反射和平移结合的对称。一次轻抛和滑落等同于一次滑行。

通过这些对称性，我们可以形成各种花纹图案。我们选一个基本的图案，鉴于我们一直在用“R”，那就再用一会儿吧：先从反射开始，然后加一个旋度，然后可能是一个滑移。如果我们一个对称接着一个对称，就是用一个对称“组成”另一个对称，我们可以得到另一个对称。最终我们可能得到很漂亮的结果。

我们在一维上进行对称组合，这样就会得到弗里兹雕带纹。我们甚至可以扩大对称以覆盖整个墙壁，如果我们允许自己去追求无穷——数学家很乐意做这事——我们可以用高度对称的美丽图案覆盖一个二维平面。

现在，就像我们所说的，对称的运动既可以产生这种美丽的图案，也可以产生一些图案的性质。

弗里兹雕带纹

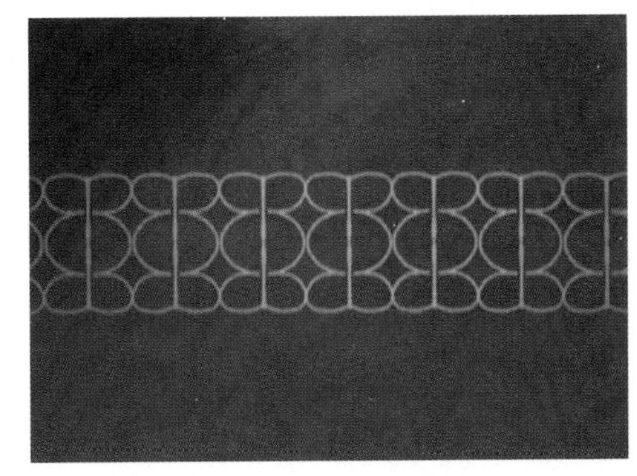

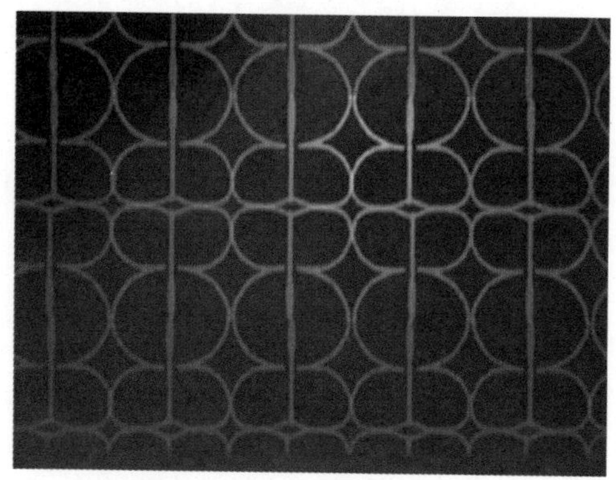
“R”组成的图形

当我们看着这个由“R”组成的迷人的无限设计，我们发现手中的对称性有一些特定的变换，当一些图形应用到设计中的时候，我们可以在很多的地方发现它们。因此，有一个对称变换的集合可以让整个无限设计保持不变，这就是我们所说的“不变量”。我们将这个群称为设计的对称群。这儿一个重要的字眼是“群”，“群”是一些表现得像古老的整数一样的对称组。

我们可以选两个数字，把它们加起来，然后得到另一个数。同样地，我们可以选两种对称性，一个一个进行转换，然后得到另一个对称。比如我们也可以选一个正数一个负数，当我们把这两个数加在一起的时候，我们得到0。同样，我们可以选一个对称，然后做逆对称，就像是我们什么都没做。这些简单的性质定义了我们所说的一个“群”。

数学家们一直在关注这些无限平面或直线设计的各种可能的对称群，这是最美丽的数学成果之一。

现在，数学家们把前者称为墙纸群，就是他们所创造的这些无限的墙纸片段，后者称为彩带群。虽然可能认为它们有无数种可能性，其实它们的结构很有限且很有效，只有7组彩带群和17组壁纸群。

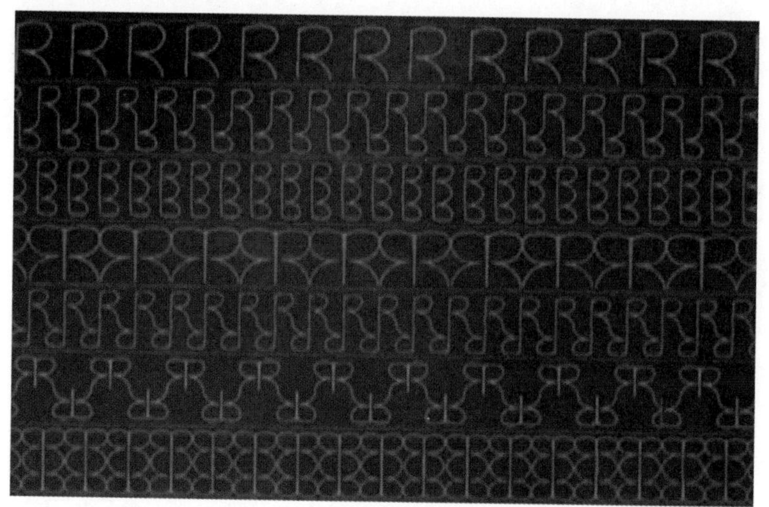
7组彩带群和17组壁纸群

对称与美学

就像我们所看到的，虽然群的数量有限，但它们却有无限种创造美的可能性。事实上，几个世纪以来它们激发了很多宏伟的几何艺术的灵感。譬如阿罕布拉，它建于13世纪的西班牙南部，集清真寺、宫殿和城堡于一身。它在许多方面作为一座纪念碑，被伊斯兰艺术家赋予几何以及代数的结合，并成为他们的一种精神表现。

"Thou shall not carve idols for yourselves in the shape of anything in the sky above or on the earth below or in the waters beneath the earth."（"你不能将自己的偶像刻成头顶的天空，或者脚下的土地，或者土地下的水中之物的形象。"）这条古代宗教戒律禁止人物艺术，阿拉伯人和希伯来人都对此很认真。因此，他们创造了一种纯粹抽象的几何艺术，比如阿罕布拉。我们今天研究的大部分数学至少都归功于早期的伊

阿罕布拉

阿罕布拉的浮雕

斯兰数学家和古希腊人。

事实上，欧洲文艺复兴时期的数学家的很多想法最早都是4个世纪前的伊斯兰数学家们提出来的。8世纪后期开始，伊斯兰数学家在巴格达的智慧之家将希腊文本译成阿拉伯文，比如《几何原本》。

伊斯兰数学家们对纯科学和应用数学都很有兴趣。他们将之运用到天文、地理、时间记录，甚至在法律上，他们用它来解决遗产分配问题。

9世纪阿尔·花剌子模的工作完成之后，代数成为一个统一的理论，这使得有理数、无理数和几何度量等都成为“代数对象”。也就是说，抽象的符号代替了具体概念。我们从阿尔卡瓦里兹米那里得到了“算法”这个词，它是计算机出现之前的一种数学过程。

奥马尔·海亚姆出生于1048年，主要以诗著称的他还是一位数学家，他很好地将代数和几何的力量结合在了一起。海亚姆写道：“任何觉得代数和几何是不同的人都白思考了。代数就是几何，这一点已经证明了。”阿罕布拉表面覆盖着几何图案，墙上镌刻着诗集。“你看到它时会说：这是一个堡垒，同时，也是一座快乐的大厦，里面住着和平与武士，这是一件创造智慧的艺术品。”

不管阿罕布拉的伊斯兰设计师是否知道数学的对称性，不管这个猜测是怎么回事，我们知道的是，伊斯兰数学家在空间对称性以及代数上的研究预示了群理论的形成——这是对称的核心概念。

这既能让我们解决难题，又能将表面看来并不相关的东西联系在一起。怎么做呢？这和“对称群”以及一个叫“不变量”的东西有关，“对称”“群

美丽的图案和诗集

理论”“数学的美”其实就是它的内容，剩下的就是代数内容。

二元运算

达特茅斯学院的数学教授罗莎·奥雷利亚纳一直在她的工作中使用代数。我们来看看她会接触到什么样的几何图形以及其代数含义。

罗莎说：我们首先应该从矩形开始，试着阐明其中的思想，因为我们比较容易看到它——正方形很好，因为它是高度对称的。

之后的想法是：假若在空间里有一个运动，把我们重新带回我们拥有的那个准确的构造——正方形上。举例来说，我们把正方形旋转90度，实际上看起来它好像就根本没动过。我们还可以旋转180度、360度。180度就是90度，再一个90度，90度、180度、360度……所有此类的旋转结果都一样。这就是我们说的把这些移动组合起来。

在这种情况下，我们需要一个离开正方形不变量的运动，因为一些特定的变换是与正方形无关，它看起来会保持原样。但是，如果我们把它旋转30度，其他人就会知道我们动过它。由于正方形非常对称，我们其实可以减少它的对称性。如果我们把上半部分涂成黄色，下半部分涂成蓝色，那么现在我们可以提出同样的问题：空间里什么运动可以让它保持不变？那么人们就无法分辨我们到底有没有移动过。例如，如果我们像反射一样，从上到下，我们就可以告诉大家，我们移动了。因为蓝色到了上面，黄色到下面去了。因此，要保持它不动，现在唯一可能的选择好像是我们要从左往右反射。

涂成两色的正方形

数字和对称之间的这个联系是真的存在的。在数学中，我们喜欢做的事比我们知道的要抽象很多。

一个数轴，它是一群数字的集合。我们梳理同一个集合里面的两个相同的物体，然后创造一个新物体。如果我们选一个整数，比如说选-4，加上2，我们得到-2，这个数也在集合里面，如果

把2加上4，就会得到6。所以总会在那条线里得到一些其他的东西。这是一个二元运算，二元的意思是“两个”。我们选两个对象，把它们结合起来，会得到一个新的对象，这个对象又会在集合里面，这种运算没有让我们脱离这个集合，这就是闭合。而二元运算对这个整数集合有意义。现在我们可能会问，这个运算还有什么其他性质?

比如说我们有1，2和3，现在我们要把它们加起来，算出结果。如果我们对它们比较陌生，会把1加上2，然后再把3加到1+2的结果上，或者先把2加上3，然后把1加到它们的结果上。所以当我们得到相同的答案时，我们可以通过一些属性，我们称之为关联性来进行多种方法的运算。

另外，还有一件令人吃惊的事，有一个元素，当我们把它和其他元素相加时，值不变。“0”就是一个恒等元素，如果我们把“0”加到其他任何的整数上，我们会得到任何一个整数。比如说，如果我们把“4”加上“0”，结果还是“4”，所以“4”仍然保留它的特性，即使我们用另一种方式做，不管是“4”加“0”，还是“0”加“4”，还是得到“4”，这就是“恒等的性质”。

现在有一个恒等元素，我们可能会问自己，如果给我们的集合一个元素，有没有一个元素让我们得到“0”？举例来说，如果给我们“3”，我们可能会说，加上“-3”，然后就会得到“0”。这样回答是对的，所以线上的每一个元素有相反数，事实证明，当我们把那两个数加起来，我们就会得到这个特性。恒等元素，这是相反数的存在方式。相反数，在前面说的情况下是一个加法逆元，确切地说，是整数的加法逆元。我们先从一个集合开始，然后加上闭合、关联性、恒等元素、相反数，这四个属性形成了一个集合，这是拥有四个属性的集合。

通过运用这四个属性，我们看到墙纸集合以及物理学集合等这些难以置信的财富，这真的很令人吃惊。

我们一直在谈论几何方式中的组合：四处移动设计。不过，事实上群论的诞生更为正式，它更接近人们所认为的代数。

当说到代数的时候，通常人们想到的是高中数学。但是第一个用“集合”的人是伽罗瓦，一位非常著名的数学家，当这位生活在路易·菲利浦时代的极其激进的共和党人解决掉数学上一个最有争议的难题——根号的可解性问题时，他才刚满20岁。

那个问题是这样的：“在什么情况下，可以为任何多项式找一个求解公式，只能使用普通的代数运算和根号运算，平方根、立方根等。”伽罗瓦的探索结果非常有说服力：适用于任何整数系数多项式。无论有没有可能，就系数而言，他为多项式找到了一个简单的公式。伽罗瓦主要的突破口是考虑多项式根的对称性。这位年轻的法国人的答案成为“伽罗瓦理论”，是现代群论以及我们了解数学对称性的基础。

1832年5月29日，据说，伽罗瓦彻夜拼命工作，撰写他的数学论文，总结这6年的工作。这是他在决斗中受到致命伤的前一天晚上。伽罗瓦已经有一种清晰的不祥预感，他写道：“我没有时间了。”虽然情况比较耐人寻味，决斗可能源于风流韵事，也可能是政治阴谋，但伽罗瓦的遗产是我们认识代数对称性的基础。因此，伽罗瓦发现了多项式解的对称性的一系列条件，这可以决定多项式是否可以用根号求解。

根是数字，它对集合的对称来说有什么意义呢？现在让我们回到前面的二元运算。二元运算告诉我们两件事——

$$\frac{-b \pm \sqrt{b^2 - 4ac}}{2a}$$

$$x^2 - 4x + 1 = 0$$

$$x_1 = \frac{4 + \sqrt{16 - 4}}{2} \quad x_2 = \frac{4 - \sqrt{16 - 4}}{2}$$

$$a = \quad + \sqrt{3} \quad b = 2 - \sqrt{3}$$

二元运算告诉我们的两件事

熟悉的一件事是，我们只要根据多项式系数就可以把解写下来。但它也适用于另一个方向：知道解，我们能发现一个多项式系数，方程式又变成零。

分子的对称

因此，伽罗瓦的想法正是适应了后一个观点，并加了一个很聪明的转折：他将这些根作为新的数字的基本成分。他会取出根，把它投到所有的有理数中，然后随即进行加总，看可以得到什么结果。几十年后，科学家通过确定与分子混合的对称性不变量，开始了解它们的性质。

$$a+b=4$$
$$(a)(b)=1$$

$$b+a=4$$
$$(b)(a)=1$$

不变性来自于排样的根

伽罗瓦发现，用根建立的多项式的求解能力取决于这些数字的不变性，不变性来自于排样的根。排样意味着混淆或“洗牌”，这样我们才能看到我们所拥有的是一个群体，我们可以真正洗一下牌，不过是洗扑克。

伽罗瓦聪明的转折之处

$$\left(2+\sqrt{3}\right)+\left(2-\sqrt{3}\right)=4$$
$$\left(2-\sqrt{3}\right)+\left(2+\sqrt{3}\right)=4$$
$$\left(2+\sqrt{3}\right)\left(2-\sqrt{3}\right)=1$$
$$\left(2-\sqrt{3}\right)\left(2+\sqrt{3}\right)=1$$

对称的应用

假设我们的手里有一副牌——任何洗牌或重组都不会影响不变性。用我们的新语言来说就是，这是一副“对称的牌”。注意，如果我们连续洗两次牌，我们会再洗一次牌——就是闭合。每次洗牌都有一个逆洗牌——只是取消上次操作。如果我们什么都不做，就会得到恒等的牌，也就是前面说的关联性。

一副扑克牌的洗牌是一个群体，借助洗牌了解多项式是一个很好的技巧，不过有一个更好的技巧，那就是用洗牌的代数来了解洗牌。这件事人们已经做了几十年，并在最近的数学发现中达到了登峰造极的境界：通过拨牌把一副牌混起来——这需要7副牌才能打乱一副有序的牌。

戴肯西·佩尔西和大卫·拜耳于1992年证明了这个事实。戴肯西和拜耳在一副纸牌上做了一个重要的标记——以上升的序列编号。我们来看一个例子。我们从10张有序的牌开始，马上拨牌，然后看一看，它现在由2个上升序列，2个次上升序列组成，然后继续洗牌。再洗一次牌之后，我们期望有4张上升序列，然后能有8张，等等。重新给一些既定的上升序列排序的方式——它们的代数为我们了解洗牌的数学模型的运作情况提供了关键途径。

这只是牌行的有趣交集，甚至是源自数学的千术的一个例子。但这里还有一个伎俩——你知道吗？我们可以利用对称性在晶体中揭示几乎看不见的原子世界。

吉里德科学公司的目标是尽快为病

洗牌

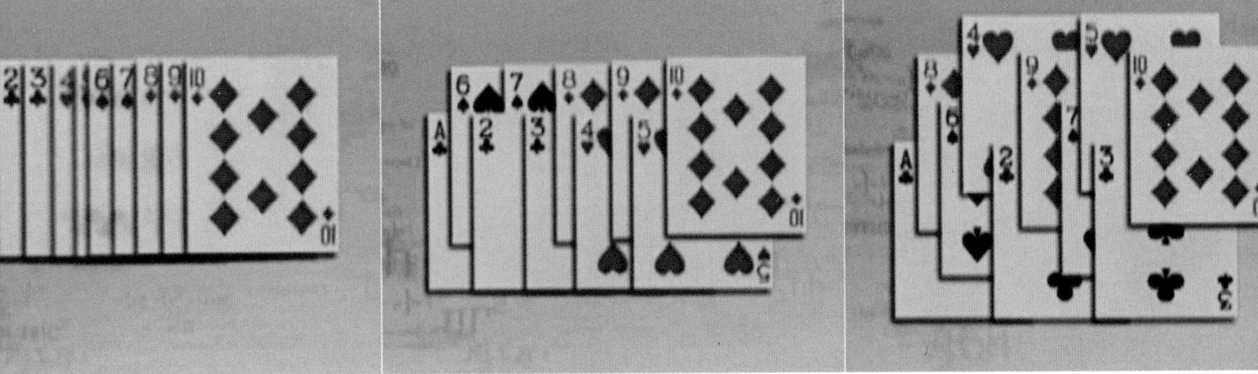

患研究出安全有效的药物，玛丽是公司里的结构化学高级指导师，她认为在晶体学领域，对称性是非常重要的。结晶学是研究原子和分子如何在一个固态中组合。

玛丽说："对称告诉你晶体中的每个分子如何与其他分子相关联。因此，我们要知道那方面的信息，以便得到有关蛋白质形状的最终图片。努力成功地完成我们的实验也是很重要的，我们需要知道这些关系。我们最后做的是把数学当成我们看清图像的镜片。"

当玛丽能够拿出一张化学家钦点的蛋白质晶体学图片时，公司其他部门就可以为蛋白质进行专门设计，那么最终的情况就会促进药物的发现过程。于是他们将发现强力化合物的时间由10年减少到三四年。

发现晶体的对称性只是物理学中使用对称性的一个例子。另一个更神秘的事实是，自然规律普遍表现出某种不变性，这个事实是埃米诺特证明的，她也许是20世纪最伟大的女数学家。一个主要的例子是：来自运动规律的空间不变性的动量守恒定律。从根本上讲就是：世界通过对称性运转。

大自然的对称性、阿罕布拉面砖的图案、数学公式或扑克牌的操作，无论我们谈论对称性的性质还是变换，我们都"感觉"到了它创造的情感反应，不管是艺术之美、数学之美，还是蝴蝶的美。

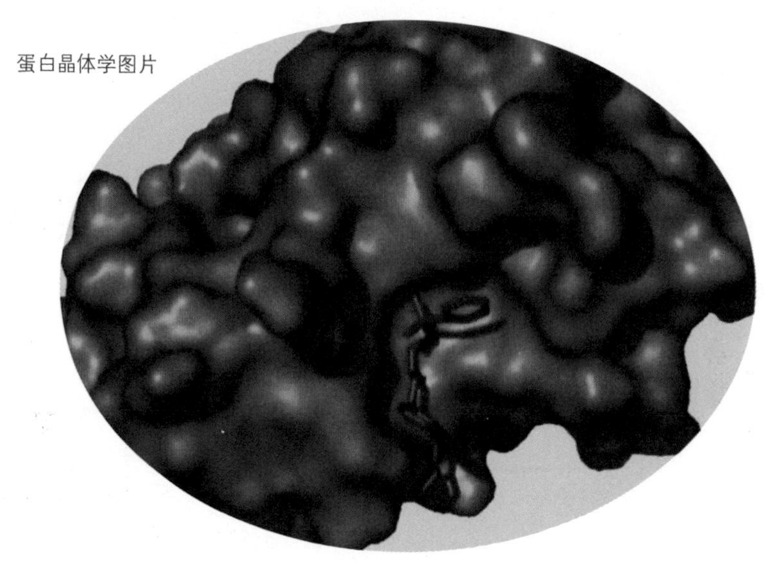

蛋白晶体学图片

大自然的对称之美

理解随意性

Making Sense of Randomness

用来制作骰子的羊跖骨

各种骰子

我们如何从掷一对骰子这样看似随机的概率结果，到用概率预测城市随意流动的繁忙交通量中得到规律呢？我们怎样才能有意义地谈论任何不可预测的情况或一个不确定的结果？

概率问题的产生

古人认为，“随机性”和“偶然性”都是上帝的杰作。在一些文化中，他们通过掷骰子解决继承的问题。在其他文化中，他们甚至还用偶然的方式选择他们的统治者。尽管一开始“偶然性”就已经成为生活的一部分，但是直到17世纪，“偶然性”的想法才得到数学界的重视，从那以后它就成为概率学。

概率的研究在赌桌上产生，尤其是骰子游戏，骰子可以追溯到几千年前。早期的骰子是用动物的骨头制成的，通常是羊的跖骨，所以我们就有“掷骰子”这种说法。

羊的跖骨与一种数学形状很接近，这就是“四面体”。因此，这些早期的骰子往往是四个面的，这与我们今天看到的六面立方体不同。当然，动物骨骼不像规则的四面体或立方体，它们是不规则物体，所以我们可能认为那些在科学和数学领域上造诣都比较高的埃及人会注意到，一般而言，动物骨骼的面比其他的多，人们可能需要确定它的数量，才能赢得更多赌局。

不过，几个世纪后，鉴于“公平骰子”游戏的考虑——在这个游戏中，骰子每个面出现的可能性相同——概率也在那时候出现了。吉罗拉莫·卡尔达诺是最早记录有关概率的数学思想的人之一。

卡尔达诺是16世纪的一位意大利医生，他是一个怪人，也是一个天才数学家，以在代数方程组求解方面的技能而著称。此外，卡尔达诺还是一个赌迷。敏锐的数学头脑和赌博嗜好的结合让他对概率产生了天然的兴趣，为此他还写了《机遇博弈》一书，里面包含了很多概率的基本概念。

大约一个世纪之后，布莱士·帕斯卡和皮埃尔·德·费马扩展了卡尔达诺的思想，他们得出了计算概率的方法。费马最知名的可能是著名的费马大定理，它是一个简单归纳勾股定理问题的方程。帕斯卡白天的工作是一名律师，不过他痴迷数学和物理，对哲学和数学也有浓厚的兴趣。他是一个收税官的儿子，为了帮他的父亲，他发明了第一台数字计算器。

那个时代的人普遍将费马和帕斯卡当成最有才华的数学天才。虽然他们从来没有见过对方，但是在1654年，他们开始以信件往来。今天大多数学者都同意，那是现代概率论的基础。

赌徒分钱问题

在帕斯卡和费马的信件往来之前，帕斯卡的一个朋友，赌徒瓦利埃·德梅瑞，叫帕斯卡帮他解决一个恼人的问题，德梅瑞问：“如果赌局还没结束就中断了，那两个赌徒怎么分钱呢？”

这成为一个著名的难题。在费马和帕斯卡开始解答这个问题之前，人们就已经提出了各种解决方案，但都难以令人满意。在他们的信件中，费马和帕斯卡着手解决问题的时候，考虑了未来所有可能的游戏玩法。通过假定所有的玩法出现的可能性相等，可以计算出当比赛被中断的时候，每个人可以得多少，就像杰里和奥尔多一样。

杰里和奥尔多在玩投骰子的游戏，结果玩到一半的时候奥尔多有急事需要离开。在游戏开始之前他们已经各自放了500元，他们规定第一个得到4分的人赢，每摇到“7”的人得一分，每摇到两个“1”或两个“6”减1分。在奥尔多离开之前，他们的比分是3:1，杰里是“3”。

现在杰里只要再得一分就赢了，奥尔多还要得3分。这个时候我们来看看，奥尔多拿走多少的赌金会比较合适。我们有没有感觉杰里在这笔交易上吃亏了？为了弄清这个疑惑，我们要及时回去，回到17世纪。

费马和帕斯卡之间频繁来往信件，试图了解当靠运气的游戏被中途打断的时候，如何公平划分赌本。因此，我们

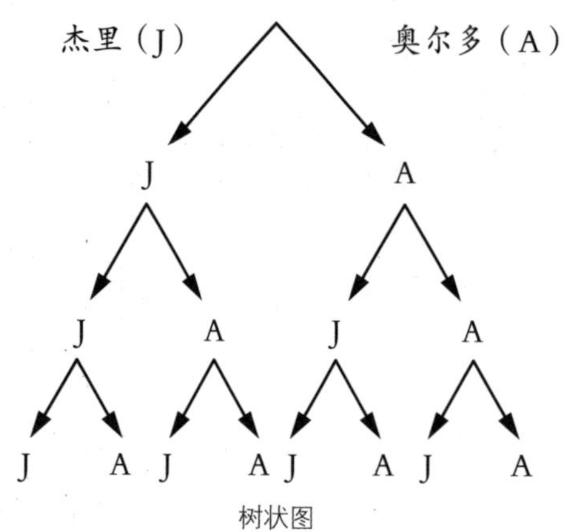

树状图

猜奥尔多和杰里的情况也一样。

现在我们知道杰里有3点，奥尔多有1点，他们投骰子，每个人赢的概率都是50%，现在我们向前再走一步，重复一下所有可能的结果。那么，我们要做的是，计算出游戏所有可能的结果。我们列出两人在3局内可能出现的所有8种情况，结果表明，能够让奥尔多赢的情况只有一种。所以公正地说，杰里胜出的机会是7/8，而奥尔多是1/8。因此，两人总的赌资里面，杰里应该拿走7/8，奥尔多拿走1/8才对。

这里有一个树状图，它是伟大的数学家帕斯卡和费马的成果。

当然，赌场感兴趣的是很多很多人玩这些游戏的时候，会发生什么事。他们想知道的其实是，从长远来看，他们要赢钱，我们要赔钱。而我们看杰里和奥尔多的游戏时，那只是一个游戏。这却是费马和帕斯卡的工作。

如果一直玩这个游戏，会发生什么事？第一个思考这个问题的人是雅各布·伯努利，他是第一个真正思考这个长期行为的人。

大数定律

这个赌博游戏和大数定律的东西有

点关联。如果我们反复做一件事，一个概率事件，并且一直独立地做很多次，我们发现这最终趋向于一个0到1之间的有限数，我们称之为观测事件的概率。

因此，大数定律基本上告诉我们，如果我们反复做一件事，一个概率的结果最终将趋向于一个明确的可能性。我们可以用一个很简单的扔硬币的例子说明。如果是正面，甲就得一美元。如果是反面，乙就得一美元。因此，如果甲、乙抛100万次，100万是一个相当大的数字，我们期望，100万次之后，甲可以赢一半，乙赢一半，那么甲、乙就会相等。

想一想，甲、乙首次玩游戏时肯定有一个胜者和一个败者，所以只有一个结果。因此，不能用甲、乙的概率公式，因为概率是1——正面或反面。但是直到甲、乙投很多次硬币，他们才会趋向于一半对一半。

因此，如果我们看这个游戏，我们看所有可能的结果和每一个可能的结果的概率——与其相关的回报，我们将这些结果和得到这些的次数相乘，然后得到的数就叫作平均数。令人称奇的是，伯努利证明，如果我们真的玩了很多次游戏，甚至玩了有限的无限次数，然后计算一下这些大数字的平均回报是多少——如果我们看树状图，我们将一个结果的概率乘以回报；如果我们看所有的结果，我们将计算平均收益预期。所以如果我们要玩一系列游戏，计算我们那些游戏的平均回报，只要看一下我们玩了1000次游戏之后赢了多少钱，再把这些钱除以1000就行了。

伯努利表明，随着游戏数量趋向无限多，游戏的平均数越趋同于我们从树状图中计算的理论平均数。它和理想的数非常接近，这就是大数定律。

概率在赌场世界的作用

概率论诞生于几百年前的赌桌上。事实上，它对今天的赌桌依然很重要。现在，我们随同国际游戏科技的安东尼·贝洛赫尔一起看看概率如何在今天现实的赌场世界发挥作用。

安东尼认为自己工作的乐趣在于可以应用真正的数学，还可以发挥创意。他在国际游戏科技公司负责产品开发和游戏设计，更重要的是：研究游戏背后的数学，让它们对于玩家来说有乐趣，让赌场赢利。

老虎机的历史很悠久，它始于20世纪初，这种用齿轮、杠杆和弹簧机制作

老虎机

的机械装置在旧金山出品。这些机器连续用了几十年，直到20世纪60年代电力和某些技术开始引进到游戏中。那种技术进步为更先进的电子设备——游戏处理器的推出掀起了一场很大的革命。该技术不同于通过游戏程序的机械手段控制，可以自动控制游戏。

该技术投入使用之后，游戏发生了巨大变化，因为设计师们现在可以改变赔率，而旧机械卷轴包含的符号创造出来的组合是固定的……

现在可以用游戏设计师所说的“虚拟地图”，并随机采用一个数字发生器创造赔率不同的符号，这些符号可以让设计师们处理百万个数字组合，并提供了更多形式的“收入”。他们通过几种不同的方式使用“伯努利理论”，这个理论非常有用，尤其对于一系列同时出现的事件。

设计师们决定所期望的一系列游戏的回报是什么。用死记硬背的方式找出所有可能的组合数是很困难的，他们可以用手头上的一些方程将之简化，然后决定在一个固定的时间和既定的要求下预期支出是多少。

老虎机是根据一些与概率可能性相关联的普通结果分布而产生的。虽然游戏中任何事情都有可能发生，但是设计师们可以预计长期的结果，支出比例将逐步趋向于其预期收益，或者其平均数。

幸运轮游戏，自从第一个版本问世以来，10多年来它一直是备受人们欢迎的游戏之一。安东尼他们使幸运轮成为一件艺术品，而不是一门纯粹的计算科学。在游戏中，他们给每一个符号确定一个概率，又可以根据每个符号的概率定义游戏的处理机控制。一旦安东尼转动幸运轮卷轴，幸运轮会通过已设定的概率序列选择数字，它们可以根据安东尼指定的概率确定会产生哪些符号。因此，如果是“7-7-7”，第一至第三卷轴都是“7”，就可以得到120个硬币。

在任何既定的游戏中，任何人都不知道哪些数字会产生什么样的符号，它完全是由概率决定的。但是，从长远来看，人们可以根据第一、第二卷轴的空白和第三卷轴上的“7”得知平均起来“空-空-7”出现的概率。因此玩家玩得越久，或者他们平均玩得越多，就可能输得越多。

安东尼说：“我们一直在寻找有创意的新概念和方法组织赌博活动，以便玩家有机会赢得一些真正的钱，玩得开心，享受一些乐趣。”

事实上，我们可以得到一个非常简化的赌场里发生的事情的非常有趣的物理模型。因为我们一直研究的只是不确定性的一个衡量标准、一个长期行为的标准，它是平均数或者是预期价值尺度。这是我们在大数定律中无法得到的。但是对赌场而言，不仅对一个数字感兴趣，还对各种可能性都感兴趣。他们想知道平均的行为不会有太多波动，因为他们不想在有限的时间内破产。

我们掷硬币，结果不是正面就是反面，概率都是50%。在这个简化的赌场里，当球碰到挂钩，如果它向右移动，我们可以将之视为是“头”，出现“头”的时候，赌场获胜；如果它向左移动，然后对方赢了——那就是“尾”。

所以，我们在最下面看见的其实就是向左或者向右移动的次数汇总。如果我们开始抛几次，会看到它掉的位置离中心不会很远。如果我们想看到击中最右列的东西，那么这和它每次击中挂钩时出现“头”是一样的。

简化赌场

现在我们可以玩这个游戏了，要知道，我们在赌场里玩很多次投币的游戏，所以挂钩的数量、挂钩的水平面的数量趋于无穷大。最终我们从中得到一个很具体的形状，它是一

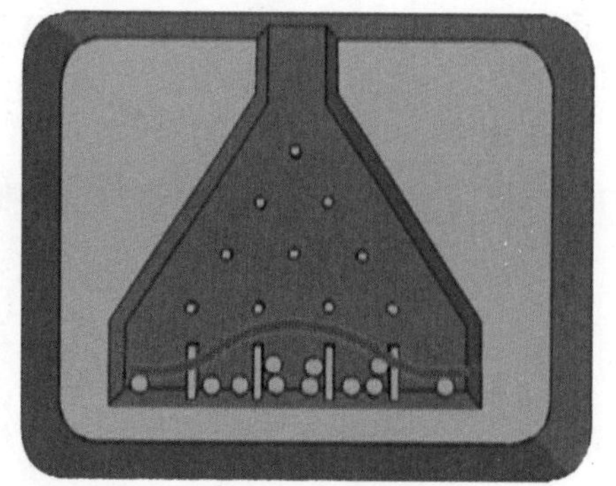
简化赌场的最终结果

个钟形曲线，也被称为高斯分布。

问题是：限制范围内的这么多决策全都给我们一个看起来像钟一样的可能的分布结果。我们一开始完全是概率的，现在我们有了一个概率分布。开始的时候，我们处于完全的混乱中，现在我们有一个轮廓分明的形状，它描绘了概率会趋向于哪里。

我们以一些概率事件开始，现在我们有一个美好的有限描述。许多这样的概率事件发生之后，我们会发现，它趋向于一个清晰的高斯概率分布。它们也有不同的钟形曲线，每一条线都描绘了所谓的重复相同和独立的事件。它不只适用于我们研究硬币的“正面”和“反面”一半对一半出现的概率和简化赌场里“头”和“尾”这样简单的例子，它还适用于很多其他类型的概率分布，它们最终会收敛于这条钟形曲线。

今天，概率学是一个变化、不断发展的领域，不只是游戏玩家的一个工具。从数学家到股票分析师再到各学科的科学家，他们都在利用概率帮我们弄清生活中的不确定性因素。

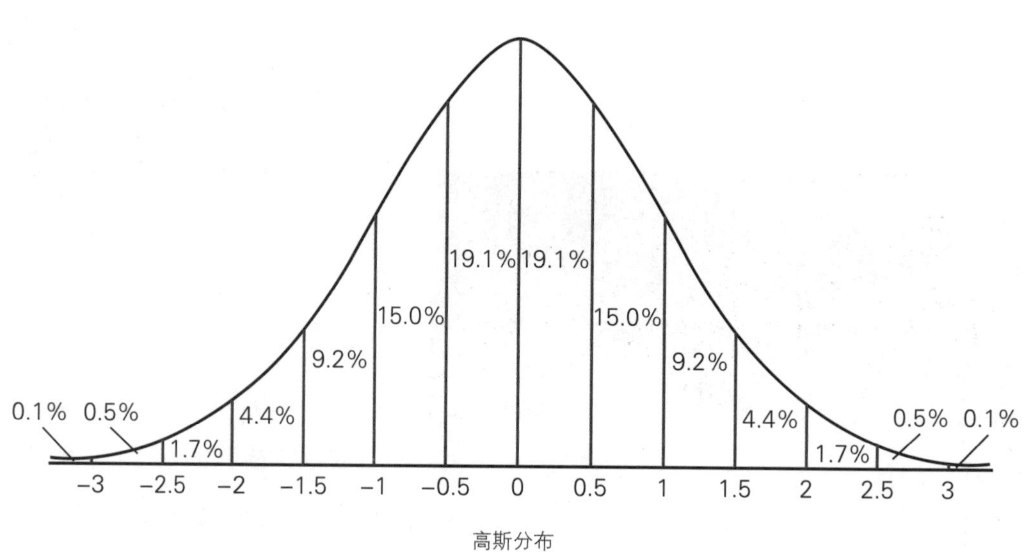

高斯分布

探讨欧几里得几何学

Geometries beyond Euclid

我们生活在一个由直线主宰的世界，这是事实。我们的街道、房屋、小卧室、壁橱以及壁橱上的架子，几乎所有的空间都化分成直线网格。数学家也跟着直线走，因而有些人会说他们被直线“监禁”了2000年。

究竟什么是直线？直线什么时候不“直”？难道是当我们生活在一个弯曲的世界的时候吗？这些问题是数学界最令人费解的革命的核心，这个革命创建了全新的几何和全新的世界。

几何的世界

这个世界充满了各种千差万别的形状和结构。我们用几何来描述这个物理空间——线、点、角和数字标示，组织和改造世界的形状——甚至将空间的形状想象成连贯的想法。

几何一词来自“geo”，意思是“地球”和“米”——一个衡量单位。任何看过金字塔的人都知道古人深知如何测量直线。早期的数学大多与几何和简单的计算有关，主要是为了贸易、农业和建设的发展，但是数学也与宗教仪式、行星的运动以及历法的形成有关。对希腊人来说，数学是所有关于有形的——即我们看得见、摸得着、真实、可测量的东西的学科。

其实，亚里士多德甚至认为物理学从属于数学。他认为完美的概念必须采用直

线和圆的完美几何图形。这一几何图形的模式取决于伟大的欧几里得。欧几里得用一部不朽的作品为我们学习如何用几何方法看待和衡量世界提供了平台。不过，它有一个缺陷——因为我们的宇宙不仅仅有圆和线。

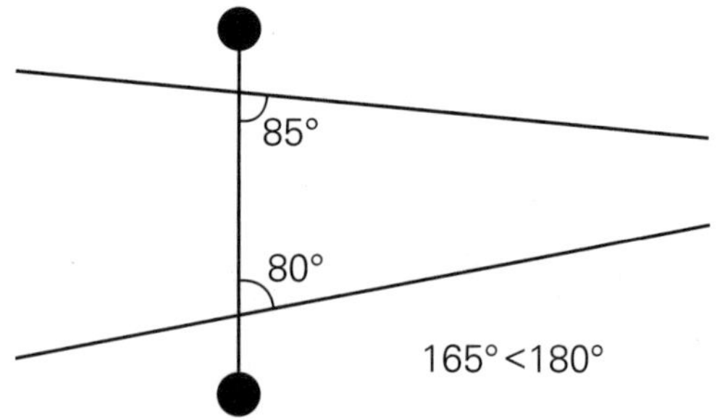

同一边的两个内角之和小于两个直角

在《欧几里得原理》这本书中，欧几里得收集了他那个时代的所有理论，整理成基本定理和实证的框架。其中，他进行了5项假设，并发明了一种方法，使我们可以证明几何最基本的真理。

这一切始于纸上的两点一线和一个二维平面。前三个假设非常简单。第一个假设：通过任意两个点，可以画一条直线；第二个假设：任何直线都可以向两端无限延伸；第三个假设：以每一条给定的线段的端点为圆心，以它的长度为半径可以画一个圆；第四个假设：所有直角都相等。第四个假设我们当然也需要，这样我们可以确定研究的空间的每个地方都是一样的。不过，第五个假设并非如此简单，因为它与平行线的性质有关：假设一条线段与两条直线相交，同一边的两个内角之和小于两个直角，若两条直线无限延伸，相交处的角的和小于两个直角。

欧几里得

现在这听起来比较合乎逻辑——事实上，它们太合乎逻辑了，以至于让数学家们觉得这不是假设，那是一个几何定论，它和其他4个假设并无联系。不过，事实上并不是这样的，它是其他合乎逻辑的假设的结论。换句话说，数学家们似乎相信，我们只需要知道前面4

个假设，其他的都是从它们身上推导出来的。因此，2000年来数学家们试图证明第五个假设来自其他4个假设，但是他们都失败了。它被称为“几何学的丑闻”。不过，这是为什么呢？这里面也隐含了平行线的概念。如果这些内角等于两个直角，会发生什么事？两条直线会永不相交。那么也许，其实不止有一种几何。

我们不是生活在一个平面世界中——我们生活在弯曲的世界。只是，这并不是很明显，至少从我们站的地方看不是太明显。如果一个人在一个表面上行走，那么他就知道，他在平面上——就局部而言，他的世界是平坦的。但如果他真的在一个曲面上，那他怎么知道他是在一个曲面上呢？仅从肉眼所看到的角度说，他并不知道。对希腊人来说，数学基本上是可以用合理的方式看到并测量的几何。因此，直线、直角、平行线，这些表面上看来都是合理且可以衡量的，而且在一个平坦的世界中他们需要这些东西。虽然他们知道世界是圆的，但这是无法用尺子衡量出来的，所以他们忽视了这一点。

局部平面而实际曲面的世界

弯曲的几何

从逻辑上讲，五个假设完全说得通，但是数学家们不时地挑战第五个假设，早在5世纪时这种挑战就开始了。直到19世纪，三位数学家才最终证明确实有看起来不可能但是遵循着一贯的逻辑规律的世界和几何。换句话说，第五个假设独立于其他四个假设。

这三位数学家中有一位是高斯，他那时是哥廷根大学的一位教授，是他那个时代一位伟大、著名的数学家，只因为他住在那里，拿破仑的军队甚至不伤害他的家乡。今天，人们将他、阿基米德和牛顿相提并论。

1822年，高斯被委任调查汉诺威并制作一张德国农村地图，将它与丹麦现有的地图连接起来。当然，他面对的一

曲面中的三角形

个挑战是用三维的数据描绘一张二维的地图，那些数据不仅受高度变化的影响，还受地球曲率的影响。因为他是测量师，他知道，从很远的距离来衡量，三角形的三个角的和不等于180度。不过他也知道，180度法则和第五假设是相同的。正是这一点让高斯在直觉上实现了飞跃，这些飞跃经常促使数学家取得对宇宙的新认识。

高斯知道，在一个弯曲的世界，三角形的内角和不等于180度。这使他开始怀疑空间是不是弯曲的？如果他摒弃第五假设，那会怎么样呢？

高斯意识到，存在着一种完全不同的几何，一种从平坦的欧几里得二维空间向弯曲空间转变的几何。他对此发现感到烦躁不安，所以他没有公布这个发现。由于他没有公布，高斯搅浑了自己的遗产……因为短短数年之后，匈牙利的诺什鲍里亚和俄罗斯的尼古拉夫斯基都提出了类似的几何观点——他们称之为“绝对几何学”，因为它不是建立在欧几里得的第五假设之上。不过，他们所描述的几何很复杂，因此，数学家黎曼用不同的角度思考这个问题，他提出了一个更基本的问题：能描绘一个曲率恒定的世界吗？他用高斯曲率这样做了。

我们不看表面上的三角形，我们看看圆。如果我们用一条长度为r的绳子描绘一个平面圆，圆的周长为$2\pi r$，如果这个表面的曲率为负，我们得到一个大于$2\pi r$的数，如果它的曲率为正，我们

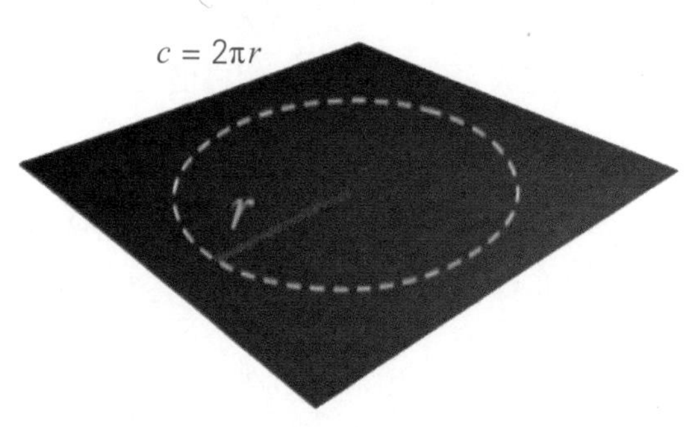

周长为$2\pi r$的平面圆

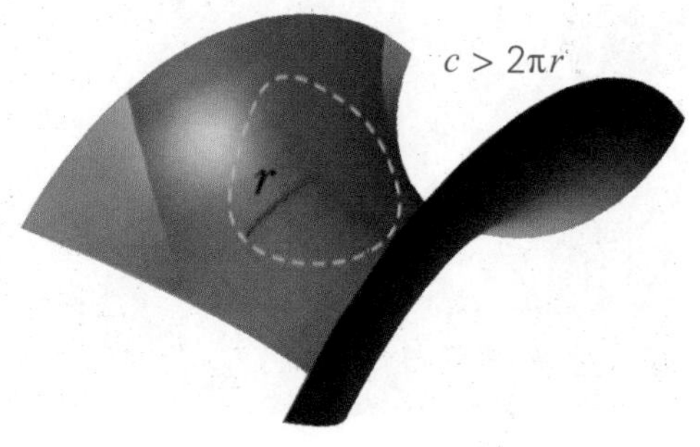

曲率为负时，圆的周长大于$2\pi r$

得到一个小于$2\pi r$的数。半径相同的曲面圆和欧几里得圆之间周长的差异可以用来定义曲率。有了这个曲率的概念，无论曲率为正、为负或为零，黎曼都能够用恒曲率给表面分类。

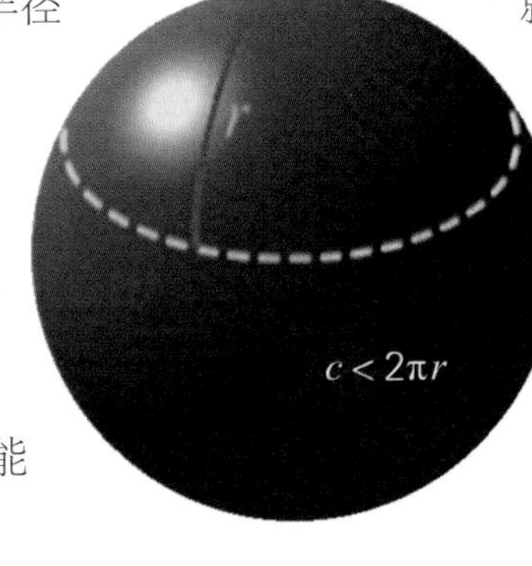

曲率为正时，圆的周长小于$2\pi r$

康奈尔大学兼职数学教授达伊纳·泰米娜在帮助人们想象非欧几里得几何方面是一位专家。现在我们来看看她是怎样向人们解释平面空间和弯曲空间的区别的。

想象有一张平面纸，它可以代表我们如何被包裹在几何中。另外，我们还有一个地球仪，可以代表球体——曲面，平面的纸要比较大，可以将球体包裹起来。如果我们的几何形状是相同的，那么我们应该可以用这张纸包这个球，就像包礼物一样。但是，我们会看到包裹球体后纸还有一些扁平的地方，所以平面是不可能真正铺在曲面上的。同时还会有一些褶皱，因为曲率不同，所以才会出现褶皱。由于我们平面纸的曲率为零，这个空间有一个恒定的正曲率。

一旦打开那层平面纸，我们看到的实际上是非常基本的东西，平坦的空间不能进入弯曲的空间。绘图者自古以来就面临着这些困难，如何在平面的地图上表示弯曲的空间。这意味着我们必须决定应该保留什么，因为有不同的制图方式。我们可以保留一些角度，也可以保持距离之间的比例，但是不能同时保留距离和角度。因为正如平面地图一样，那是欧几里得平面。

如果我们想旅行，特别是我们在空中旅行时，必须想到我们的地球更像一个球。假设我们在西雅图，想去伦敦。在欧几里得平面中，它看起来像一条直线，然后就像我们看到的，我们习惯于欧几里得平面，相同事物之间最短

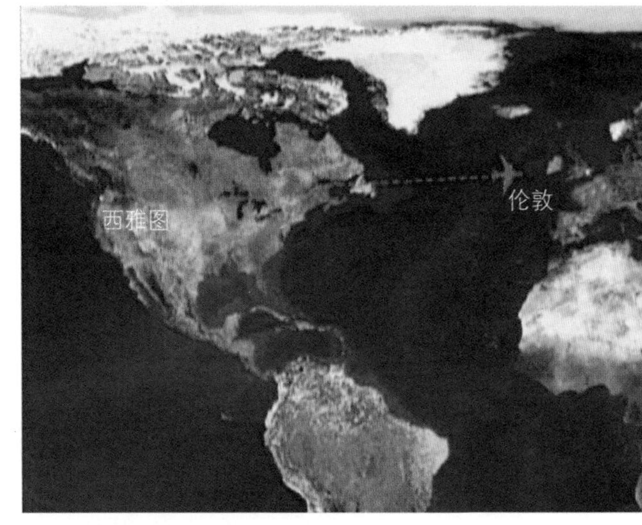

在欧几里得平面上，从西雅图飞往伦敦看起来像一条直线

的距离是两点之间线段的距离。接下来我们看看在球体上飞行路线又有什么变化——它必须是在圆上，那就是大圆的一段弧长。大圆的一段圆弧，这有点像任意位置上的赤道。现在我们看到两者的区别——有两个点，西雅图和伦敦，它们用球面上的两条线连接着。有一条短的线，还有一条长的线。

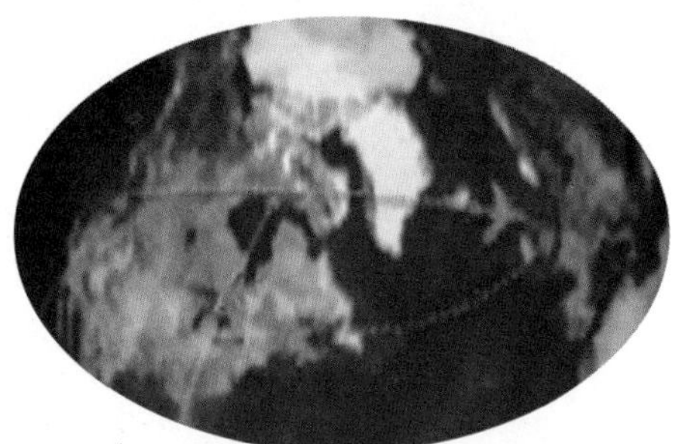

在球体上，从西雅图飞往伦敦就是一段弧线

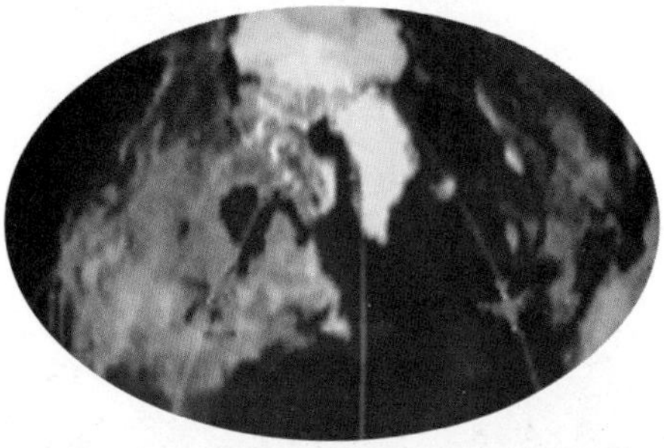

任意位置上的赤道

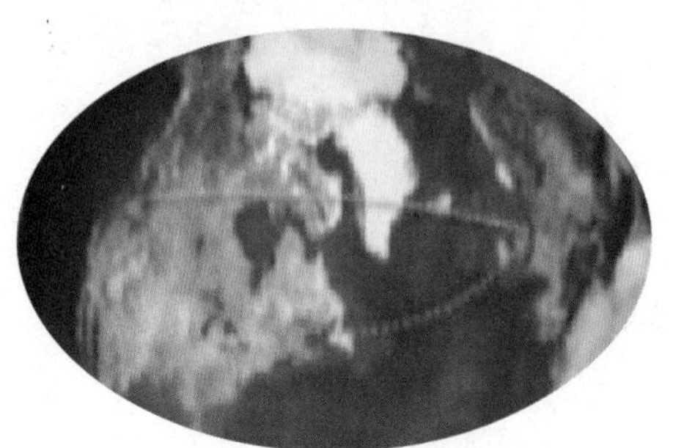

平面和曲面上的飞行路线

刚刚我们已经看到了两种曲率，有正的弯曲空间，比如球；有平面空间，就像桌面。但事实上，它们是负的弯曲空间。

非欧几里得几何的应用

马丁·斯坦纳在北卡罗来纳大学工作，是计算机科学系与精神病学系的助理研究教授，计算机科学和精神病学，它们有什么联系呢？

马丁·斯坦纳他们研究神经影像，了解不同年龄的人的平均大脑功能。马丁的影像资料中有人类的大脑的相关内容，它们都很健康，我们可以看到从30岁到70岁——这些都是成年人。马丁他们想要做的是展示不同年龄大脑功能的基本变化。他们研究的图像都是来自志愿者的真实大脑，这些图像显示了健康的人脑形状的惊人变化。

马丁他们的想法是计算在这个弯曲的大脑空间里的平均数，而不是在欧几里得空间里的平均数……他们有一个核心的概念，那就是计算非线性形状的空间的平均数，这将减少曲线上距离平方的总和，利用他们收集的所有大脑的数

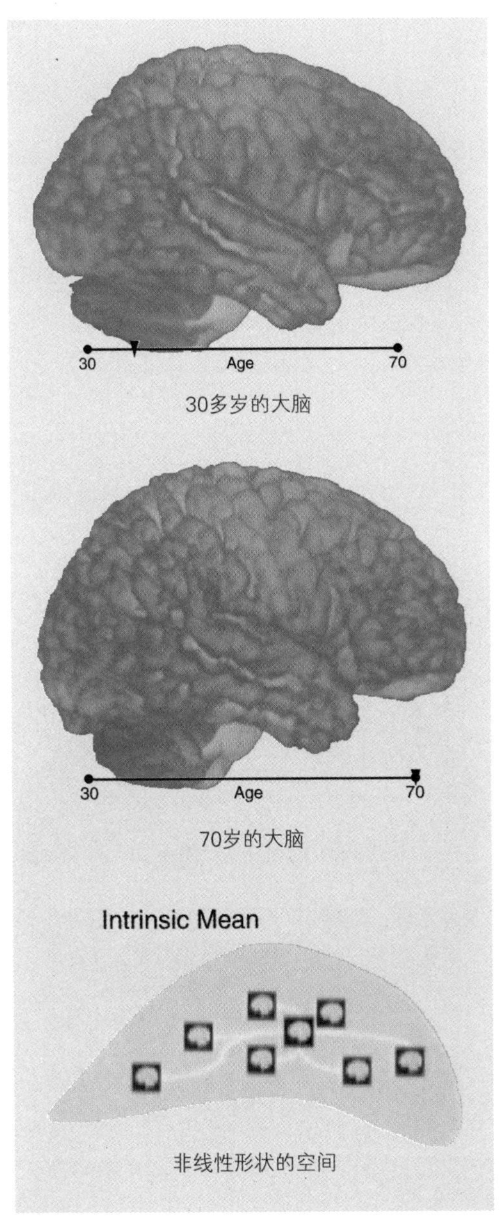

30多岁的大脑

70岁的大脑

非线性形状的空间

用核磁共振扫描仪或CT扫描仪扫描大脑成像后，这些图像会被送到马丁他们那里进行评估。这不是放射科医生简单地观察图像，它与信息的提取有关，这些信息可以用肉眼在图像上看到。例如，一些固定的结构可能会随时间而发生改变，这可以为他们提供信息，如这个人是否有老年痴呆症等。

虽说马丁他们是计算机科学家，但他们实际上是编程数学算式，然后在这些图像上读出来。他们提取某些值，某些测量方式，然后在视觉上或者数量上还原这些测量，以便统计学家或临床医生进行分析。

马丁他们现在做的很多事情在以前都是不可能的。他们基本上是先开始观察大脑图像，试图了解白质在哪里、灰质在哪里、滋养大脑和脑脊髓液的液体在哪里，这基本上是观察大脑的最早的据去界定平均。

他们的目的是为医疗图像的分析开发工具。具体来说，他们主要是观察大脑，当然也观察其他的，只不过大脑是他们的主要关注点。

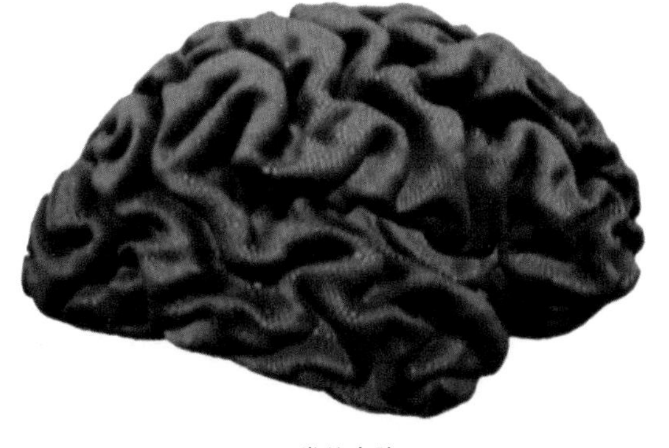
正常的大脑

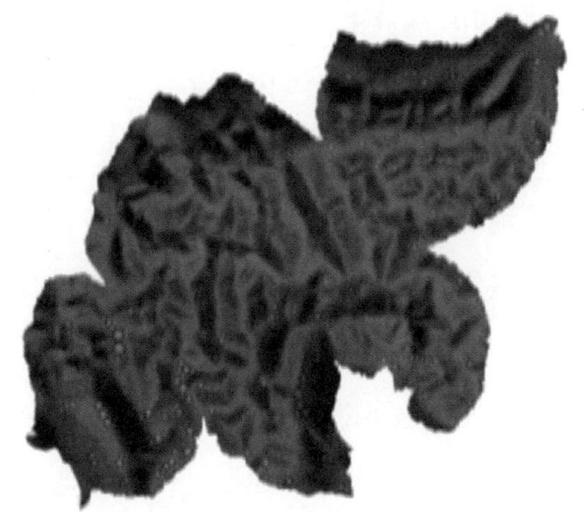

计算时局部变形的大脑

方法，当时甚至都不用任何病理观察。

他们需要弯曲空间的原因是：在大脑的局部地方出现形状的不同和变化，有扭曲和弯曲，在图像的一侧有一些小的组织在移动，而图像的其他地方却是固定的。弯曲的空间还可以让马丁他们测量一些局部变形——一部分大脑的扭弯变化，这是无法通过旋度或平移捕捉到的东西，最后都在这个弯曲的空间用标尺测量。

现在他们更加努力地观察大脑的细节。他们利用现在的算法可以取出大脑中有特定功能的特定组织，比如说海马体，它在患有精神分裂症、癫痫或阿尔茨海默氏症的情况下都是不同的。他们可以测量海马体的数量甚至形状，并相互比较。这些全新的事在10年前根本是无法做到的。

现在，我们看一个顶部是3D复制图而底部是从平均图像中取得的切片，通过这个组合图片我们可以看到更多的深层结构，它看起来就像MRI片，但却不是一个真实的MRI片。

当人们开始分析图像时，第一个人会先尝试最简单的工具，通常是以线性几何为基础的工具，局限于线性几何中。但是，我们的大脑虽因人而异，要

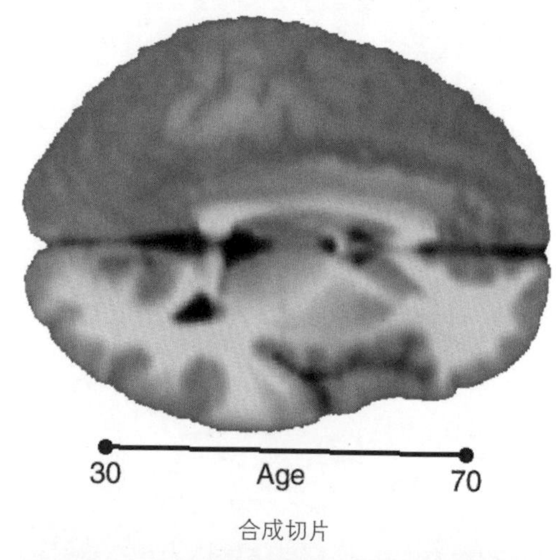

合成切片

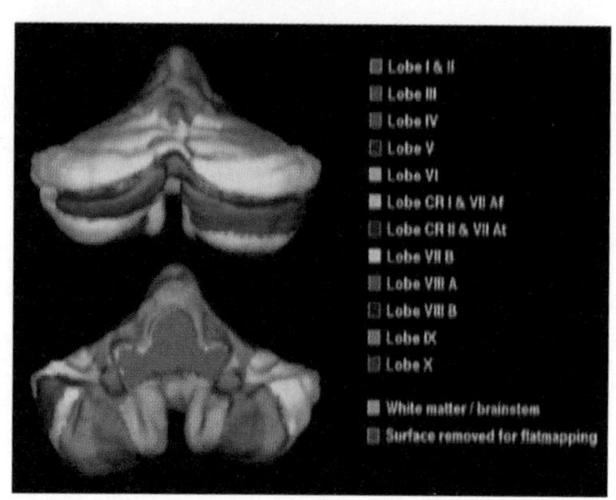

大脑某些部分的形状分析

了解它们通常需要走进一个非线性的空间。只要我们想了解这些东西，我们就需要非线性几何，因此，我们需要从我们最开始的数学层面到另一个更高水平的数学层面，这基本上就是马丁他们现在所使用的。

非欧几里得几何，或者非欧几里得分析为我们提供了更详细的资料，这无法用欧氏方法操作，因为马丁他们是在一个双曲空间中操作，如果只是尝试运用欧几里得几何，那是十分容易的。例如，如果马丁尝试描述大脑的某些部分的形状分析，比如说海马体，他们试图描述它是如何形成的，无论他们是用骨骼说明法描述内部，还是用表面说明法描述外部，都需要用非欧几里得几何描述。表面上，他们面对的是球面几何，所以他们把所有的东西放在球体上。对于中间描述或者骨内说明，他们要到一个完全黎曼空间，并在黎曼空间中完成所有的分析。所以非欧几里得几何为他们提供了新的认识，因为它让他们看到差异。他们现在的目标是研究医学，非欧几里得几何以后会运用于生活中。平面和直线、球面和线，两个几何类型相伴而生。但是，弯曲的世界和弯曲的宇宙不会脱离球面几何。

双曲空间

丢弃欧几里得第五大假设，高斯最担心的是，如果他最终证明三角形的内角和大于180度，那么三角形的内角和小于180度也是合乎逻辑的。华勒斯和罗巴切夫斯基也得出完全相同的结论，我们现在称他们俩以及高斯描述的几何为“双曲几何”。

一个美丽的虚拟双曲平面和双曲结构，我们如何证明，其实这些东西是美丽且有形的?

让我们回到熟悉的三角形中，用三角形证明所有的几何体之间的差异。

现在，我们怎么在一个双曲平面上

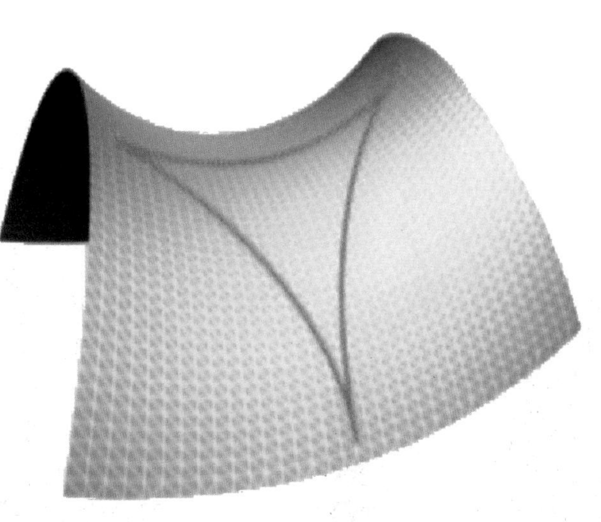

双曲平面

在双曲平面上折叠一个三角形

得到一个三角形呢？我们画一条可以折叠的直线，只需按我们想的折叠一次，就像欧几里得平面。我们把它折叠了，它是直的，然后我们可以折叠另一条。这样，我们得到一个三角形，我们看看双曲平面中的三角形的这些角，可以看到这些角的角度比较小，而且它们仿佛变得相同。更可能发生的是——如果我们有一块更大的双曲面，然后我们依旧这样折叠，再将它延伸开来，想象一下，因为它们延伸得很长。如果我们把三条边延长到无限大，我们接近理想的三角形，而内角和的上限是零。

现在我们要定义一下称为平行的东西是什么？现在我们必须考虑它了——指那些永不相交的直线，甚至在无穷大也不会相交，我们在双曲平面上也可以看到这些线。例如，我们可以在双曲平面中至少画出两条平行线平行于既定的线，还可以在双曲平面中找到三条直线，都经过一条线，但它们都没有相交。

这是几何体中另一个差别，这是一个与众不同的性质。

我们总结一下，把三角形放到三种不同的几何体上来看看。首先是平面几

在双曲平面上得到的三角形

双曲平面中，至少可以画出两条平行线平行于既定的线

三条直线经过一条直线，但是都没有相交

庞加莱磁盘

反映在直线上的循环图案

何，该平面上有我们的友好三角形，它的内角和是180度，现在，它要溜到曲率为正的球面空间，把自己膨胀起来，内角和大于180度，然后它钻到双曲面，把自己变细，细到小于180度。

要获得更大规模的双曲平面图片需要一些智慧。伟大的数学家亨利·庞加莱提出了一个想象这个神秘空间的方法，这就是庞加莱磁盘，它是一个数学模型，是一张双曲平面的“地图”，这个平面被压缩成一张磁盘。

现在记住，双曲平面在无限的边缘有“点”。将双曲平面绘成磁盘的时候，无穷远“点”成为周长。

磁盘边缘的点

下面是另一种观察方法。如果我们以欧氏平面开始，用图案装饰磁盘，我们拥有的是一个反映在直线上的循环图案。现在，我们用另一只蝴蝶在庞加莱磁盘上描绘一幅类似的图案。庞加莱模

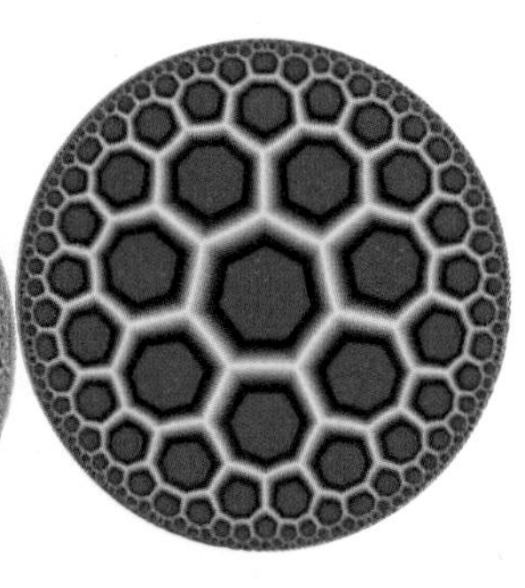

庞加莱模型的其他版本

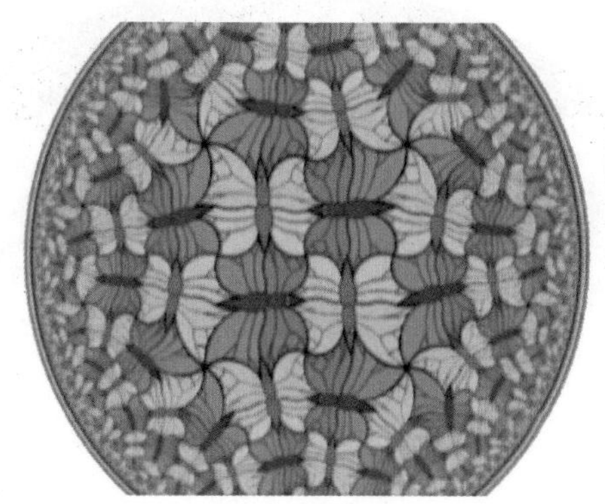
庞加莱模型蝴蝶版

型很有用，它就是数学家们称为“形”的东西，我们可以在平面上测量它的角度。它们在磁盘上是相同的，因为它们都限制在圆圈内，可视为一个整体。

庞加莱模型提供了一种精确、美观、怡人的方式来描绘减少——呈几何级增长——圆圈内的数字。

欧几里得之后，数学家们可能花了2000多年的时间来发现双曲空间。不过，大自然在数百万年前就发现它们了，它们存在于诸如蛞蝓、扁形虫和海蛞蝓等海洋动物的组织结构中。

高斯意识到，没有欧几里得，数学也可以被认知，它打开了无数的可能性。这完全就像看待弯曲空间中的臭虫一样看待自己。可以说，我们像臭虫一样，是空间的囚犯，我们生活在其中，无法获得自由，无法从外面的世界观察宇宙。

但是新的几何形状让数学家们有能力、有手段，发现诸如空间结构、我们的大脑形状，甚至宇宙的形状这样的东西。

大自然中的双曲空间

博弈论

Game Theory

人们都说，人生如戏。大多数游戏，无论团队一起玩，还是自己一个人玩，都有非常明确的规则，规定赢了会得到什么好处，输了会付出什么代价。这些规则让我们可以用数学思维以及逻辑思维来思考游戏。

但是，生活呢？数学能不能告诉我们，个人、团体、国家，甚至是动物或微生物之间每天发生的竞争和协作？从社会科学到生物学、机器人学等等，答案是肯定的。

囚徒困境

要了解博弈论，我们首先来看一个发生在警察局里的事件。

“布鲁先生，我们清楚，你有不可逃避的责任，你被当场捉到了，怀特先生也在抢劫的案发现场。”

“我们出去买一些杂货。”

“这个东西你们是在哪里买的呢？”

“那不能说明什么。”

“确实，你觉得你的朋友布鲁会怎么说呢？”

“他不会说什么。”

“他最好不要。我要向你摊牌……你交代了，我们就放你走。”

“不会入狱？”

“不会，不会的。”

“怀特怎么样了？”

“他要关90天。”

“如果他说了，我没说，那会怎么样？”

“那么，他就可以离开了，你关90天。”

“如果他告发我，我告发他，那会怎么样？”

“你们都关60天。”

“如果我们两个都没说，那会怎么样？”

“那么我们就从轻发落，你们都关30天。但你要问问自己：你有多信任你的伙伴？”

“好吧，他做的。”

说出对方并不是一个好的策略，最终布鲁先生和怀特先生都坐了牢。但是只要组合正确，就有一方可以出狱。同时，如果他们互相合作，不发表任何意见，那他们还是要一起坐牢，不过惩罚比较轻。

那他们的最佳策略是什么呢？到底有没有最佳策略呢？这两个罪犯实际上陷入了所谓的“囚徒困境”中，它是现代博弈论的一种典型案例，20世纪时作为数学的一部分出现。

问题的关键在于相互作用是策略，如合作或竞争。我们在任何特定的策略中表现如何，几乎总是取决于另一方的行动。交流的价值可以通过棋局中的输赢得失而定。

“奇偶”游戏

博弈论有一点非常令人惊讶，它不仅适用于“游戏”，还适用于现实世界的交流，就像布鲁先生和怀特先生面临的困境一样。为了证明这一点，我们一起看一下小孩子们玩的游戏。

这个游戏叫“奇偶”，是游戏“剪刀石头布”的一个简单的版本。一个孩子出奇数，另一个孩子出偶数。每一轮，孩子们选择出一根手指或者两根手指。当他们两个人的手指数加起来后，如果是奇数，那么出奇数根手指的孩子赢得所有的点。如果这个数是偶数，那出偶数根手指的孩子就赢了所有的点。

“奇偶”游戏

		偶数	
		1	2
奇数	1	(-2,2)	(3,-3)
	2	(3,-3)	(-4,4)

每一轮总有一个孩子赢，一个孩子输。

这似乎很简单，不需要太多策略。但是我们再往下看。了解奇偶游戏在输赢之间会是什么样的，最好的办法就是建一个网格，看看每一轮游戏是如何进行的。我们把单数（奇数）放在左边，双数（偶数）放在上方。因此，如果双数和单数在第一轮都选了“1”，那么双数得2分，我们可以说，理论上单数丢了2分。

我们先开始这样写，第一局，都选了1，双数获胜，奇数的得分是-2，双数的得分是2。第二次，也许单数又选了1，双数选了2。现在总和是3——一个奇数，所以奇数得分。奇数得到3分，双数损失是3分。第三次，单数选择2，双数选择1。单数又赢了，它的回报是3，双数失去3。第四次，他们都选了2。双数获胜。现在，如果我们试图确定一个最好的策略，其实要做一点点运算，计算每个解出现的概率。此时此刻，我们看到了数学的魔力。

事实证明，随着时间的推移，奇数实际上可以积累更多的分，从而赢得比赛。这是一个“混合战略”，因为奇数必须混淆它所做的。但是，如果一直出相同的数，单数获胜的概率不会增加。

$$-2p+3(1-p)=3p+(-4)(1-p)$$
$$-2p+3-3p=3p-4+4p$$
$$-5p+3=7p-4$$
$$7=12p$$
$$7/12=P$$

获胜概率

而从长远来看，正好相反，因为我们的对手会很快察觉我们的举动。这种收益矩阵帮助我们看到，我们不会一直做同样选择的本能也是一个很好的数学问题。

零和游戏和非零和博弈

“奇偶”是我们称之为“零和游戏”的一个例子，“我赢你输”，玩家只有在牺牲别人的利益的情况下获益。如果把手头的支出和收益加起来，它们的和为零。

但是，大多数游戏都不是零和：一位玩家赢了，并不代表另一家输了。我们看看他们的收益矩阵，看看他们是否有一个非零和博弈的最佳策略：C代表合作——选择保持沉默；D代表叛变——选择揭发另一个人。

很明显双方相互检举会使他们的入

狱时间最长，合作得到的惩罚最轻，至少在我们谈论两个人的时候是最轻的。但是，如果我们正在寻找对一个人的最佳策略，我们真正寻找的是如何使那个人的利益最大化，同时使他们两人的损失最小化的办法。

例如，我们选择布鲁先生。如果他和怀特合作，他得到的奖励是从轻判处：我什么都不知道。30天！但是，如果布鲁受到叛变的诱惑，而怀特合作了，那么布鲁会无罪释放，而怀特会得到最严重的判处——上当者的付出：怀特真的这么做了，怀特坐90天的牢！布鲁无罪释放。如果布鲁和怀特都背叛对方，那他们会得到最严厉的惩罚。怀特这么做了。布鲁也这么做了。于是他们俩都将入狱60天。

	C	D
C	(-30,-30)	(-90,0)
D	(0,-90)	(-60,-60)

收益矩阵

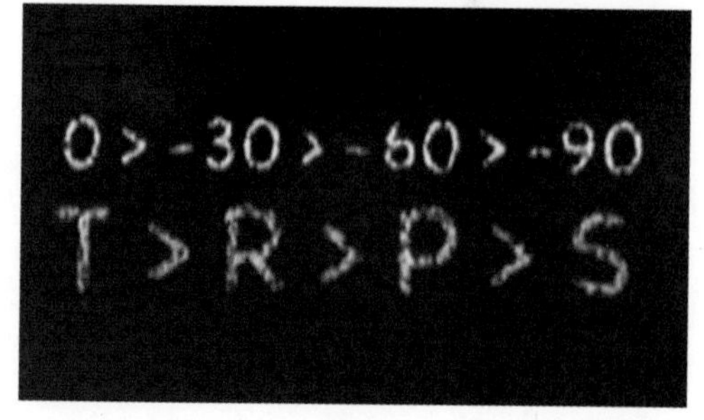

潜在回报排序

那么，囚犯要做什么呢？潜在的回报真正定义了游戏，它们的排名顺序是：“T”（背叛）的诱惑大于“R”（奖励），R又比“P”（惩罚）大，P又大于“S”（上当者）的付出。

收益矩阵清楚地表明了利害关系和困境，因为选择背叛似乎永远是最好的策略。在数学方面，P就是我们所说的极小极大解——选择最大损失的最小化。

美籍匈牙利数学家约翰·冯·诺依曼在1928年描述了极小极大解，他有效地建立了博弈论领域。冯·诺伊曼运用函数演算、拓扑学以及国际象棋证明了“零和游戏”中可以找到最佳策略，这将使潜在的收益最大化或使潜在损失最小化。

冯·诺依曼很快认识到他的思想可以应用到商业游戏。因此，在1944年，他和经济学家奥斯卡·摩根斯坦一起，写了《博弈论和经济行为》一书。这本书是经济领域的一大革命。当时，经济学家的焦点是个人如何对市场做出反应，如何相互影响。

冯·诺依曼和摩根斯坦认为，博弈论为衡量每个玩家的行为对他们的对手的影响提供了一个工具。有了极小极大解，人们最终可以为“零和游戏”寻找到一个最佳战略。但是问题依然存在，像囚徒困境这样的“非零和游戏”有没有一个最佳策略呢？

数学家约翰·纳什对“非零和游戏”的复杂性有着极大的兴趣。纳什在1950年至1953年发表的系列文章中对这些情况阐述了一些惊人的见解。纳什当时虽然只是普林斯顿的一名学生，但他认识到在任何有限的游戏中——不仅是零和游戏，玩家总有办法选择自己的战略，这样没有人会希望他们做了其他事。至于“囚徒困境”，最好的策略是背叛，也就是说，它是一个纯粹的“D”战略。

极小极大解已经表明为什么问题的关键是在成本和效益方面，而纳什却在洞察人们的行为：如果我把我的策略施加在你的战略之上，那么如果我改变我的策略会不会对我有帮助呢？

答案是会。明白这一点，寻找到问题的关键，这就在系统中成立了纳什的战略平衡，自然而然它被叫作“纳什均衡”。

但是，这并不一定意味着每个人的回报都是称心如意的。因此私利似乎是博弈论的规则。但是，正如我们所说的，人不是数字，他们会相互合作，相互信任，至少有时候会。

“石头剪刀布”是小孩子、大人甚至全世界的狱警玩的游戏。不过，虽然它只是一个游戏，但它也是一个有趣的数学命题，我们下一步要研究的博弈就是它。

“石头剪刀布”这个游戏的有趣之处在于它没有最佳策略解决方案。比方说，你出“石头”，我出“布”。“布”似乎比“石头”大，所以我会出“布”。现在你出“剪刀”，“剪刀”似乎是最好的，因为它比原来的赢家好，比“布”好，但是现在你出“剪刀”，我出“石头”，我又赢了。因此，这个特殊的性质称为“回报的不可传递性”，它推导出一个奇怪的解决方案，这个方案没有纯粹的最佳策略。

因此，在这个游戏中，我们最好就是完全随机发挥。每个战略玩的概率都是1/3。所以随机性是混合策略的一个例子。混合策略仅仅指玩任意一种纯策略的概率。在这种情况下，纯粹的战略可

以是“布”“剪刀”或“石头”。混合策略指定的是每个纯策略的相关概率，也就是1/3，1/3，1/3。如果我们任意往外偏离，那么对方也会以某种方法加以利用。比如说，如果我们看到对手特别喜欢出“石头”，那么我们会注意那个线索，会开始出“布”，然后我们得到的总分会比对手多。

我们的大脑中有很多关于事情的想法和直觉。我们不肯定哪个是对的，哪个是多余的，哪个是真实的。因此，数学可以帮助放大微弱的智慧信号。一个很好的例子是：我们对合作的直觉是什么？我们什么时候应该友好，什么时候应该合作？

密西根大学政治科学家阿克塞尔罗德在1978年利用数学和计算机建模，举办了一场计算机程序竞赛，在虚拟世界中解决“囚徒困境”问题。看起来，好像有一大堆人聚在一起互相竞争，尽量不入狱。在举办的第一场比赛中，参赛者贡献了14个计算机程序。

有一个绝对的赢家，赢的人所做的只是“以牙还牙”。因此，在最后一场比赛中赢的人只是照搬之前赢的人的行动：“假设我和你一起玩，如果你最后一次合作了，那么下一场比赛，我也会合作；如果你最后背叛我，那么在下一场比赛中，我和你一起玩的时候，也会背叛你。”所以合作这个问题其实非常复杂。

不过它还是问题的核心，然后我们会发现我们要采取的办法，这个游戏重复几次之后，要赢得这个游戏的办法就是“以牙还牙”，就是这么简单。“以牙还牙”很有趣，但它似乎有限制，因为最终它也可能成为其中一个反合作死亡螺旋，如果人们想的话：我背叛，你背叛，我背叛……这种解决方案只需复制别人在上一轮的表现，它会导致永久的背叛。事实证明，当决策时有一些噪音或不确定性的时候，“以牙还牙”并不是最佳策略。唯一的不确定性就是对手会怎么做。但是一旦他们出手，就知道他们做了什么。比如，我们和对手合作了，我们想：“他是会合作，还是背叛我了？我认为他会背叛我。”所以，我们背叛他，然后对手也会在下一轮背叛我们。

当事件充满不确定的时候，有一个更好的策略，那个战略和生活更近。那个策略叫“巴甫洛夫策略”，是以巴甫洛夫的名字命名的，他研究的是净化工作，特别是强化的概念。

当一个人做了一件好事，并得到回报，那么他还会继续做；如果他做了一些坏事并得到惩罚，那么他就不太可能再这样做。这就是所谓的“巴甫洛夫”的战略，其规则是“赢，保持；输，改变”。这个规则可以修正错误，它考虑到了这个不确定性。

用一段话表述就是：“如果你出卖我，我就输了，所以我会改变，因此，我转而跟你合作，然后你会在最后一轮看到我们的合作，于是你也会合作。然后你保持着，你赢了，你保持了那个战略。”

虽然纳什只是将它作为一个单纯的数学题来解，但实际上，它有一个进化的环境。1973年英国的进化生物学家约翰·梅纳德·史密斯重新发现了纳什均衡，并称这是一个循序渐进的稳定策略。他对“攻击的限制”特别感兴趣。事实证明，如果写下一个简单的游戏，就会发现，更被动、受限的战略会得到发展。他写的游戏叫作鹰鸽博弈。

假设我们有两个群体，一个积极，一个被动。老鹰始终会争夺猎物，鸽子无论在何种情况下都不会战斗。当鸽子遇见了老鹰，鸽子总会后退，把猎物让给老鹰。

当两只鹰争夺猎物时，战斗很残酷，赢者通吃，而失败者最终会受伤。赢家在这种互动关系中得到报酬，不过因为它在这个过程中遭受损失，所以它的收益价值也减少了。

我们可以用数学的方式把这些写下来：赢得猎物的好处是B，减去争取它付出的成本C。由于老鹰赢的概率是50%，净回报是B减去C再除以2。但是，

鸽子总会把猎物让给老鹰

两只鹰争夺猎物时，赢者通吃

鸽子平等地分享食物

当两只鸽子相见，它们平等地分享，没有伤害。换句话说，它们得到一半的好处，但从未支付冲突的代价。

当个人互动获得的利益超过了战斗的成本，有一个清晰的最好的策略是：成为鹰。但是，当战斗的成本高于可取得的利益时，变成鸽子才能取得成功。在这种情况下，稳定的人数将会是鹰派和鸽派的混合。

我们究竟有没有在世界上任何特定物种中看到这一点？这是一个有趣的问题，它关系到你如何描绘出我们所谈论的现实世界的经验观测值，这样高度抽象的数学。这种数学如此简单、如此抽象，它告诉我们为什么不是所有人都居心叵测，但它不能准确地告诉我们有多少不怀好意的人，有多少没有恶意的人。

这很惊人。现在我们的数学真正开

鹰鸽博弈

始阻碍我们的思维方式，那是我们在博弈论中见到的应用到实用经济学中的东西，如回报不确定性，仍然还有一个很宽广的博弈论的大世界需要人们去探索、去改变。

动物的“博弈论”

博弈论可以帮助我们理解为什么动物总是在不停地进化，它也可以帮助我们了解社会行为。

1960年以前，有些科学家认为，自然界“适者生存”的原则适用到行为中将有利于主导攻击行为，以强凌弱。梅纳德·史密斯则表明，进化最稳定的社会是指鹰派和鸽派都有立足之地，物竞天择实际上可以保持不同性格的人口数量平衡。

明尼苏达大学生态学、进化与行为学系教授克雷格·帕克的很多研究都是关于博弈论的，他用数学研究动物的各种行为。

狮子是所有哺乳动物当中最有斗志的群居性物种之一，它们一起捕猎和抚养幼狮。从20世纪70年代开始，克雷格教授就开始研究狮子。他和他的同事们在塞伦盖蒂国家公园的研究范围为2000平方千米，他们一直在记录24只不同种群的狮子，这也是世界上对食肉动物最广泛的研究。克雷格认为，演化博弈论是了解动物行为的一个非常有力的工具。

做一只气派的雄狮的唯一目的就是引诱一只母狮，然后把优良的基因传给下一代。在过去的几十年里，克雷格在研究这些狮子时，遇到的一个较大的问题就是去解答为什么狮子是唯一的群居猫科动物。现在我们用博弈论来解答。

在高级栖息地生活的动物更有可能进化为群居性：它们有水、有食物、有地方隐藏，所以当它们行动起来，抓住猎物的时候，这些单身群体正在成为守卫它们领土的群体，它们就会进行新的进化稳定策略。

20世纪70年代，当克雷格第一次开始研究狮子的时候，人们存在偏见，觉得向动物灌输复杂的行为指令是错误的。

梅纳德·史密斯的“博弈”随之而来，他说：“如果我是一只狮子，我生活的世界有很多其他的狮子，所以我获得的东西取决于其他狮子们正在做什么。”他把遗传学带入整个“故事”。

人们认为，狮子有群居性是因为它们为了合作捕猎而不得不共同努力。但是当科学家们研究这个课题时，他们发现，狮子互相配合。如果我们再想几分钟：它们为什么要合作？因为无论一个群体一开始看起来有多么团结，每一个个体都有自己的私利。

越来越多的数据显示，动物似乎无法解决“囚徒困境”，它们寻求即时满意。如果存在双方利益，它们总会合作；如果不是立即互惠互利，那么它们就不这样做。

就像“以牙还牙”和“巴甫洛夫策略”，进化稳定策略为我们提供了一个模式，这个模式从某种意义上来说加强了我们对世界的工作方式的理解。

博弈论迫使我们思考选择、战略和回报，不是迫使我们将容易预测的个人限制在网格中，而是将我们的选择与别人的行为关联起来。

在重复的“囚徒困境”游戏中，如果每个人都发挥了纯粹的合作战略，那就好了，因为这样人们可以得到最大的回报。但是，欺骗的诱惑、打破体制依旧存在着，也许就是这一点才让数学超出我们的本能。

我们的本能往往是错误的，慎重思考的数学可以引导我们超越这种本能。我们可以通过数学证明，一个我们认为愚蠢的普遍行为，其实有相当大的意义！

有时候，这些“奇怪”的战略可以通俗地编入文化准则中，就像金科玉律。它的核心，或许是博弈论的内容：这些规则和规范或制度的演进，使我们充分利用我们所生活的世界中的困难局面。

和谐的数学

Harmonious Math

光波过滤了我们的双眼，将周围的世界映入我们的眼帘；声波冲击了我们的双耳——有时为我们带来不和谐的噪音，有时为我们带来美妙的音乐；宇宙的波纹濯洗了宇宙：所有通过数学说明、照亮的和连接的东西——有时我们称之为调和分析，有时我们称之为频谱分析，但大多数人称之为傅里叶分析。

所有这些感官体验，也许是音乐，而不是其他任何东西，与数学的关系最为紧密。希腊人认为美妙的音乐是建立在数学之上的，音乐和数学之间有着神秘的联系，音乐是时间的数学。

希腊人的和谐的音乐

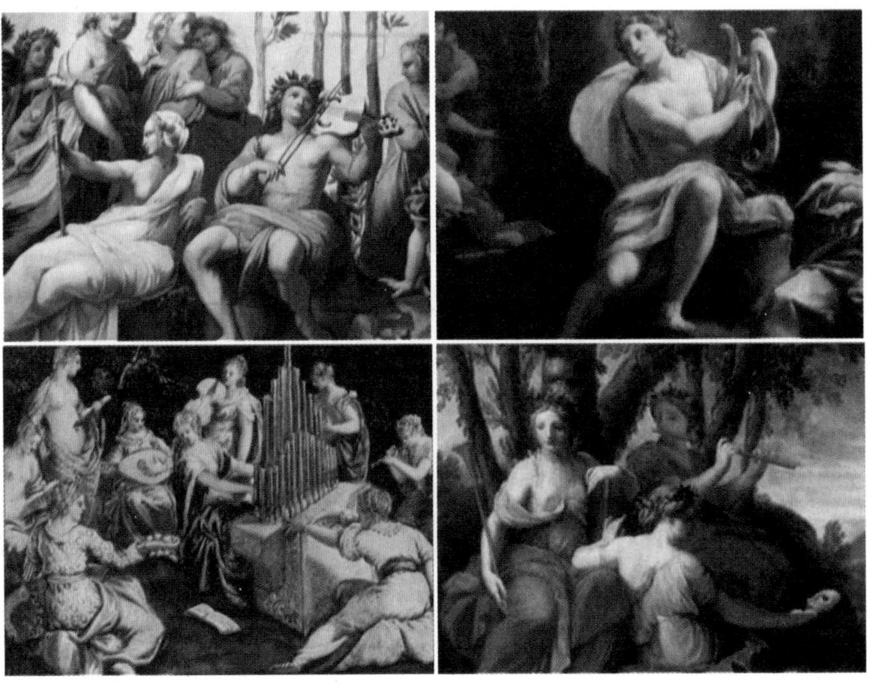

音乐——复杂的波形

纵观历史，音乐一直是人类文化的核心，它的起源最有可能是自然的模式——节奏和音韵——人类调整声音以创造旋律、和声和节奏。最早的乐器其实和拍手一样简单。不过，古希腊人为我们对谐波的认识打下了最早的基础——通过振动弦和空气柱产生音律，这与数学是相关的。

缪斯女神中的一位

事实上，“音乐”这个词本身源于“缪斯女神”——宙斯的女儿们——创造和智慧守护女神。就像做其他事情一样，希腊人将严谨的理性思维应用到音乐中。据说，毕达哥拉斯在思考谐波之间间隔的算术比例的时候发现了声学。这个比例是根据发声物体的长度而定的，例如：八音度，2∶1；五音度，3∶2；四音度，4∶3……对希腊人来说，这些算术比值意义重大，因为他们相信从1～4这一组简单的数字是和谐的来源。因此，他们的音乐理论和他们对宇宙的数学和哲学的描述有着错综复杂的联系：行星、太阳和恒星在和谐中振动，创造了一个“天体音乐”。

现在，我们了解到数学和音乐之间的联系——无论是不是神秘的，它们都

谐波之间间隔的算术比例根据发声物体的长度而定

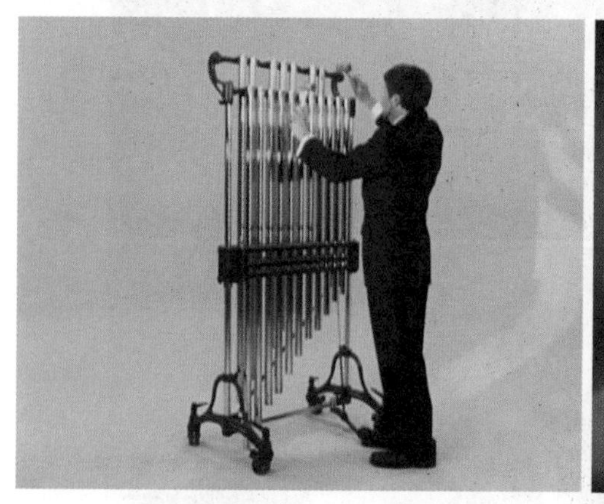

天体音乐

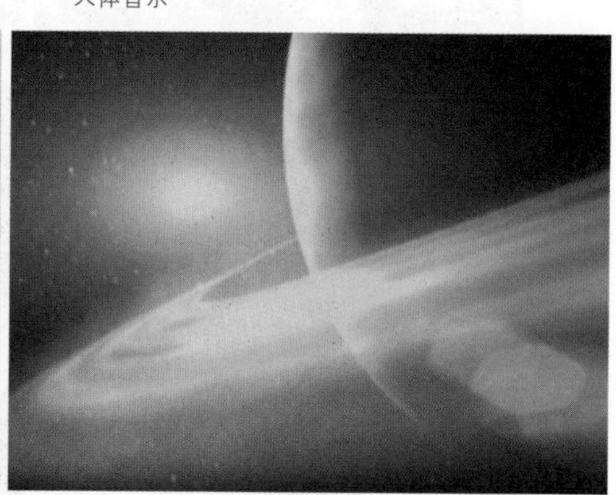

和波有关。

声音只是气流的扰动，正如我们现在所知的，振动以波的形式在空间扩展开来，任何东西都可以产生最初的扰动，“任何东西”都可以称为振荡器，如振动的琴弦。但是，就像池塘涟漪，空气中的分子受到干扰时开始振动，然后声波就传播开来。

声波的种类有很多，但都以简单的正弦曲线开始，例如标准音A。正弦曲线是数学家们所说的周期函数的一种最

池塘涟漪

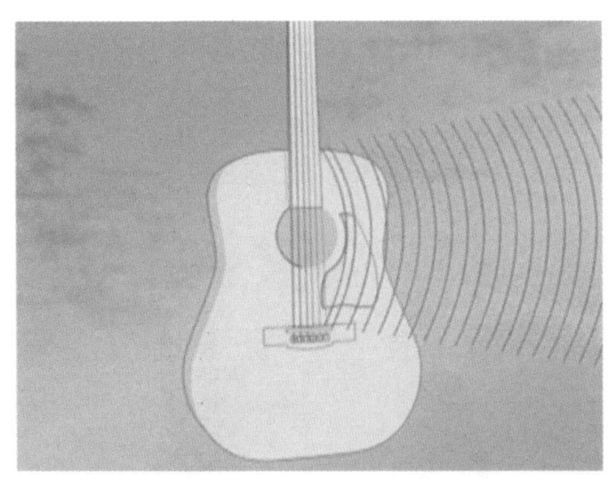

振动的琴弦

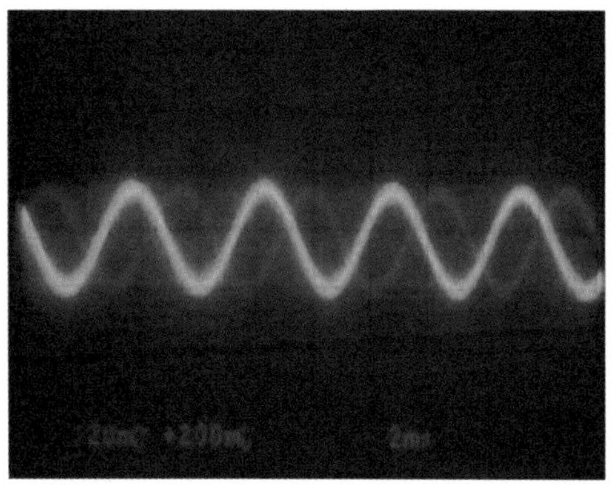

正弦曲线

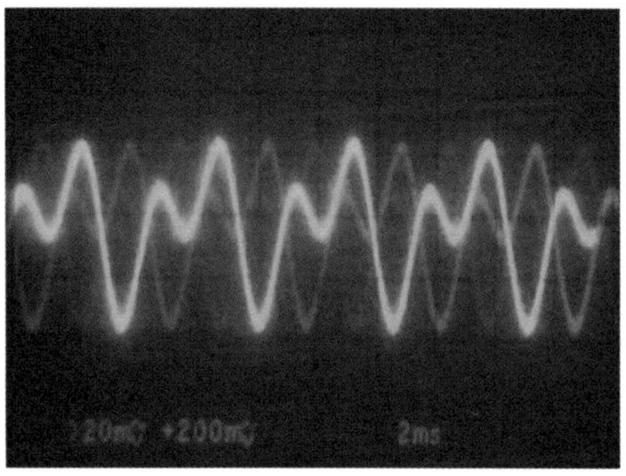

高音A总是挤去一半的低音A

简单的形式，周期函数一直不断地在重复，或在一定的时间内不断循环。我们用正弦代表声音最简单、最单纯的周期行为，这是最基本的波，在简谐运动中运动，有完美的波峰和波谷。

正弦主要由两个基本特征决定，一是振幅，即波的最高点到最低点的高度；第二个就是波长，即波谷到波谷之间的距离，或等价频率，这是波数单位长度。

振幅和频率与响度和音高有着直接

的心理声学关联。一般而言，干扰越大，振幅越大，响度越大，频率只是一个特定间隔的波数。高音符的频率比低音符高。因此，频率是衡量音调的标准，这些正弦几何解释了为什么我们同时弹奏高低音A时听起来是那么美妙，这两个音符的正弦之间可以完美匹配：高音A总是挤去一半的低音A。

当然，并非所有的波都是完美的正弦波，世界上有各种各样的波。不同的物体创建不同类型的波，因此产生不同类型的声音。地球上一些最美丽的音乐来源于琴弦——它们有很多有趣的特征。

当我们拨动不同的琴弦时，会产生不同形状的声波。在不同的位置拨动同一根弦的时候，会出现同样的声音；在不同的乐器上拨弦，每次都会弹奏出不同的声音，因此产生不同的声波。当各种不同振幅、不同频率、不同形状的声波结合在一起的时候，就形成了音乐。但是，现实世界的音乐是由复杂的声波组成的，而不是由我们刚才讨论的简单、单纯的正弦波组成的。

事实上，大多数的声音是由复杂的波形组成的——无论我们听的是乐器独奏，还是交响乐。

希腊人将音乐解构成了简单的算术比值，如八音度、四音度和五音度，但是我们如何理解其数学的复杂性呢？几个世纪以来，人们一直没有做到，直到19世纪初，古怪的法国数学家让·巴蒂斯特·约瑟夫·傅里叶发现波可以结合与分离。起初，没有人相信这个发现，但是，事实上这个发现永远改变了音乐和数学。

交响乐

傅里叶的发现

傅里叶的发现并非始于音乐，而是

让·巴蒂斯特·约瑟夫·傅里叶

他的“热”调查。傅里叶是拿破仑的朋友兼顾问，据说，他在1798年军事远征队征服埃及的时候作为首席科学顾问陪同波拿巴的时候，就痴迷于“热”。

傅里叶在他著名的回忆录《固体的热传播》中提到的热问题是：地球的加热和冷却问题——温度的自我循环。

这位法国数学家根据牛顿的冷却定律提出了自己对热流的理解，他说两个物体之间的热运动与它们的温差成比例。把它解释成一个物体中无限接近的两个位置的极小的温差，形成了著名的微分方程，即热力方程。

傅里叶在他的热力方程解中发现，这些正弦的周期解反映了过去的温度循环，即一些常规的太阳公转以及地球每天的自转等周期效果的积累。傅里叶发现，无论波有多么复杂，它总是许多简单的波的总和。这是一个惊人的发现，但那些年，很少有人相信他的理论。毕竟，如此复杂的波怎么可能是许多看似不相容的形状的总和？方波和“V”形波都有角，而正弦曲线则是光滑的。

但是，随着时间的推移，数学家们肯定了傅里叶的发现，并且参考了简单的波的独特组合，这个组合结合形成了一个与傅里叶级数一样复杂的波。

傅里叶根据牛顿的冷却定律提出了热力方程

克拉克学院的数学教授利兹·斯坦厄普主要研究的是傅里叶分析与几何的关联。一种对傅里叶分析的理解是，傅里叶当时介绍他的理论的时候，所有的函数都可以用记号和联合记号的总和表示，这是不可能的事，人们并没有真的相信。因为用波做算术似乎很奇怪。我们添加和减去的东西通常是函数，傅里叶提出这个想法似乎很惊人。我们甚至可能拿走3个波——这就不是很好了，人们也许会想因为它像3件东西——但是傅里叶其实是说，我们可以拿走一个无穷数。我们甚至需要一个无穷数来得到我们想构建的东西。

当时，人们觉得加总函数的无穷数这个想法非常复杂，而人们的饱和点就是我们所说的衔接问题。因此，如果添加无数个东西，那么在什么条件下可以有一个限制、一种范围呢？我们再说得清楚一点，傅里叶声称简单函数的傅里

叶分析是正弦和余弦的总和，所以我们该如何操作呢？

利兹教授的建议是：我们可以分解它。我们将弯弯曲曲的东西用傅里叶分析，把它分解为它的基本部分，这些基本部分是简单的正弦波或余弦波。因此，傅里叶分析几乎就像一个棱镜，它穿过牛顿的老棱镜，然后我们可以看到所有的组成部分，光的一些纯频率排序。

我们可以用复杂的函数，通过数学把弯弯曲曲的东西分解开来，也可以取一定时间长度的正弦波作为基本组成部分，然后取一段稍微紧一点的余弦——更紧一点的频率作为另一个重要组成部分。在这里我们会用到“添加波”和“取另一条波”这两个术语，这是什么意思呢？我们先从两条波开始，这样会让曲线小一点。我们先看其中的一条波，它的振幅为“1”，然后我们加上

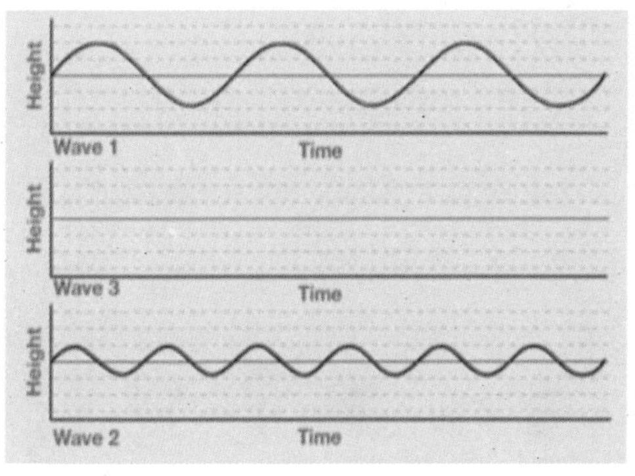

振幅不同的波

另一条波，它的振幅为“2”。现在，我们有两条波，那么，如何把它们加在一起呢？

波不是数字，因此叠加似乎有点奇怪，我们应该还注意到其中的一条波比另一条长——其中一条振幅为“2”，另一条为“1”，所以其中一条——底下那条会以比较小的振幅摆动。但是这里其实有若干参数，实际上，我们需要描述所有的波。当我们的波从一个固定端出发，并开始以一个有限的高度上下、有规律地运动的时候——高度称为振幅，在一个间隔得到的次数称为频率——我们得到不同频率、不同振幅的正弦波。

那么，我们怎么把这两条波加在一起呢？这两条波都固定在左边它们开始的地方，在这里波没有任何的高度，因此它们都存在零值，这些“0”加在一起是我们在第一个点得到的总和，当然还是“0”。然后，我们从波开始的地方慢慢运动，在坐标轴上任意选择一个点，两条波都在它的附近振动，在那一点上我们看到第一个函数的高度，然后再测一下第二个函数的高度，这样我们就得到了两个数字。如果点在横坐标的上面，就是一个正数，如果点在横坐标的下面，就是一个负数。我们把这两个数字加起来，

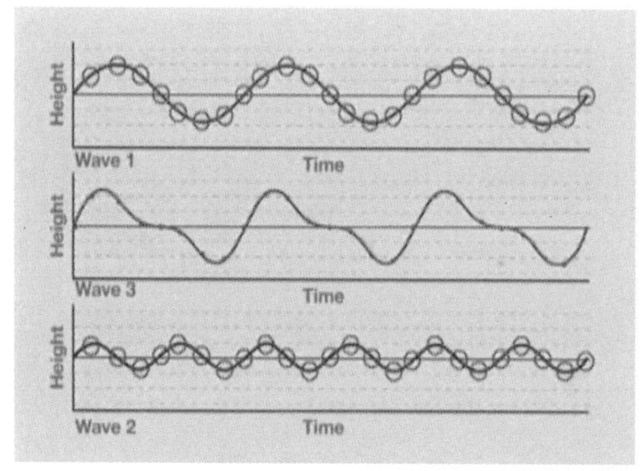

第一条波加上第二条波就是第三条波

两条波的总和就可以用这两个数的总和来计算，如一条波的数字是“2”，另一条是“0”，它们的总和就是2。之后，我们继续往前，在曲线上的每一个点重复一次，只需要用简单的加法就可以计算了，但是如果要倒回去的话则要复杂得多，那就需要用到微积分了。

不过，关于波的这些叠加一般都是由机器完成的。例如，当我们听到乐器发出的声音的时候，这个声音是由特定的频率、特别的数量组成的。有一个基本的算法与我们刚才做得非常接近，它叫合成器，通过快速的傅里叶变换真正构成了现代数字技术。它分解了所有的单数波形，将其分成各个组成部分，人们可以通过它操控频率。

创造音乐的技术

西里尔·兰斯是一个设计工程师，他给我们讲述了他所在的音乐工厂的故事。

鲍勃·穆格是电子音乐的一个先驱，人们根据鲍勃·穆格的惯例建立了模拟音乐合成器。他们在生产车间里生产所有的合成器和音乐设备，在这里安装所有的电路板，通过面板把所有的东西融合在一起，这样就能安装实际的电路。

他们做的合成器是电子仪器，它的样子可以是键盘，也可以是踏板等任何东西以及任何输入设备控制的模块。

人们通过合成器产生正弦波，我们已经知道正弦波是一种周期波形，是一种纯粹的波形。正弦波和傅里叶级数有

合成器

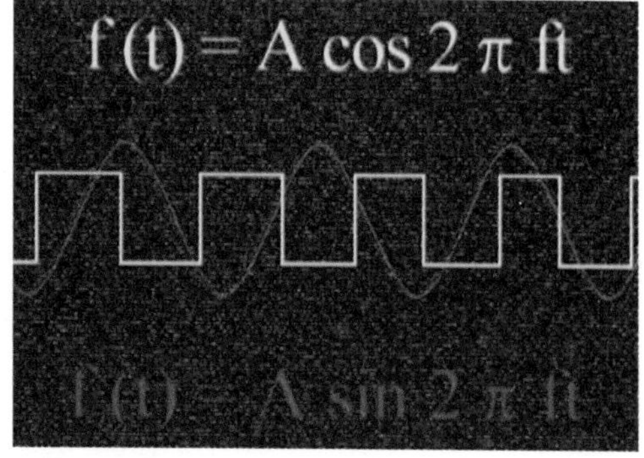

傅里叶级数

关，傅里叶级数是一种很大、很大的数学与声音的融和物。傅里叶提出的这个方程表示：任意一个函数或复杂多变的波形都可以用一系列余弦和正弦表示。这在当时是一个非常有效的数学关联，它对人们在电子产品方面所做的所有事情有着深远的影响，因为这基本上意味着人们可以打破自己发现的现象，以及在大自然创造正弦、余弦集的现象。

声学乐器通常只能根据乐器的物理性质发挥有限的声音能力。例如，吉他只能以某种方式振动，当我们拨弦的时候，那根弦只能在某些模式振荡并刺激吉他腔中一定的频率谐振。小提琴、贝斯或者长笛也都是一样，电子乐器的表达方式和它可以实现的声调通常更广。

西里尔有一个制造周期波形的振荡器，通过振荡器他可以控制振幅，也就是声音有多大——更大、更柔美，以及他弹低八音度时的频率。频率是波形每秒钟振动的次数。在他们的合成器中，他可以拿出一个振荡器，还可以改变波的形状，只要改变波形，就可以得到很多不同的声音。

方波的声音在电子音乐中很容易识别，它有一个模糊边缘，我们可以看到它有大量的谐波[①]，这意味着有很多正弦和余弦在高频率区进进出出。如果

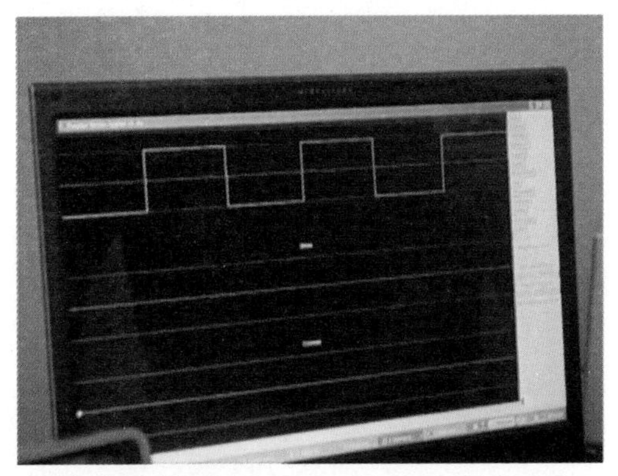
方波

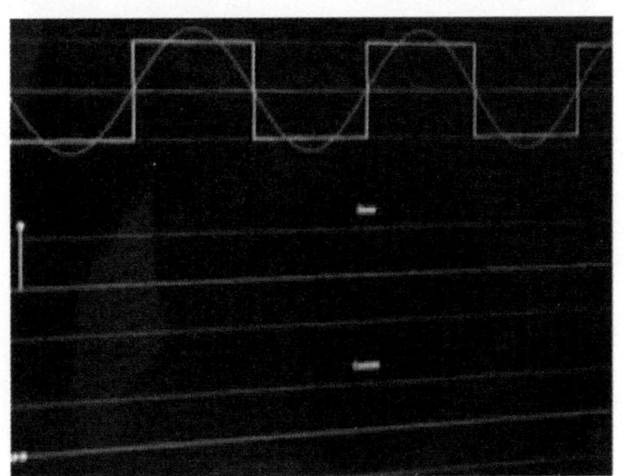
方波添加正弦波

① 谐波：根据傅里叶级数的原理，周期函数都可以展开为常数与一组具有共同周期的正弦函数和余弦函数之和。在其展开式中，最小正周期等于原函数的周期的部分称为基波或一次谐波，最小正周期的若干倍等于原函数的周期的部分称为高次谐波。高次谐波的频率必然等于一次谐波频率的若干倍，而且它们都是正弦波。

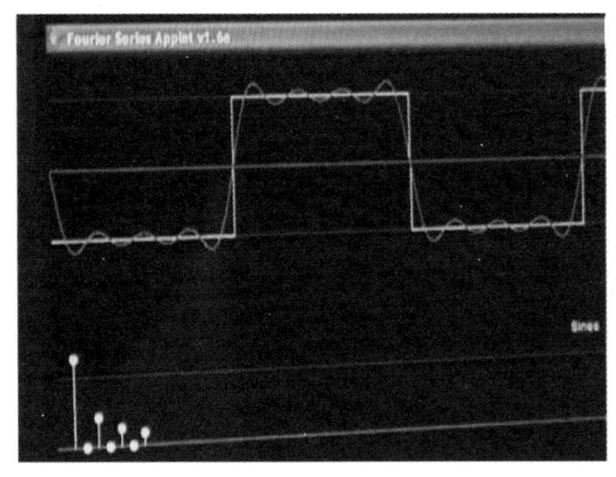

曲线越来越接近方波

把它分解开来，并只添加第一个正弦波——主要的正弦波和方波有一个相同的周期，但它听起来不像方波的声音。

当西里尔添加了两倍的频率，曲线变得看起来像牙齿的臼齿，我们会发现它很接近方波。当一点一点地继续增添高频率正弦波，从声音上会听到它越来越像方波，正如我们看到的外波形——所有这些正弦的总和越来越像一个方波。如果一直这样做，西里尔他们就会听到谐波出现了，如果不停地提高，就越来越接近方波。所以这可以很好地说明，当我们以适当的方式把正弦波和余弦波加起来，得到的结果近似一个波形。

西里尔说："我们现在处在电子音乐史一个非常激动人心的时刻，因为有很多可能性。穆格致力于扩大音符，让音乐人有能力创造人们从未听过的声音。因此，通过这些基本的数学原理，我们的任务是扩大音符，让音乐家和人类创造声音。"

西里尔将傅里叶分析用于实践中，他操控着正弦和余弦。给他一个波形，他就能够创造一个适合波形的声音。在同一时间制作声音、频率和波形其实是一件很美妙的事情，我们很多人肯定也想精确地控制自己听到的声音。

如果我们用数学的方式看待，就可以发现前面西里尔添加的那些频率是对方的整数倍数，因此，我们采用数学的方式可以从弦中得到一串非常好的频率序列。

即使小提琴的声音来自一个更为复杂的形状，但只要一根简单的弦，仍然可以得到一个很好的频率序列。我们现在解释的是一些二维的东西，甚至是三

小提琴的内部谐波

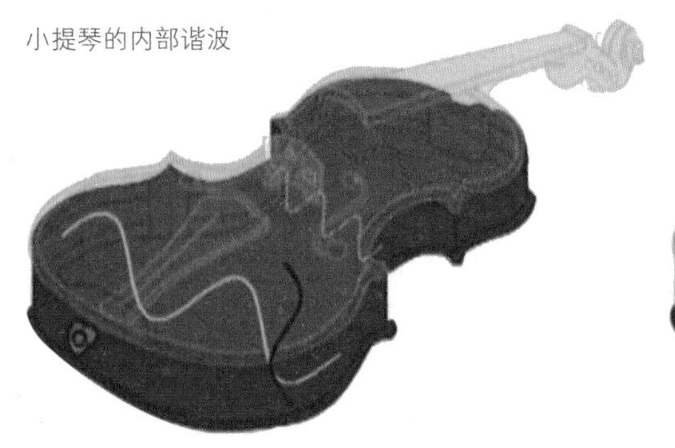

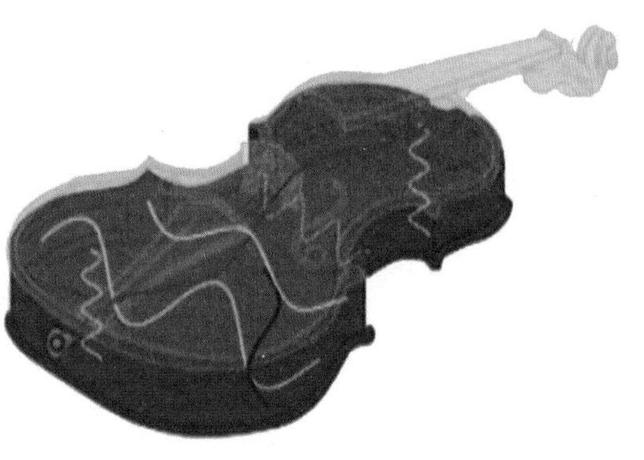

维的——想象一下小提琴共鸣的内部，空间谐波是什么。对我们来说这仅仅意味着——波以自然的方式在空间传播，它们和频率相关，小提琴的内部谐波只是非常适合小提琴内部的波的频率。

音乐家精通音乐，可以清楚地分辨小提琴和低音乐器的声音，他会说："好吧！那是小提琴，那是低音乐器。"不论两种乐器演奏的是不是一个曲子。但是，有一个非常普遍的问题：鉴别声音来源的频谱①是否就是我们一直在思考的那个频谱？我们可以做一件有趣的事：拿一张纸，任意剪一个我们想剪的形状。如果我们觉得简单，我们可以剪正方形或磁盘之类的东西，每样东西都将有自己的谐波。

不同的乐器振动的方式也不同

假设我们现在有两个鼓，一个圆的、一个方的，现在戴上眼罩去拍这两个鼓，我们要分辨，"哦，这个来自那个圆的，那个来自正方形"。我们可以做的是重拍每个形状，把频率写下来。因此，它可以是我们听到的一个无限的频率列表，按照听到的那个声音和这些频率、数字，或许可以知道是哪一种形状。

天体音乐

让我们回到傅里叶的身边，这个痴迷于"热"的人。他当时的想法是，"热"如何在像圆和正方形这样的形状中流动？如果知道了两种形状之间的热流，就可以知道周长了吗？事实上，它可以告诉我们周长和面积。

过去，人们一直研究这种表面，现在我们可以谈论像沙滩球这样的闭曲面。假设我们有一个球体，它沿腰部缩进去，振荡的时候又伸展开来，因此它似乎一直上下跳动。于是球就振动了。

① 频谱可以表示一个讯号是由哪些频率的弦波所组成的，也可以从中看出各频率弦波的大小及相位等。音源可以由许多不同频率的声音组成，不同的频率刺激耳朵中对应的接收器，若主要刺激只有一个频率，我们就可以听到其音高（基频），音源的音色会由声音讯号的频谱中其他频率的部分来决定。

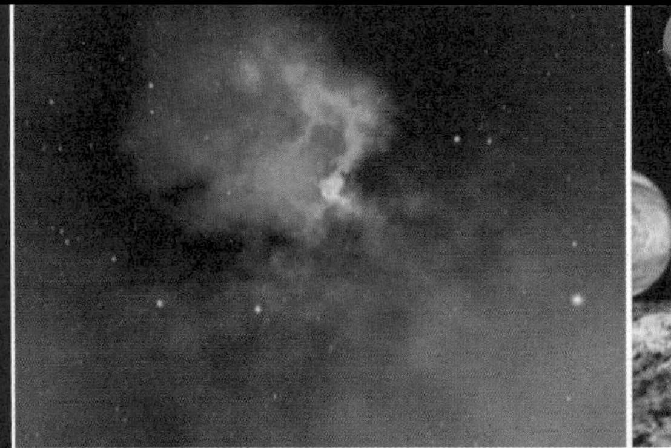

天体音乐

希腊人对天体音乐的观点是音乐与天空的杰作肯定有某种联系，这个观点建立在毕达哥拉斯这样的哲学家的神秘命理之上。具有讽刺意味的是，尽管理性轨道的明确描述类推出的和弦的相对长度是错误的，但他们的直觉是对的。

虽然星体中没有真正的音乐，但是有一首宇宙之歌，稳定的“嗡嗡”声无论我们在哪里，都可以听到，或者说，微波探测器可以听到，这就是罗伯特·威尔逊和阿诺·彭齐亚斯于20世纪60年代中期在贝尔实验室中发现的。

罗伯特·威尔逊和阿诺·彭齐亚斯研究空中的电台天线，发现无论它们指向何方，都可以接收到同样稳定的微波信号——它听起来像固定不变的。在普林斯顿大学物理学家的帮助下，他们意识到，这不是任何旧的静态，很可能是宇宙大爆炸的光谱残余——最初高密度的能源爆炸所造成的残留振动，人们认为这个爆炸形成了我们的宇宙。彭齐亚斯和威尔逊因为发现了宇宙微波背景辐射，获得了1978年的物理学诺贝尔奖。

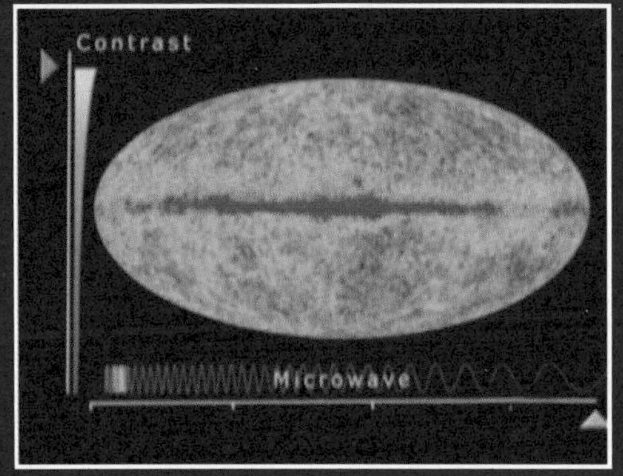

宇宙微波背景

罗伯特·威尔逊和阿诺·彭齐亚斯荣获诺贝尔物理学奖

我们的宇宙

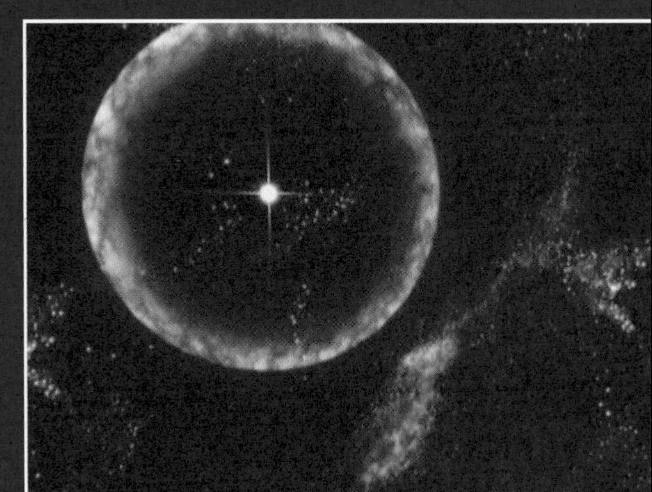

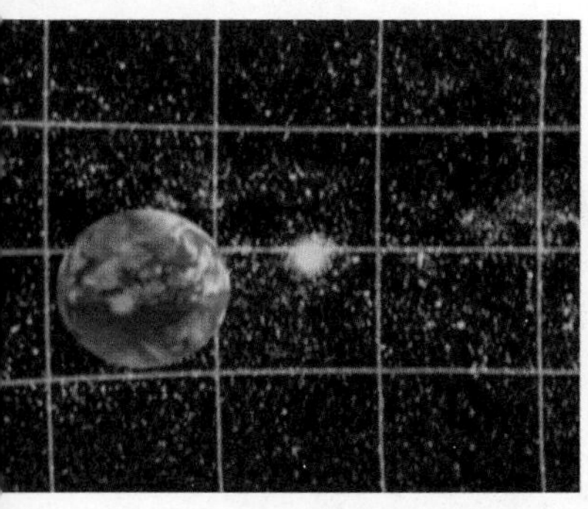

宇宙起源的秘密很可能存在于宇宙微波背景频率最高的谐波中

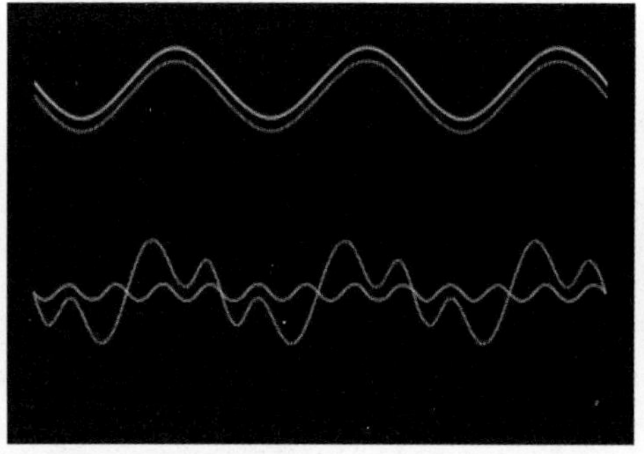

分解成不同频率的正弦波

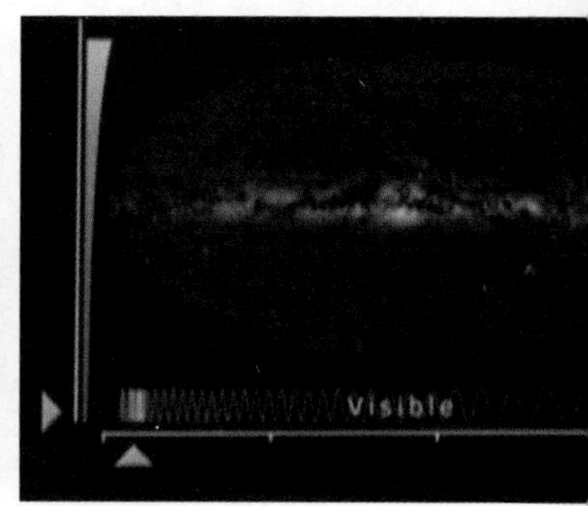

正弦描述弦上的波

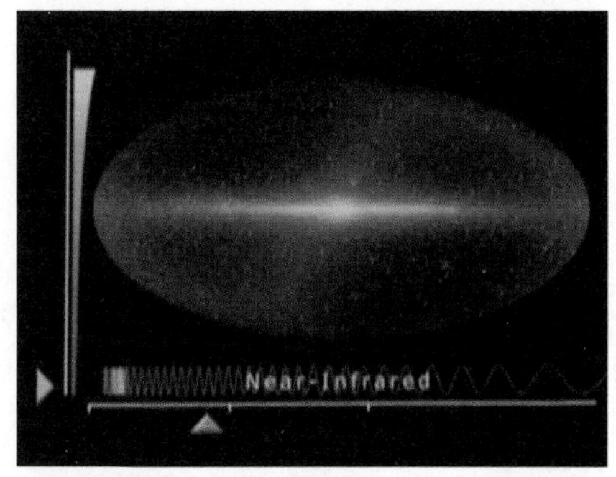

球面谐波函数描述球面谐波

与音乐的联系存在于傅里叶分析中，更恰当地说，傅里叶分析建立在一个星际背景下，这个背景就是我们分析微波的背景。正如我们描述的，傅里叶分析是关于周期函数——那些经常及时重复的模式的。傅里叶表明，这些可以分解成不同频率的正弦波。

伟大的法国数学家皮埃尔·西蒙·拉普拉斯发现，宇宙起源的秘密很可能存在于宇宙微波背景频率最高的谐波中。正弦和立体函数的类推非常精确。最终正弦成为上线波动方程的解，而立体函数为球体上的波动方程求解。正弦描述的是弦上的波，而立体函数描述的是球面谐波。

希腊人思考了音乐数学，他们的思想超越了单纯的创造美妙的声音——形成了外太空模型：人们认为恒星、太阳与行星正跟着“天体音乐”的无声音符翩翩起舞。

而今天，我们知道，这种声音数学远远超出声波的范围。我们发现，有许多不同种类的波，振动纯数学世界的波和环绕在我们世界周围的波，有的我们可以直接感知，有得只能用希腊人无法想象到的技术探测。

这一切，归于数学。

皮埃尔·西蒙·拉普拉斯

数学和网络

Connecting with Networks

16世纪玄学派诗人约翰·多恩说："没有人是一座孤岛。"生活在这个社会的我们都是相连的。除此之外，我们经历的所有事情——不管是大自然还是人类活动——几乎都紧密相连。也许我们可以这样说，网络让世界畅通无阻。

网络

社交网络

雷蒙德·普里斯是媒体大亨、政治掮客，还是人们关注的焦点。他举办了一个聚会。乔·史密斯，他谁都不认识，但乔就想加入这个网络。现在，他就差有人给他介绍一下。

"好棒的聚会。普里斯先生真懂如何娱乐。"

"你认识雷蒙德·普里斯？"

"不认识。我的级别太低，还够不上他这种大亨。"

"显然，我的搭档也这么认为。"

乔正在努力进入社交网络。

不过，这样的网络只是遍及我们生活中的无数网络之一。数学家们对网络的

定义非常简单——一个连接你我的实体集合。

许多网络是人工制成的。通信网络，如因特网、电话、电视和收音机等。交通网络，从航空公司到国道、公路、高速公路、铁路……实用网络，覆盖了横跨整个大陆的电网。不过大多数网络不是人工制成的，它们是大自然的一部分：河流系统以及在我们大脑中的神经。这些网络都是物质的，描述物理连接建立的关系，即使是手机信号之类的东西。

但是，很多其他的网络非常抽象，几乎是虚拟的；社交网络是建立在友谊基础上的人际关系网；食物网是基于物种之间进食的关系网；资本流动连接市场和经济。从某种意义上，我们可以说，地球上的一切，无论是有生命的还是无生命的，都是一个巨大、美丽而又复杂的网络的一部分。

所有这些网络有什么共同点呢？抽象地说，它们又分为交点或点，我们称之为节点或顶点，它们由线或路，也就是我们所说的边连接起来的。比如说，我们常见的地图上，一个城市就是一个节点，道路就是边。

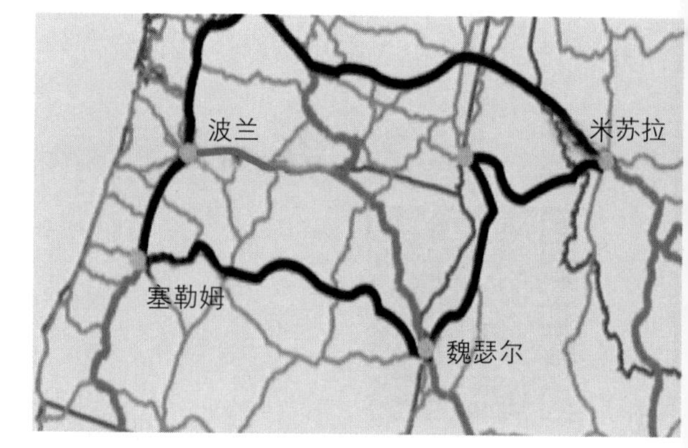

城市与道路，节点与边

欧拉路径

现实生活中的网络看起来都很混乱。为了了解网络的核心，数学家们去除所有的细节，只留下本质、基础的数学图形。这个过程只是留下地图上的基本组件，这些组件奠定了图论、网络理论和拓扑结构的基础，这三个理论是数学最丰富的领域。

这一切都始于7座桥梁，当古今最伟大的数学家之一伦纳德·欧拉于1732年把注意力转向普鲁士哥尼斯堡桥著名的难题时，哥尼斯堡被普拉格尔河分成两部分，河中间的努普夫岛与大陆由7座桥连接。这是一个简单、自然的难题，既关乎效率又令人迷惑，有没有可能一次走遍哥尼斯堡所有的桥梁，而且每座桥只经过一次呢？这个难题困扰了哥尼斯

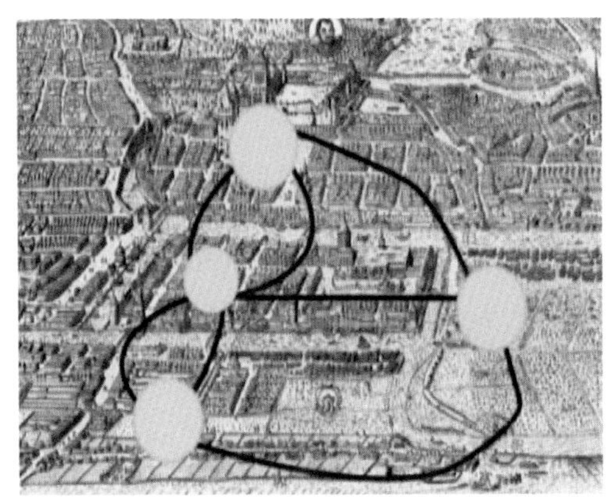

哥尼斯堡七桥的节点问题

堡的居民很多年，试图寻找路径是一个普遍的消遣，又或者去证明没有这个可能性。

欧拉住在哥尼斯堡，他以十分新颖的方式解答问题：他意识到这个问题与地理无关。它与桥梁的程度以及它们之间的距离无关，而是与它们的连接属性有关：哪座桥连接哪个岛屿或者哪个河岸？

因此，对欧拉来说，大陆块是节点，桥梁是边，他只要关注有多少边连接着每个节点。他将连接数进行次数的划分。例如，因为一个节点连接着三条边，就说它有一个奇数次数。欧拉注意到，哥尼斯堡桥的每个节点或顶点都有一个奇数次数：三个节点有3次连接，一个节点有5次连接。欧拉意识到，每次从一条边走到一个顶点，都必须离开另一条边，以免重新经过原来那一条边。这就意味着：如果我们永远不走重复的路，产生每个顶点的边数必须是我们经过顶点数次数的两倍。换句话说，每个旅程的内部顶点必须有偶数次数。因为哥尼斯堡的所有节点都有奇数条边，每个节点对应着一个奇数次数，所以并不存在不重复一座桥而经过所有桥梁的路线。

但是，如果我们去掉一座哥尼斯堡桥，那会怎么样呢？最右侧的节点上连接着两条边，因此它有2次连接。左侧中间的节点有4次连接，其他两个点有3次连接。所以我们现在有两个偶数次数和两个奇数次数。

做完这个之后，其实，我们现在可以找出一个路径，只利用桥梁一次。这是个更普遍的现象。如果我们有两个奇数度顶点，其他的都是偶数，那么我们总是可以在网络中找到所谓的欧拉路径。

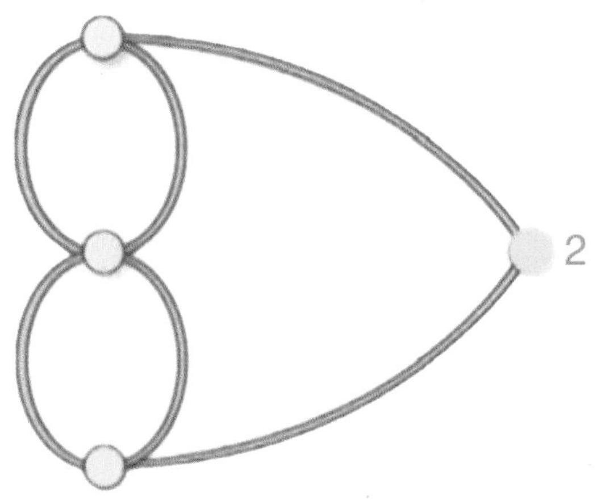

去掉一座哥尼斯堡桥

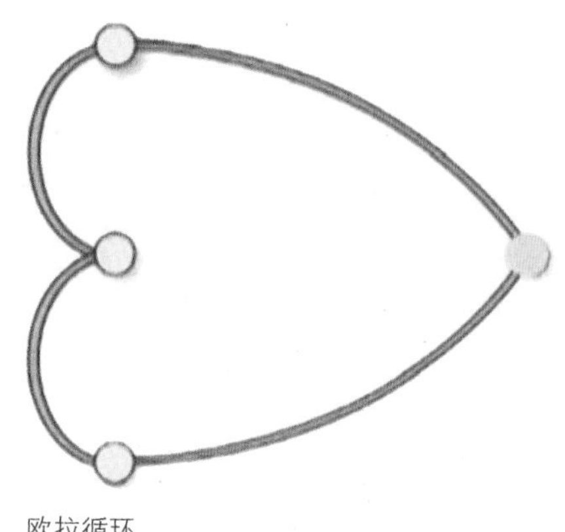

欧拉循环

现在，第二个可以得到欧拉路径的方法是所有的顶点都有偶数次数。在这种情况下，该路径将在同一顶点开始和结束，这是一个循环——欧拉循环。但是由于哥尼斯堡所有的原始桥的节点都是奇数次数，我们既不能完成欧拉周期，也不能完成欧拉路径。

欧拉理论的应用

欧拉为我们提供了一个方法，让我们可以用当今的数学网络谈论图形。

我们现在可以看到欧拉的理论对我们今天生活的高度关联的世界至关重要，甚至对城市规划、除雪机基本路线之类的东西也很重要。例如，一张图上的节点是交叉口，街道是边。当除雪机扫完一条街道，到达一个交叉点，它会开始扫另一条街。它扫的时候，会离开交叉点，只要交叉点有奇数度。这意味着，有另外一条边进入交叉点，一条边离开它。

记住，如果所有的节点都有偶数次数，我们就有欧拉循环。因此，如果扫雪机打扫的路径只经过所有的道路一次，它的路线就更有效，因为扫雪不折回已经清扫过的街道。

其实，如果我们将网络当成通信，那么连通性的想法对了解它们的工作方

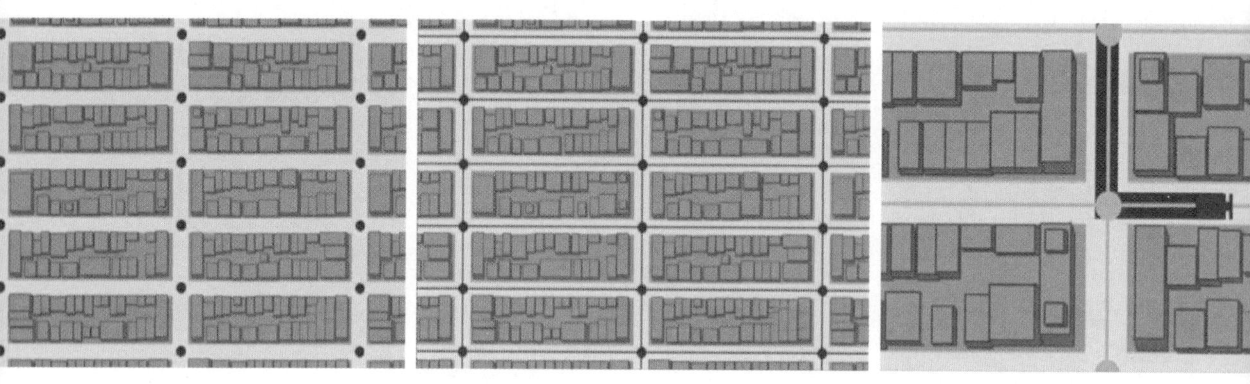

交叉口是节点　　街道是边　　除雪机扫完一条街道，到达一个交叉点，开始扫另一条街

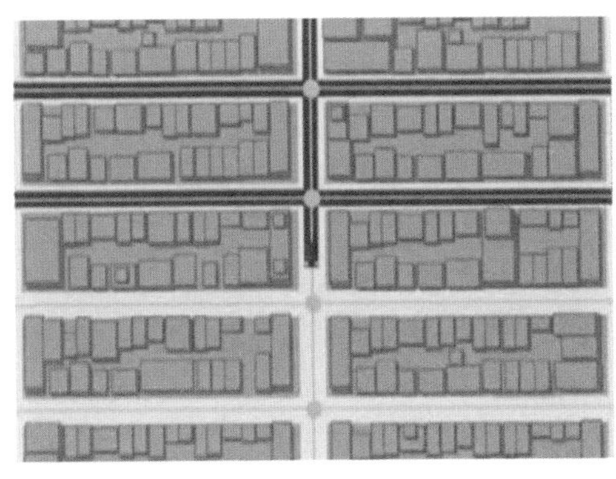

最有效的扫雪

式非常重要。至少，从任何一点出发都可以到达任何其他点，这是至关重要的，因为两个节点只有直接或间接相连的时候才可以互动。

不过，连通性不仅是连接，它还与设计和测量有关。航空公司在制定路线的时候都要考虑这些事情。例如，大洋航空从亚拉巴马州伯明翰直飞爱达荷州博伊西在经济上不是一个明智的做法，但他们肯定可以通过换机，把人们送达终点，比如在休斯敦或丹佛转机。

航空公司的网络是一个定向网络，节点之间的边有一个目标或方向。大多数航空公司的网络的节点之间实际上有两条定向边，一个方向一条边。定向网络加大了难度，因为一般情况下，边的方向表明人们只能在边上单程旅行。也许这正说明了现代空中旅行的一大困惑。

但是，最基本的一种网络是非定向网络，就像哥尼斯堡的桥梁一样，每条边的方向都不相关。

现在我们假设大洋航空公司明智到让城市之间的航线都变成双向的。当通过强调非定向图阐明航线网络的时候，我们看到，它是一个连接的网络——从任何节点出发，都可以到达其他节点。一旦知道它们是连接在一起的，我们会问它们连接得多紧密，我们可以用网络的直径测量。

假设有一个航空公司不仅可以到达

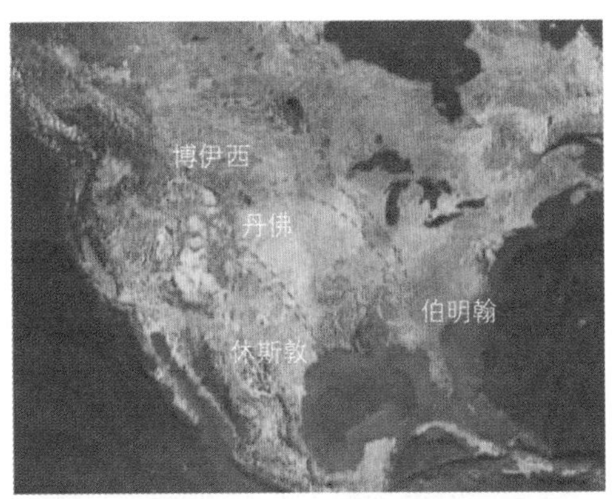

航空公司的定向网络

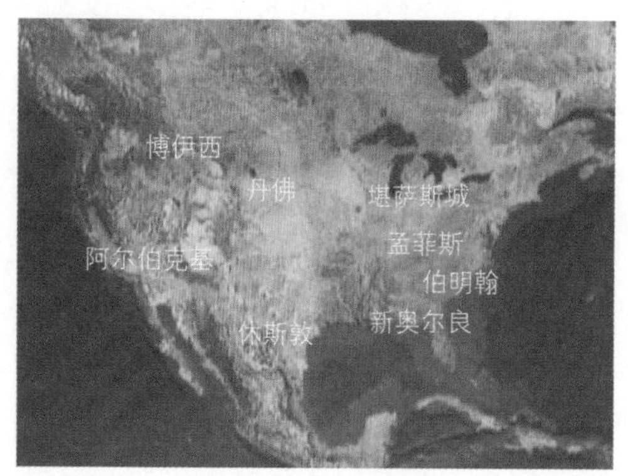

转机的节点

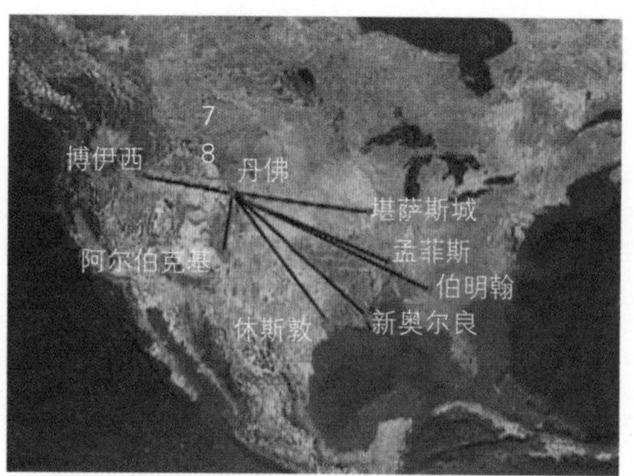

丹佛就是这个例子中的航空枢纽

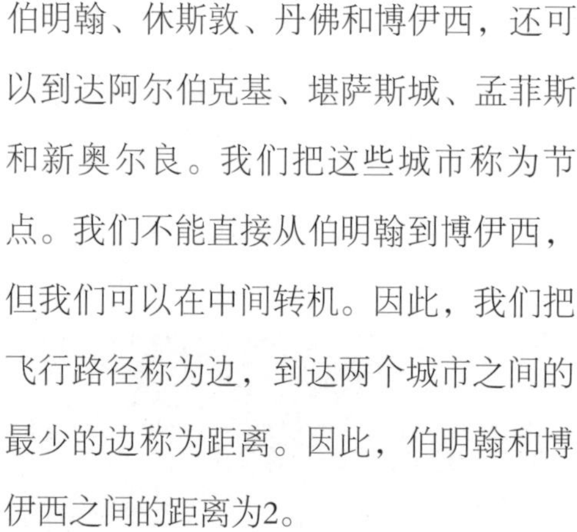

伯明翰、休斯敦、丹佛和博伊西，还可以到达阿尔伯克基、堪萨斯城、孟菲斯和新奥尔良。我们把这些城市称为节点。我们不能直接从伯明翰到博伊西，但我们可以在中间转机。因此，我们把飞行路径称为边，到达两个城市之间的最少的边称为距离。因此，伯明翰和博伊西之间的距离为2。

现在我们可以衡量网络直径，这是任意两个节点之间最大的距离。这是人们从一个地方到达另一个地方所需乘坐的最多的航班。由于孟菲斯只连接到伯明翰，这次飞行的网络直径为3。直径为3意味着只要转2次机。当边消失的时候，连通性就会下降。

随机网络

上面讲的那些统计数字适用于网络的大型结构，那小型结构以及笨拙的网络有什么属性呢？其中一个测量这些属性的方法是证明图上一部分节点与什么相连，另一种方法是问它连接到其他节点的概率是多少。连接到图上的大部分节点是一个枢纽，就像一个航空枢纽一样，它一般比其他非枢纽连接更多的城市。这是一种简单的聚类概念，但是社交网络中要考虑更多细微的概念：是问一个人的两个朋友本身是朋友的可能性有多大，而不是问这个人是世界上一个随机的人的朋友的可能性有多大？而在网络用语中，我们要问的是：与一个人连接的两个节点之间相连的可能性有多大——这个人和他的两个朋友代表的三个小节点形成一个三角形的可能性有多大？

在社交网络中，这些三角形的可能性比人们的期望要高，而那些发现自己在许多三角形枢纽中的人会在社交网络中相识。用这种思维去看的话，我们前文故事中的乔也许能找到一个帮助他认识普里斯的人。

“很棒的聚会。”

“他是谁？”

“我从没见过他。”

“你认识？”

“是的，在大学认识的，我们约会过。”

“嗨，他在和我的约会对象说话。”

“嗨，我认识她，茉莉亚。”

乔好像发现了一个认识的人，他正努力利用我们称之为小世界结构的优势——通过别人的关系，连接他原本不认识的人。所以，乔正在努力利用社交网络，事实证明，如果知道一点数学，也许将更容易做到这一点。

社交网络有点复杂，那有没有一个更简单的例子，让我们可以先解释乔想做什么？

很多人可能认为最简单的网络是高度有序、有规律的，因此我们可能会想到网格或图表纸。一般的格子就是人人都与他们的近邻有4个连接，他们的邻居又和他们自己的近邻有4个连接。因此，这样的几何非常井然有序，做一些这类规范结构的数学就非常容易，所以人们知道联系，知道如何探索那样规范的网络，用一种真正有效的方式覆盖所有的边。

给出一个有序的网络，如纽约的街道，我们完全可以相信，我们能够全部理解。但是，一个惊奇美丽的理论是我们也能理解完全随机网络中的一切。人们有许多关于随机网络的模型，不过，一个非常有趣的模型是匈牙利的两位数学家——保罗·鄂多斯和阿尔弗雷德·仁义发现的。

我们先来解释一下，什么是随机网络。在有序图中每个人的连接数和规则几何数是相同的，与之相反，在随机网络中，人们认为那些边的存在和不存在有概率。我们可以以一个极端的例子来说明一下。我们认为每个人都和网络上的其他人连接在一起，我们通常称之为完整的图形，那么，我们要如何使之成为一个随机网络呢？我们观察每一条边，用掷硬币的方式来决定边的去留问题，在这种情况下，边的存在概率为50/50。假设我们选择了一条边，投掷硬币的时候显示的是硬币的背面，我们将这条选择的边去掉，然后再选择另一条边，投掷硬币显示的是硬币的正面，新选择的这条边就要保留，然后再选择一条边，硬币显示背面，我们消除选择的

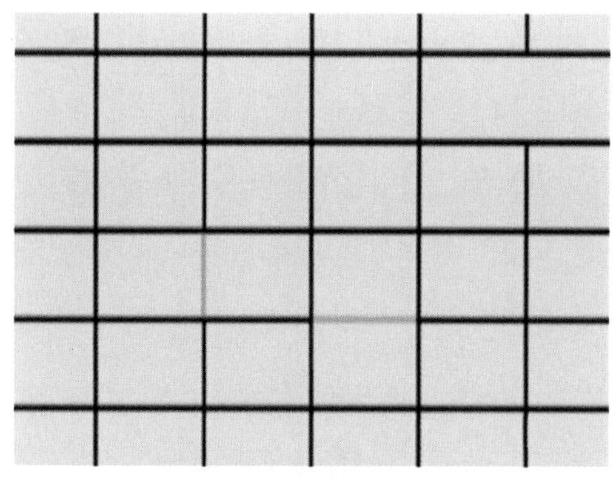

在有规律的网络中随机选择边和消除边

第三条边……网络中的每一条边都这么做，于是我们得到一些结构，因为它是随机消除的边的，所以在这个意义上结构也是随机的。如果有100个数学家对着100张完整的图扔了100次硬币，我们就可以知道这些图大体上有什么属性了。

不过，网络在这个世界上运行的方式更加循序渐进。我们可能需要先研究很多不相关的事情，然后它们慢慢地、稳稳地以某种方式连接在一起。比如，我们可以想到一个完全相同的过程，研究一张可以让我们到达相同的点的随机图形，但是我们是从完整的图形和修剪边开始的。

接下来举一个关于纽扣的例子。我们现在要做的就是把每一个纽扣当成一个节点，开始的时候它们全都是不相连的，所以没有一个节点有边。首先我们随机选择两个分开的纽扣，然后用线把它们连在一起，然后继续找另外两个尚未连接的纽扣，把它们也如此连起来。

我们不停地随机选择相邻的或者不相邻的纽扣，然后连接它们——每次找到一条尚未连接的边，就连接上去。只要均匀、随机地从所有的纽扣中找出潜在的边连接出来。

当我们开始连接纽扣，可能开始有两个，后来可能会有三个或四个。无论

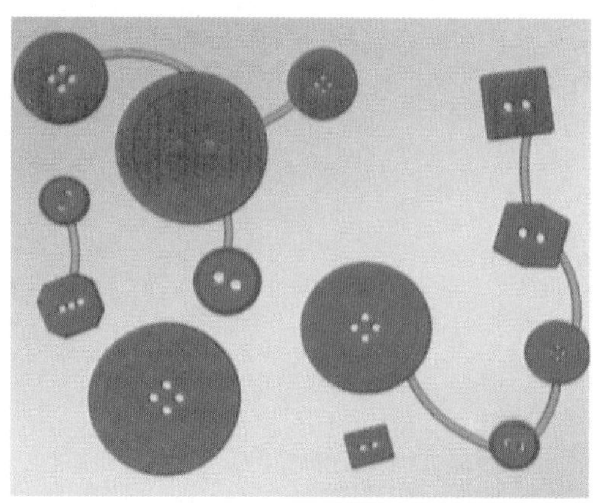

随机图

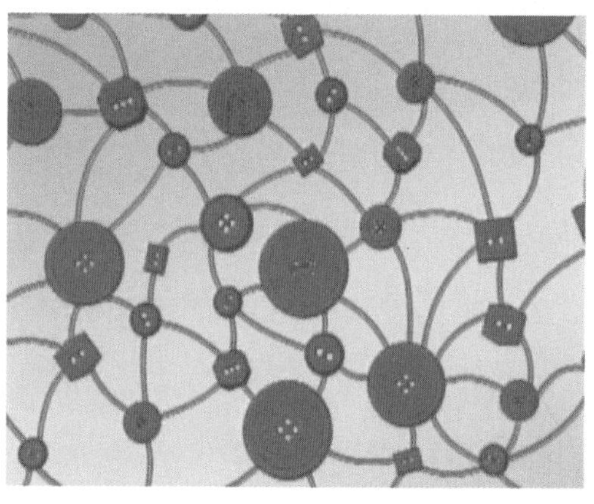

纽扣网络

相互连接的纽扣群有多小，我们都称之为组成部分。它们彼此连接而不是连接到其他地方，它们是小团块。最后，我们开始合并这些组成部分，它们最终组成一些非常大的结构。

我们刚才制作的这个随机图就是鄂多斯—仁义随机图，它最引人注目的一点是有一个临界点，当我们开始增加一条边或两条边的时候，它的根本属性改变了：突然所有的小组件合并在一起得到一个巨大的组成部分。一两条边就可以显著改变根本属性。人们可能会因此想到我们想连接的网络，比如电信网络。不过，数学家们可能会考虑流行病学。没有巨大的连接网络，疾病就不会从一个地方传播到另一个地方。

相变真正改变了图形的基本属性。这就是鄂多斯—仁义随机图最惊人的一点。相当简单，它告诉我们随机图的合奏，同时它还具备了相变的美丽属性。

社交网络和生态网络

我们对随机发生的事物的理解有很多，但是就像乔努力找一个中间人将他引荐给大亨一样，社交网络介于两者之间。这就是现实中的大多数网络。数学家们认为有的机制对人们的相互影响至关重要。

我们可以把社交网络转换成网络语言：如果你在这里，你的一个朋友也在这里，你们靠友谊连接在一起；你还有一个朋友，你也是通过友谊与这位朋友连接在一起。然后推定，其实有一个友谊三角。你的两个朋友互相认识。

数学家们正努力了解推动人类行为的潜在机制。接下来我们继续看看乔的故事，看看在实际网络中的数据是否支持我们的理论。

“太棒了。茉莉亚！茉莉亚·威尔斯！好久没见了……”

“乔，什么风把你吹来了？”

“嗯，老实说，我是来这里凑热闹的，我想见见普里斯先生。”

“乔·史密斯。”

“显然，你认识玛吉……”

“大家好，这是玛吉。”

“你们好，很高兴认识你们。”

“玛吉说你可能认识一些人……”

“嗯，我是认识一些人。这么说，你是来这里交朋友的？”

“当然。给你看些东西。”

乔好像已经快成功了——利用关系网见到普里斯。他加入的关系网似乎不是普里斯周围的巨大组成部分，但也许

乔加入的关系网还不是普利斯周围的巨大部分

很快就能达到相变了。

“那么，哈里，你认识谁？”

“嗯，我知道一个经纪人，他的合作伙伴正在为普里斯的公司做一些高级咨询的工作，旺达·沃森，我相信她就在那。我们马上过去吧。”

乔利用的是社交网络中一个额外的结构——其实，他真的利用到了我们所说的社交网络的“小世界效应”。小世界的特点是任何两个人之间的距离相对都较小。

还记得纽扣的随机图么，图中的三角形比我们预期的多得多，这就是因为朋友的朋友之类的关系。乔真的利用到一些数学思想，他正在学习如何穿梭于一个小世界。

社交网络只是其中一种进化网络，另一种是食物网，存在于动物之间的网络。尼奥·马丁内斯，科罗拉多州太平洋生态信息学及计算生态实验室的科学家告诉我们：“数学对我们的研究非常重要。我们通过标明哪些物种生活在同一个栖息地中、同一物种中谁吃谁，将生态系统视为网络。因此，网络中有像节点一样的物种，它们像节点一样有进食关系。”

网络理论越来越多地用于了解系统。许多科学家都意识到这是一个很棒的框架，其核心是在自身的系统内连接各点。将生态系统视为一个网络的好处是：能够在网络中追踪一个物种对其他物种的影响。

这些科学家使用的其他理论主要是非线性动力学，也被称为混沌理论，他们用这个理论来建立方程，计算生态系统中从植物流到动物（比如说食肉动物或者食草动物）身上的能量。理解物种之间的彼此影响非常重要，因为它们在不断变化。由于人类活动，许多物种濒临灭绝，而且由于人类活动，新的物种正在入侵生态系统。

生态系统比其他许多网络形成的联系更紧密，具体情况是：生态系统中的每一个物种都与其他所有物种有三层联系。这些都是紧密的网络，物种的影响可以迅速传播到许多其他种类中。

通过生态学家们一直研究的网络，人们发现在同一生态系统中，一个物种对其他物种有影响的一个最著名的例子是海獭。早在19世纪，俄罗斯和其他一些西方国家雇佣美洲印第安人捕捉海獭，以至于海獭濒临灭绝，很多海獭迁徙到太平洋沿岸。而在海獭快要灭绝的时候，它的食物——海胆迅速繁殖。这些海胆消灭了比以前更多的海带，这几乎摧毁了海草林，进而整个依赖海带的生态系统都被摧毁了。

所以，整个生态系统是一个整体，它们相互连接，牵一发而动全身。假如我们观察一片栖息地上的一种植物，比如一种扁豆，我们会发现一些蚂蚁在上面爬来爬去，它们似乎是在为它巡逻。那是因为在许多植物上都有蜜腺——为蚂蚁提供食物的小地方。作为回报，所有的蚂蚁在植物上爬来爬去，消灭蚜虫——吃植物的昆虫所吃的植物比植物提供给蚂蚁的汁液要多得多。因此，给蚂蚁一点点食物，植物自身就可以逃过蚜虫的伤害。

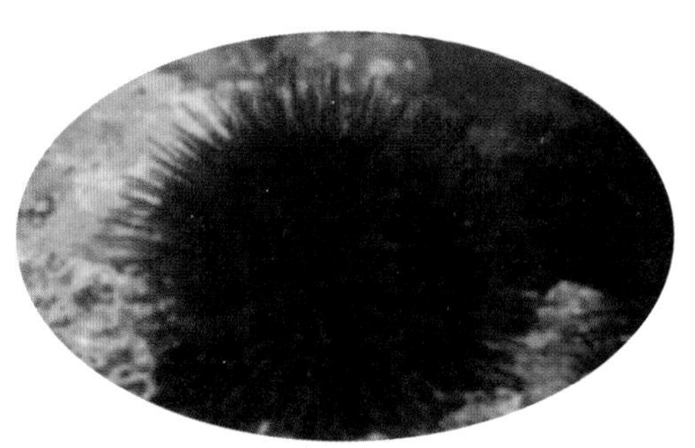

海胆

同样的，科学家们研究生态网络对人们的重要性，因为人们想知道他们是否可以依靠自己的食物，当食物的天敌不存在的时候，他们还能不能依靠。

这项研究最有趣的部分是它真的让人们明白整个系统是如何运作的。大量的科学就是所谓的还原科学——观察小部分。网络研究让我们把零件组装起来，并了解整个系统的运作方式。

动物吃它的食物是一回事，人交朋友是另一回事，社交网络只是小世界网络，一个有很多三角形和小直径的小网络。

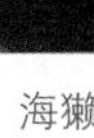

海獭

19世纪时，印第安人受雇捕捉海獭

让我们再次回到乔和他的聚会现场，一些经典的小世界动态正在发生。这里的大多数人只认识几个人，但有一些人具有很高的连通性。正因为如此，人们只要经人介绍，握一下手就可以认识所有人了。

"你好，我是乔·史密斯。"

"你好，我是旺达·沃森。"

"很高兴认识你。"

"旺达，很高兴认识你。"

"我肯定你认识哈利。"

"是的，哈利。很高兴又见到你了。"

"很高兴见到你。"

"我通过玛吉的引荐认识的亨利。"

"我听说旺达想给我介绍个人……是他吗？"

"谁？"

"和旺达·沃森一起的那个人。"

"我去叫他们进来。"

我们现在看到，一个巨大的组件出现了——一个包括了非常大的顶点部分的图形的连接子集。即使参加聚会的客人随机交友，这种相变也会迅速发生。但乔主要关注的是能帮助他见到雷蒙德·普里斯的人，这样的连接将会来得更快。

"旺达，你看起来真漂亮。"

"谢谢夸奖，雷蒙德。请允许我介绍我刚认识的一位非常出色的年轻人……"

"雷蒙德·普里斯，这是乔·史密斯。"

"乔，欢迎你参加我的聚会。看来我们好像认识很多相同的人。"

"谢谢你，先生。我真想告诉你，能见到你简直太荣幸了。"

"好像我已经认识他将近一个小时了。"

我们都被各种各样的网络包围着，网络把我们联系在一起，连接信息、人类以及动物，甚至除雪机。

数学帮助我们了解这些网络如何成长、如何运作、如何影响我们。其实，任何人、任何动物、任何物体，甚至无论是有机的还是无机的，谁也不是一座孤岛。

巨大的组件出现——一个包括了非常大的顶点部分的图形的子集

整个网络

同步概念

In Sync

宇宙中的很多事情都是同步发生的，人造的抑或是天然的，一起和谐工作，同时移动，跟着常规的节奏跳动，在时空中协调。我们可以说，那是同步移动。我们认为同步是系统自发产生的秩序，这个系统理应是杂乱无章的。同步出现的时候，有一种美丽与神秘的品质，我们往往可以通过数学的力量来理解这种品质。

同步现象和微积分

交响乐队如何在同步和谐地演奏呢？答案是显而易见的：由人类构成的队伍能够读懂音乐，倾听对方，并跟着指挥的节奏……但如果一支队伍没有领导或乐谱那会怎么样呢？就像爵士乐的即兴演奏？它的成员仍然同步演奏，每个演员通过其他人的线索，通过口头或潜在的交流同步演奏。但鱼群、鸟群又是怎么样的呢？它们怎么知道何时左转、何时右转、何时移得高一点或低一点？要达到这种完美的同步，每只鱼都需要根据其本能调整姿势，对它们同伴所做的事保持高度的敏感……

乐团及军乐队通过策划、计划，甚至是计算好的秩序进行演奏；雁群和鱼群，它们通过一种被称为生物自发秩序的“一致”现象移动。在它们的集体运动中，我们看到了一群个体在运动中设法实现同步的变化。

我们通过数学微积分的语言弄懂了这一群体的动态变化。简单来说，微积分使我们弄清渐进的或是恒定的移动系统在数学意义上的变化。例如，汽车的里程表是每小时55千米，但这只是那一刻对其确切速度的估计。我们怎样才能精确地描述在每个瞬间赛车的驱动器的速度有多快呢？

要回答这个答案，我们要回到17世纪，当时英国科学家罗伯特·胡克拿这个问题挑战他的对手艾萨克·牛顿。他问：行星到底是如何吸引对方的，引力法则可以解释我们看到的轨道吗？

为了回答这个问题，牛顿意识到他要一点一点地描述并衡量瞬间运动的行星。因此，他在1666年创建了数学的一个独立分支——微积分。

牛顿需要一种方法标记行星在其轨道上增量的变化，然后才能把这些增量变化加起来以形成一个轨道。他还需要一种方法来计算它移动的速度以及下一步会向哪里移动。他看到大气中的重力也是守恒的。

牛顿是第一个证明地球上物体的运动和行星运动受同一套自然法则支配的人。他的著名方程式——$F = ma$（力等于质量乘以加速度）漂亮地总结了这一观点。

17世纪时，牛顿用同样的数学方法研究了无生命的物体的运动，有助于今天的我们计算有生命的物体的行为。

多亏了牛顿，他的微积分提供了一门数学语言使我们能够衡量一个变量，如鸟类的飞行角度或汽车的速度。但是鸟类和驾驶员都存在反应实体和其他影响因素的实体，因此，微积分代表了具有许多变数的对象。

研究太阳系或许更容易一点，因为支配行星运动的力是守恒的。为了研究运动对象的速度变化，比如行星，科学家们观察天空中该行星位置的微小变化。这些微小变化在当时被称为无穷小。它们是一个理论体系，而且是量能的变化所引起的尽可能小的增量。这种想法把人们引向了微积分的另一个重要概念——导数。

导数告诉我们在任何特定的时刻下物体速度的变化。例如，在行星绕太阳运转的轨道中，它在任何时刻的位移通过一个变量来表示，我们将位移称为“P”。由于位移随着时间不断改变，我们用“$P(t)$”表示，或者数学家们说的“t”的“P”，实际上都只是意味着某段时间T上的位移。

现在，一些小的时间间隔用“dt”表示，位移也会发生一点点变化，我们用“dp”表示。如果我们用位移的微小变化去比时间的微小变化，得到一个比例——“dp/dt”，这好比平均流速的瞬时和无穷小的计算……这个比值就是导数，它告诉我们在任何特定时刻物体改变的速度。在这种情况下，它告诉我们随着时间的推移，行星的位移变化速

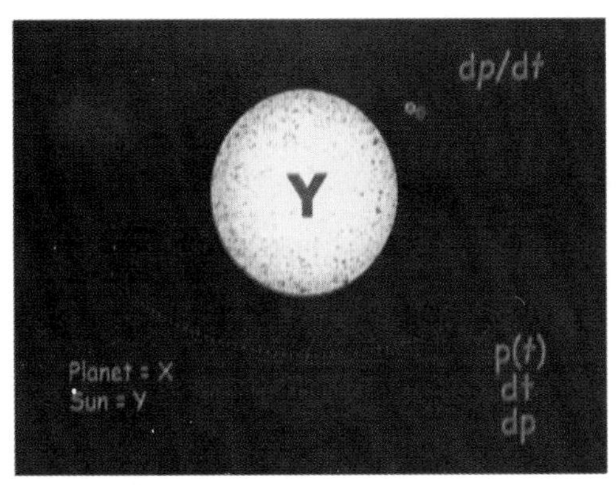

导数

度，我们通常称之为行星的加速度。如果我们用表示行星速度的“d*p*/d*t*”表示速度和太阳的力的关系，我们就创建了一个微分方程。我们之所以把它称为微分方程，是因为这个方程关系到非常小的变化或差异。这种方程描述了行星的运动变化如何依赖它与太阳以及其他行星的相对距离。

微分方程不仅可以用来理解行星的运动，还可以用于研究其他物理系统中反映物体之间的推拉情况。通常这些系统的规模和复杂性只有通过数学才可以简化和了解。这种简化工作需要一个大系统，使之成为耦合微分方程系统。这些可以在计算机上研究。

微积分在医学上的应用

虽然微积分来自于牛顿解释天体运动的渴望，但是它也应用于整个科学领域——从太阳能系统到我们的心跳。

查理·佩斯金是纽约大学柯朗研究所的一位数学教授，他研究的是应用到生物学和医学中的数学和计算，他的主要项目是心脏——计算机模拟心脏。他的问题是：我们如何能够很好地控制心脏的基本规律，从而在计算机上做出一个与真正的心脏有相同功能的心脏模型。

查理·佩斯金用来描述心跳的方程是微分方程，对他所进行的研究而言，微积分是最根本的。

心脏有它自己的自然心率调整器，称为窦房结，它是一个细胞组，这些细胞与心脏同步发出波。这些细胞的神奇之处在于如果人们在组织中分开培养它们，它们可以自己跳动，但不是同步的，但是当它们成长并相互接触时，又会产生同步跳动。因此，查理面对的基本问题是：“如何同步地工作，同步

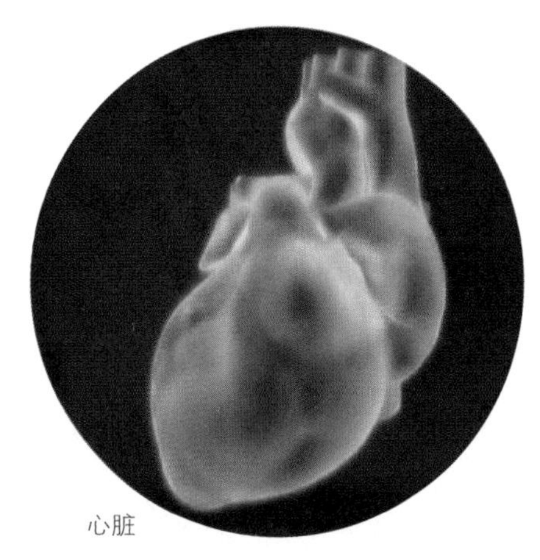
心脏

工作包含什么？”这是一件很奇妙的事情。查理·佩斯金说：“我不知道如何解释，但它很神秘、很有趣，当你拥有自发振荡器时，它们有各自的节奏。当它们以某种方式结合在一起时，当它们相互影响时，即使影响很微弱，都有同步的倾向。”

格伦·费什曼是心脏科主任兼纽约大学医学院心血管生物学项目负责人，他研究的是心电传导。他的实验室团队对探索心律失常的原因很感兴趣。他们从老鼠身上取出一些东西，通过主动脉喷出，让它保持兴奋。他们观察正常情况下的老鼠，也观察不用缝隙连接或其他渠道导致异常后的基因工程中的老鼠，他们试图理解它们为什么会心律失常。

如果科学家们了解心脏起搏器的细胞生物学，就有希望通过植入细胞重新产生传导系统，这种细胞取自病人体内退化的细胞。更广泛地说，就整个心电系统而言，如果科学家们能够明白造成致命的心律失常的多种形式的基础，就可以去治疗那类疾病了。

心血管疾病是美国最主要的死亡原因，而由心律失常导致的突发性心脏死亡又是心血管疾病导致死亡的主要原因。因此，这项研究与心血管疾病引起的公共健康负担关系密切。

人们总希望能口头解释发生了一些什么事情，但实际上科学家们需要的是方程、数学模型和计算机模拟，如果他们不知道支配它的基本规则，就不可能做出模型。

群体的同步问题

同步工作的心脏细胞让我们活着，让我们的内部保持稳定的节奏。每个“单元”是一个生物电振荡器，在概念上类似于时钟这类机械振荡器，这意味着每个“单元”都遵守着基本的节奏，这个节奏可以通过微积分来理解。对数学来说，这些不同的机制都是相同的。因此，每一个振荡器都有一个简单的描述，但科学家们现在感兴趣的是另一个更加复杂的问题：如果有一组振荡器——无论是振荡器还是禽鸟，是心脏细胞还是鱼——可以与其他振荡器交流却不能控制总体规划，那会怎么样呢？微分方程可以帮助我们理解那种现象吗？

史蒂夫·斯托加茨是康奈尔大学应用数学系的教授。他就这个问题——如何用数学从心脏细胞了解到钟摆，给我们做出了一些解答：“它们都是振荡器，也就是说，它们都是周期性运动。

我们知道，在心脏细胞中有一个电学周期，电压在这个心脏细胞中上升回落，然后又上升回落——有一个节奏，那是一个循环。当然，钟摆也是一个循环——它来回地摆动，因此，真的没有什么不同。我的意思是：一个没有生命的东西和一个活的有生命的东西都会这样，数学家不介意它是不是在一个抽象的层面上，我们之所以喜欢数学，就是因为它有一个统一性。你可以看到钟摆和心脏细胞的联系，也许你可以用一个相同的公式描述二者。”

这为我们提供了一个方法，通过思考机械的东西了解神秘的生命现象。人们在数百年前就知道这些机械的东西了。但是，我们可以总结的一个联系是：大量的心脏细胞，我们可以认为它是一种振荡器的全体。也就是说，心脏起搏器可能有1万个这样的细胞。我们要用一个微分方程描述每一个细胞，判断它如何不时地改变电压。困难的一点是我们需要了解它们作为一个群体的行为，只看孤立的单个细胞还不够。每一个孤立的细胞很容易弄懂，理解一个振荡器、一个有节奏的东西是没有问题的，但是人们的挑战是了解数百或成千上万的合作或集体行为，在20世纪60年代末，这也确实是一个很大的挑战。

在这种情况下，当时还是康奈尔大学一名大四学生的亚特·温弗里对生物学很感兴趣，他知道他的兴趣，但他学的是工程物理专业。温弗里想过这个同步的问题——它可能是心脏细胞，可能是萤火虫的光，可能是蟋蟀的鸣叫声，可能是大脑中的细胞。他将它们全部概括为微分方程、描述节奏运动的数学，并把上千这样的东西一起放进计算机里。因此，在数学中，他允许一些振荡器在本质上比其他振荡器显得更快，或者更慢。这是对同步的一大挑战，因为跑得慢的人怎么会追上跑得快的呢？答案是，因为他们一直在关注对方……而这种现象对一个不能思考的细胞而言意味着什么呢？这意味着它可以感到心脏的电流。细胞给对方输送电流，这可以让一个细胞比它反过来给其他细胞输送电流时活动得更快，或者可以延缓它。温弗里通过这种化学和电气通信，对应那种互动的数学，能够使这种特定的行为变成一个整体。

这里有一个比喻，想象一下跑道上有一些运动员。这个跑道就像我们在一个足球场看到的那样。现在，无论有什么样的规则，都会有跑得快的运动员和跑得慢

的。他们类似于本质上更快或更慢的振荡器，在振荡器上面涂上颜色代码，这样就可以看到谁在本质上更快或者更慢。

如果没有互动，运动员们无视对方，快的一方先离开了，并且跑得快的人和跑得慢的人之间的距离在加大。但假设现在它是一个跑步俱乐部，而不是相互不认识的人。假设我们自己是很优秀的选手，而我们的朋友不是。但也许，如果我们和他一起跑，他会希望追上我们，会想超过我们，正好我们也想成为一个有义气的人，不想超越我们的朋友。因此，这就是耦合[①]。我们会慢下来，觉得他就在身后，他喘着气跟上。

在温弗里的计算机模拟中，他在概念上想象启动旋钮，使它们更加顾及对方或者它们听到的。也许就好像它们朝着对方喊：嘿，加油！慢一点！因此，这种互动优势就建立起来了，刚开始什么都没有发生，它们还是不同步——那有一点让人吃惊。我们也许会认为，只要交流更多一点，它们就会同步了，但它们依旧没有——达到相变之前什么也没有发生。因此，即使它们在说话，快的“球员”还会继续跑。

通常在这个世界里，我们认为如果改变一个东西，它会在别的事物上有反应。比如在这里，只要我们增加它们相互关心的程度，它们就应该会开始照应——但是它们没有。这就是我们所说的相变。就像冷却了水，它还是水；如果再冷却，它还是水。但是当继续冷却到了临界点，在这种情况下——凝固点，它的性质就改变了——它成为冰。这里发生的也一样。

现在是第二种情况。现在，我们已经越过临界点，发生了变化。我们可以看到有一小团，中等振荡器，不是太快也不是太慢，有很多开始聚集在一起，步调一致，一起前进。最后，

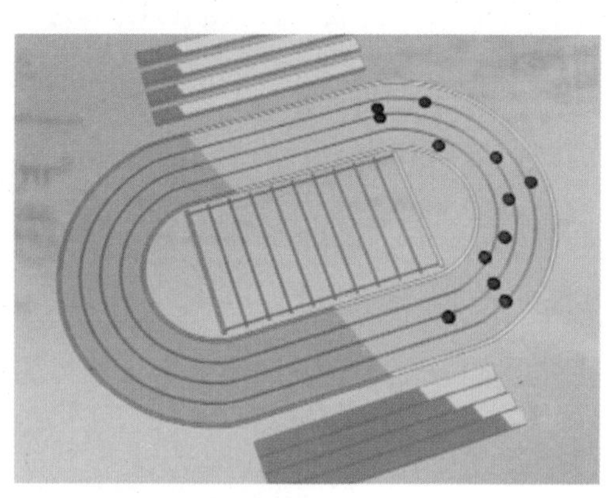
一小团中等振荡器开始聚集

① 耦合：物理学上指两个系统之间有交互作用。概率论中是处理随机变量相关性问题的一种方法。

如果我们使耦合更加强大，把概念上的旋钮开大一点，所有个体逐渐开始同步运行。如果我们把这些分布画成一条曲线，这条曲线显示了什么？它好像在说人们跑得有多快——因为运动员将绘制在此轴上，有多少个一样快的运动员也将绘制在此轴上。它是钟形的原因是，大多数人处于中间速度范围，也有一些非常快，但不是很多。有一些非常慢，但也不是很多，所以会有这个有特色的钟形。

我们真的需要数学和概率统计工具来了解生命现象，这让它们在数学上显得十分有难度，我们常常要结合很多东西来辅助了解。前面我们看到亚特·温弗里将之人格化，进而他能够用概率论来谈论速度分布。这是个了不起的作品。它最美丽的一点，或伟大的一件东西或心脏振荡器或运动员一样，它实际上是千头万绪，因为数学这门语言可以将不同的现象变成变量加以描述。

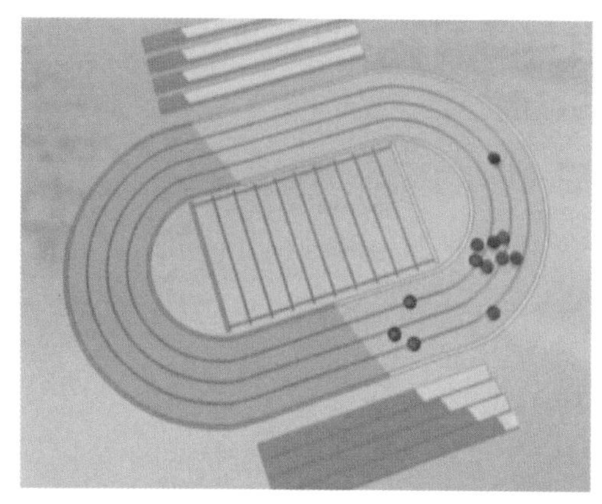

运动员的速度轴

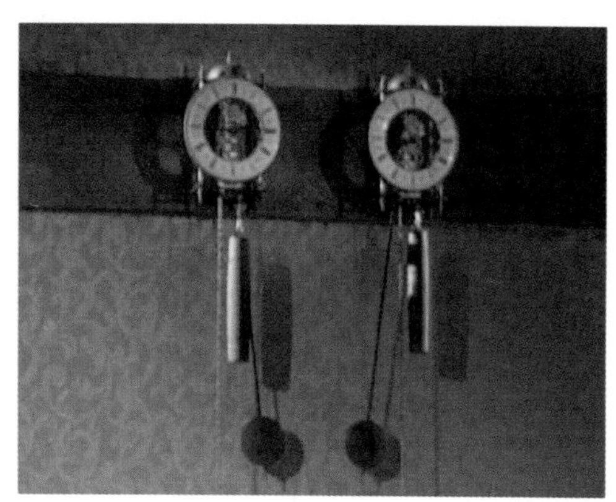

钟摆的同步运动

钟摆问题和伦敦千禧桥

人类、动物，甚至我们自己的心脏起搏细胞，能够具有同步的自然趋势，但非生物中是否也存在同步呢？自发秩序的脉搏是不是比生物世界中明显的脉搏更原始、更基础呢？

荷兰数学家、物理学家和天文学家克里斯蒂安·惠更斯在1656年发明了摆钟，他在病床上得出了一个惊人的发现。他注意到两个相邻的钟摆朝相反方向完美地摆动，他在想，是什么引起这种惊人的同步形式？是否有某种神秘的力量把它们锁定在节奏中呢？

惠更斯发现，如果钟表不同步，就会造成干扰，使它们静止的表面不断颤

抖，然后引人注目的事情发生了。钟摆开始有节奏地同步上升，朝相反的方向精确摆动，就像一双鼓掌的手。

惠更斯假定时钟相互接近，产生的空气阻力引起钟摆的同步运动。为了证明这一理论，他在一块木板上放了两个钟表，木板放在两把背对背的椅子上。他像原先一样破坏了钟摆的同步性，椅子和木板马上就开始摇晃了。椅子上的物理干扰持续了30分钟，直到时钟恢复稳定，然后椅子和木板也稳定了。

惠更斯发现，钟摆的不同步引起的摆动干扰最终会让钟摆返回到同步中。这个解释涉及运动中正反方向的相等的力。当钟表同步运动的时候，施加在椅子和木板上的力抵消了任何可能发生的物理干扰。一旦力被破坏了，椅子和木板就开始颤抖。因此，椅子和木板的运动固定住钟摆，然后反过来，钟摆固定住椅子。这些钟摆会随意摆动。如果它们以一些奇怪的方式不同步摆动，会将特殊的力施加在木板上，使木板摇晃，椅子在地板上噼啪作响。现在，它反过来施力于钟摆，影响它的运动，最终所有的东西都趋于平稳状态，这是钟摆得到的负反馈，这就是所发生的事。直到钟摆得到这样的负相变。

钟摆不向木板施加任何力，因为当一方往这边推的时候，另一方往那边推，所以抵消了，因此，木板稳定下来，椅子安静下来，我们得到同步。钟摆对木板和椅子的反作用使系统趋于稳定。

伦敦千禧桥，长325米，连接伦敦市的圣保罗大教堂和泰晤士河畔的泰特现代美术馆。它于2000年6月10日对外开放。它是建筑师诺曼·福斯特勋爵和雕塑家安东尼·卡罗以及工程公司

千禧桥

“ARUP”设计的，它被描述为泰晤士河上的“光刀”，并且是“21世纪初我们能力的最完美的声明”。

在开幕那天大约有8万人穿过这座大桥，比预期的人数更多。成千上万的伦敦人到场走过这座美丽的新人行天桥——千禧桥，我们可以认为这些人类似钟摆，唯一不同的是这些人不会像这些钟摆稳定木板一样稳定这座桥——事实上，他们会破坏它。早先，工程师们检测了桥梁的振动情况，他们预计了一些自然震动，防震结构是专门为它打造的。但人流量相当大的时候，桥开始摇晃得厉害，这引起了官员的关注，最终他们把这座桥封了。

我们要牢记于心的是其区别在于人们不喜欢走摇晃的东西，钟摆不会这么挑剔，但是我们会，我们会失去平衡，会觉得不舒服，所以桥上的人们其实都相互有反应。奇特的是由于桥开始摇晃，人们会很自然地去保持平衡，也就是把他们的腿分开，他们开始像新手滑冰一样，他们以这种企鹅的姿势来帮助他们保持平稳。但是，没有人会预料到这个部分——这么做，他们开始给桥梁注入能量，他们开始使桥梁更糟糕地晃动，从而导致更多的人采取这种怪异的

千禧桥上的人群

姿势，给桥梁注入更多的能量，使情况变得更糟。所以，人们有失控的反馈效应，它在相变时发生，这类似于我们谈论温弗里和他的生物振荡器。不过这里的相变与桥上人的数量相同。

问题发生后，建这座桥的工程公司让自己的所有雇员站在桥上检测问题出在哪里。首先，他们让50个人上去，告诉他们走成一个圆圈，桥没有动，然后，60个人上去，大桥仍是一动不动，后来大约是150～160个人上去，桥开始振动，人们开始像上面那样走，这种情况和同步是一样的，而我们如何用数学得出这个结论？

当所有的人整齐地走动时，这绝对是人群的同步，同时也是人群和桥梁共振。这也解释了这个现象的可能性，人们为了能舒适地站在摇晃的桥上，因此，在同一时间这桥上发生了两种类型

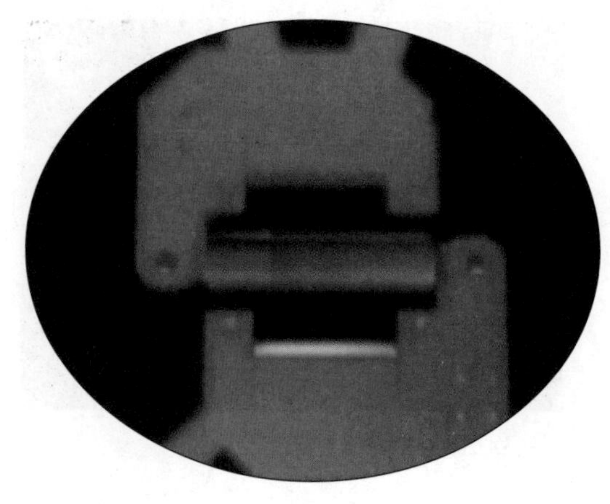
桁架

的同步，这是始料不及的。

我们要好好感谢“ARUP”工程公司，因为他们在很大程度上弄清了所发生的事。其实，这是很复杂的数学，很多人不完全理解这个。通过让员工站在桥上并按计划让他们来回走动，他们发现了这个非常简单的公式：$f = kxv$。

现在我们已经能够把人们的交往和桥梁融入数学，这可以让工程师们找到一种解决方式。现在，桥一摇晃，工程师知道有两件事情可以阻止它。他们可以通过加强某些方面使之平衡，或者在上面放桁架，或者在桥底下放相同的减震器。因此，他们在桥梁下方好像放了七八十个黏滞阻尼器，这些东西很不显眼，如果我们没有注意到这些东西，仍会觉得这座大桥很漂亮。这只是理性的数学思维与工程的洞察力相结合的一个生动的例子，这种结合可以解决非常奇特的怪现象。

数学，救星。这是一个令人振奋的主题，在某种程度上，它给我们一种感觉，自然界有合作的可能性，它真的存在。当想到我们周围的所有混乱与不和谐的时候，我们的自然界至少有这样重要的一面，一切变得和谐，有时候这种感觉真的是一种解脱。

我们的世界是运动的交响乐。当微积分方程的数学抽象语言的力量和美与物理科学的见解结合在一起，我们开始理解交响乐是如何形成的、为什么形成，从行星的运动到时钟的滴答作响，到雨燕飞行，到理解我们自己的心跳。

混乱的概念

Concepts of Chaos

大多数人很小的时候就知道“苹果从树上掉下来”启发了艾萨克·牛顿用可预测的特定规则描述宇宙的行为。但是如果宇宙不像我们预测的那样，该怎么办呢？我们所认识的数学能不能解释物理世界中那些不可预知的行为——从天气到棒球在空气中的运动方式？混沌理论帮助我们深入地认识世界。

静止的物体会保持静止，除非受到外部不平衡的力的作用。我们简单地挥一下棒球杆击球，那一瞬间，有很多力作用在棒球上——重力、摩擦力、涡流（慢速变化球）。人们对每一个动作都会产生反应，但是有些事我们无法预测。

这里有一个古老的困境：为什么大自然，像棒球这样的东西，既可以预知，又无法预知？

对于这个困境，我们先从牛顿说起。

艾萨克·牛顿

微分方程

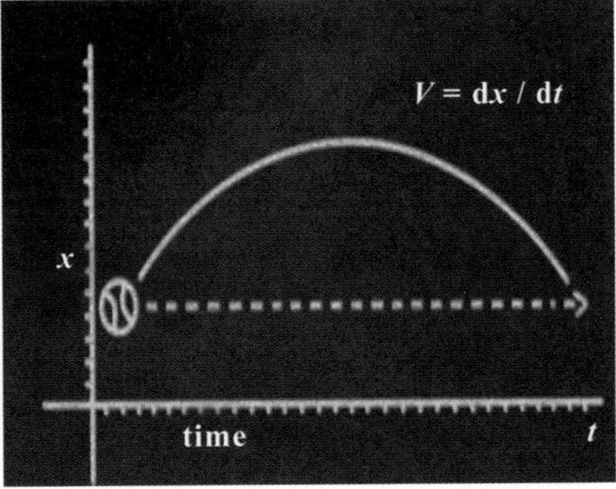

用微分方程预测未来

牛顿的“万有引力”发现引导他定义了物理世界的运作方式，他于1687年发表了这套规则。

“万有引力”似乎十分精确地描述着平衡的世界，像“钟表”一样。几个世纪以来，牛顿定律不仅影响艺术、宗教和哲学，还影响了所有的理科，特别是它构建了文明的人类是如何认识宇宙的。

从牛顿的数学概念中产生的哲学运动被称为决定论：它坚信未来事件必定由过去和现在的事件与自然法则相结合而形成。如今，一些学者甚至更进一步认为，一旦宇宙的初始条件决定下来了，剩下的历史在所难免。这个例子表明：如果数学落入坏人之手，将会很危险。

但另一方面，宇宙顺利运行的事实，或者正如牛顿定律所描述的那样存在着一条世界规律。他的三大运动定律：惯性定律、加速度定律和相互作用定律，我们可以从真实的物理现象中得知，这些是正确的。牛顿是第一个用数学在时空中将物体运动的轨迹分成无数小等分，然后加起来计算的人。换句话说：牛顿向我们证明了如何用数学预测物体的瞬时运动轨迹，给定加速度、质量和重力。

牛顿的思想是划时代的，它提供了一种思考宇宙的新的思维方式，它向我们展示了如何利用微分方程预测未来，微分方程是数学的“水晶球”。

我们来看一个简单的例子。

假设有一个物体“X”绕着物体“Y”运动，只受重力的影响。我们可以确切地知道10秒钟或1万年后“X”会在太空的哪个位置。牛顿的理论有效地描述了所谓的二体系统的相互作用，这个系统回答了：两个物体相互影响时会怎么样。

现在我们看到的是大约200年后更强大的望远镜产生之后这些想法的威力。当时的天文学家发现，一些行星没

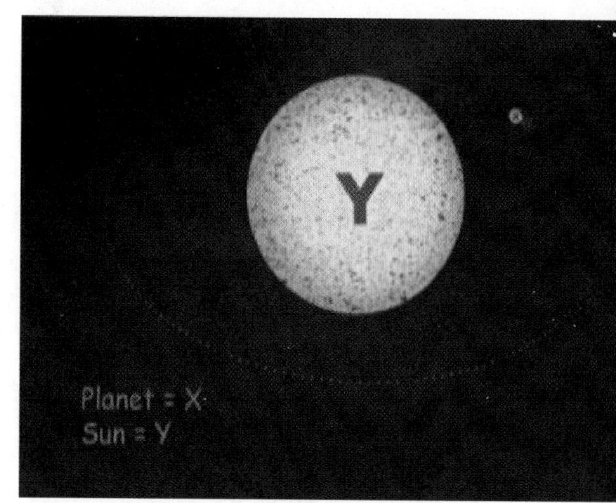

物体“X”绕着物体“Y”运动，只受重力的影响

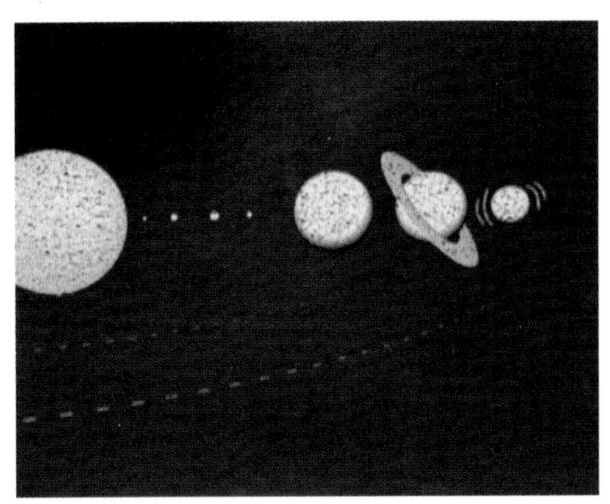
牛顿式椭圆轨道

朱尔斯·亨利·庞加莱

有遵循完美的牛顿式椭圆轨道，特别是天王星。因此，他们提出了一个理论，它的轨道肯定受其他系统的“干扰”，然后他们用微分方程计算出未知天体的轨道。

数学家们说：“把你的望远镜对准这里，你就会发现了。”1846年，他们发现了，海王星成为第一个用数学预测而不是单纯的观测方式发现的行星。

庞加莱的发现

实际上，19世纪后期充满了这样的科学成就，皇室的奖金专为那些解决最具挑战性的数学难题的人而设。其中一个挑战是瑞典国王于1888年提出的——任何能够解决所谓的“三体问题”的人都可以得到他提供的奖励。

用外行话说，国王问：“牛顿的二体解决方案是单个行星绕着大太阳转的简单的椭圆轨道，那么我们能不能对两个以上的物体做类似的预测呢？”

历史上最伟大的数学家和科学家接下了国王的挑战，他就是朱尔斯·亨利·庞加莱。庞加莱试图用微分方程为这个问题寻找一个封闭的解决方法，基本上是再找一个像椭圆一样描述行星在重力影响下运动的公式。

虽然庞加莱没有成功，但也离成功不远了，国王还是把大奖授予他了，因为他的发现对传统力学做出了重大贡献，此外还对数学产生了巨大的影响。但是，当裁判要求解释的时候，庞加莱发现了一个错误，这位伟大的数学家又回到了绘图板上……

庞加莱未能回答这个最初提出的问题，于是他自己提出了一个问题：太阳

系会一直是一个整体，还是会分离？庞加莱发现的是：对两个以上的物体来说，某些初始条件可能会导致混乱。

如果有两个物体和牛顿方程，基本上只可能发生两件事：两个物体要么无限分离，基本上就像一颗流星划过地球一样；要么就是得到一颗行星绕着另一颗行星旋转的这个古老、熟悉的周期方案。最重要的是，稍微改变物体的起始位置不会改变整体行为；但是，再添加一些对象，所有的赌注就会突然消失。其他随意的非周期行为可能会发生，首发位置出现的细微改变可能导致长期的重大变化，虽然物体大约仍然会在同一地区的空间上运动。

庞加莱的发现很惊人，但更惊人的是他发现的方式，它和这个发现本身一样重要——他顿悟到方程组可以用视觉接触。

为了理解庞加莱所做的，我们要再了解一点这个问题：在经典力学中，物体位移用三维记录：即所谓的X、Y和Z坐标。当该物体移动时，它在这些轴的速度也可以观察到：速度X、速度Y和速度Z。当在系统中添加第二个物体时，就必须多计算6个变量。由于添加了额外的物体，跟踪所有的变量都难以操作，特别是如果计算起来很困难的话——就像时钟一样，内部有很多可动部件。数学家们将之称为确定性动力系统。

庞加莱“看到”的是：如果我们去看支配它们的轨道背后的数字，会发现整个系统可以作为在非常高维度的多维空间中的一个点，而整个系统的表现又像各种树叶漂浮在溪流上一样难以预测，我们称之为“相空间”。

物体位移

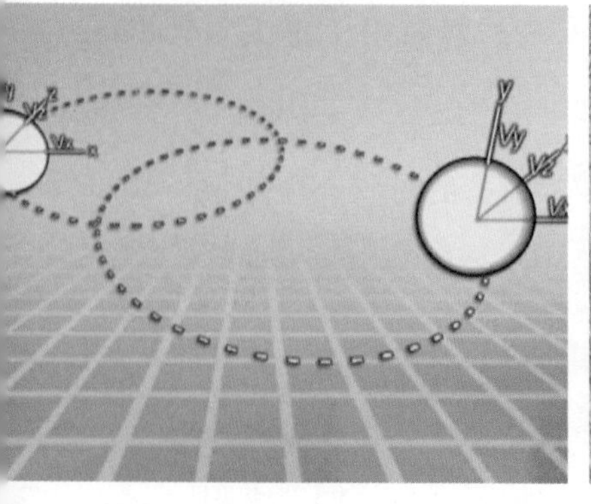

相空间

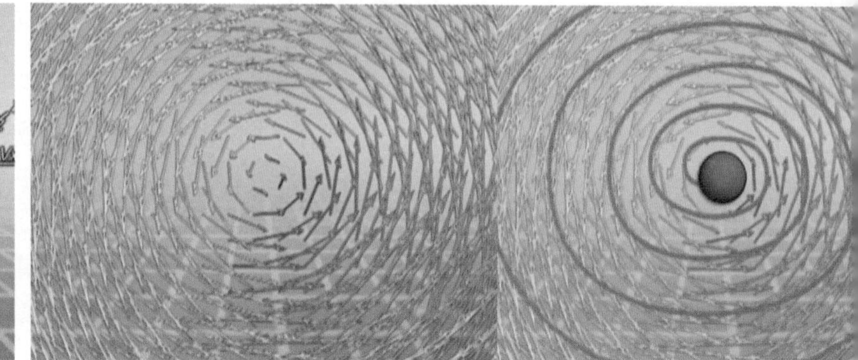

地球的气候模式

庞加莱的新发现在牛顿发现宇宙的基础上又往前迈进了一步，为混沌理论铺平了道路。但是，没有人能真正解释庞加莱的计算中蕴涵的不可预测性，直到20世纪，有一个人磕磕绊绊地用计算机解释了一个比三体在相空间运动复杂得多的问题：地球的气候模式。

20世纪60年代初，爱德华·洛伦茨博士在麻省理工学院建立了一个空气在地球大气层活动的简易数学模型。洛伦茨和电脑天气模型的12个变量打交道，他重复计算风微微变化所引起的数字表示。为了节省计算时间，他在这个过程的中间开始模拟，但输入的数据将原来的六位数四舍五入到了三位数：从原来的设置中调整了千分之一。令他吃惊的是，计算机用这些略微不同的中间值对天气进行了新一轮的预测，这与他早先的模拟完全不同。

洛伦茨原以为这些微不足道的差别应该不会有任何实质性的影响，但是通过迭代略有改变的计算，洛伦茨认识到，天气模式里初始值的微小变化可能会使气候模式产生很大的不同。

还记得牛顿如何通过计算物体轨迹无穷小的变化预测它在太空中的运动轨迹吗？现在，洛伦茨正在表明某些公式中一个无限小的数据的更改可能会导致一个完全不可预测的结果，这就是我们所说的对初始条件的敏感依赖性：一个错误，两个轨迹之间的距离会飞快地呈指数增长。

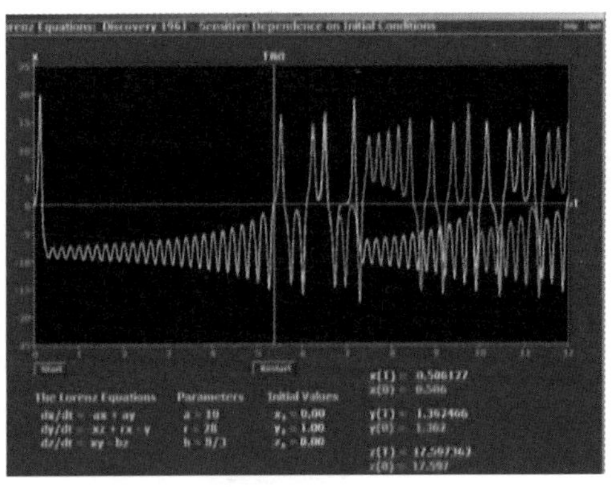

电脑天气模型

事实上，初始条件的微小变化导致长期结果的巨大变化是混沌系统的标志，被称为“初始条件的敏感性”或“敏感的依赖”。这种迭代过程可以看作一个放大器，或者揭示敏感依赖性的机制。

洛伦茨通过计算机可以一遍又一遍迅速重复和积累无穷小的变化，他能够绘出这张敏感性图，由此产生的图形称为“洛伦茨吸引子”，它其实是这种简化的天气模型的相空间表示图。这个图形与捕捉到的飞行中的蝴蝶形状极其相

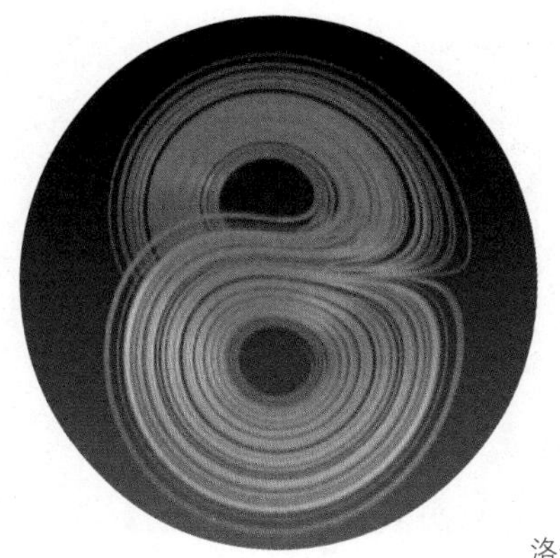

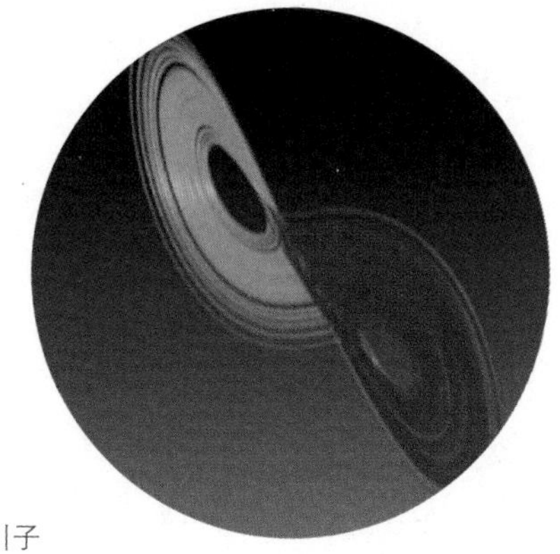

洛伦茨吸引子

似，以此来说明“敏感依赖”的概念。

这是一个神奇的巧合，我们会解释说，有时中国的一只蝴蝶拍打它的翅膀可能会导致风力的微小变化，并在数月后引起佛罗里达州产生飓风，我们也称之为“蝴蝶效应”。

棒球和数学

我们回到开头讲的棒球，为什么说棒球和“涡流”有关呢？旋转的球，也就是说，如果抛得对，一个快球在空气中的运动是可预测的牛顿轨迹，而当那个球不会旋转的时候，就引申出是天体力学与混沌理论的碰撞。

棒球和数学是美国两个伟大的消遣活动。史蒂夫·斯托加茨是《混沌中的非线性动力学》一书的作者，也是康奈尔大学理论与应用力学的教授，他可以帮助我们弄清楚棒球场上的混沌。

我们知道棒球里面的投手投出慢球的时候需要在平的地方用两根手指紧握住它，方法在于把它扔出去，这样就旋转得很少了。当时发生的事情就是，周围的气流因为这一投开始产生旋涡——球后的空气小旋涡。此时球因自己的惯性推动它向前，但这些旋涡也在推，它们紧随慢球有趣且不可预测地把它向周围推。

快球的旋转更多，激发也可以预见，它产生的旋转更容易预测，当然除了速度极快的情况——就像在水中行驶的船只，我们会看到它背后的东西，这

涡流

就是激发。棒球在空中运动取决于它是否在旋转，我们在后面可以看见不同的激发模式。所以慢球背后的混沌激发更加动荡，使球变得更加不可预测，也就是说，下一次投手再次投球，即使释放的角度或速度只改变了一点点，最后看起来还是像一个完全不同的投球，它是棒球场上的混乱。场上投球的微小变化在穿越板的时候会产生很大的变化。慢球这些轻微改变将导致截然不同的路径，并最终会落在本垒板上或本垒板的附近。这就是初始条件敏感依赖性的一个例子。微小的差异得到扩增，增长和快速成倍的增长将引起截然不同的结果。

我们了解这种现象的一个方法似乎可以显示出来——我们可以看看一些数的研究——非常简单的数值例子，就是我们常用的数轴。

我们只关注数字，稍微操作一下这些数字，比如这些数字在0和1之间，我们只有这一部分的数轴。不是整数行，只要从0到1选一个数字，如0.632。我们选了0.632，然后乘以10，这就是我们要做的准备。

我们下一步要做的就是数学家们称之为“取余”的运算，这意味着去掉小数点前的数字。因此，6.32就变成了0.32。

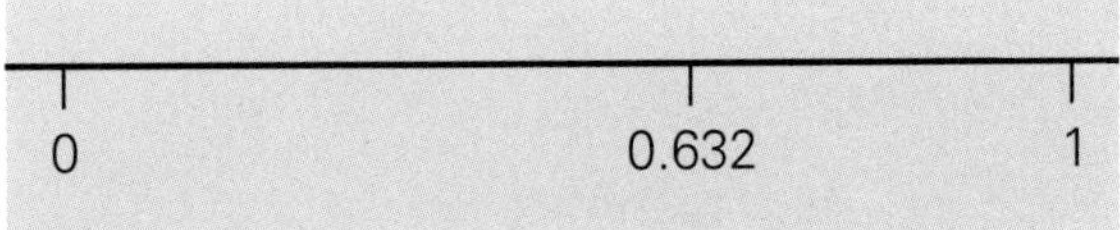

数轴和0.632

现在我们想要做的就是比较，如果我们原来选的是0.633，仅在千分位上有一点差别，如果我们对0.633进行运算，那会怎么样？我们乘以10，然后去掉整数部分，得到0.33。这和原来的数不同，不是在千分位上了，而是在百分位上。我们把误差扩大了10倍。

如果我们再做一次……对，我们做两次。把它们都乘以10，去掉整数部分，现在我们比较，现在差别在于十分位，又把误差扩大了10倍。

所以这两个结果的区别扩大了10的乘方倍。我们往下走一步，它就以指数的速度成倍增长——这正是混沌系统中所发生的。但是，我们可能会想到另一个有趣的问题，为什么我们需要取余——如果一直以指数倍扩大误差，那就像棒球飞出棒球场。这不可能在这里发生，因为“取余”是为了让数字介于0和1之间，总是在我们的“小范围”之内。

因此，事情可能会很遥远，但不要太遥远，这也是我们从混沌系统中得到的结论。这一点很有趣，人们认为混沌

完全不可预测，无法控制……

混沌理论的应用

数学家们使用“混乱”的方式，这可能不是这个学科最好的字眼，因为我们应该想到的是，有一个无序的整体范围。如果我们一直提高，比方说热度，越来越狂放的行为，那么将开始看到类似“动荡”的东西像“混乱”一样，不仅在时间上很复杂，在空间上同样复杂。

“动荡”有一个对应物，它来自动物身上。这真的是一个生死攸关的问题，这是我们心中一种时空上复杂的问题，称之为心房颤动。

肌纤维震颤其实是我们的心脏颤动，这是一种电气动荡，而不是触发心室同步跳动的电的有组织、有节奏地流动。我们会发现，开始得到像电旋涡一样的东西，但是心电旋涡会使得心脏里不同的地方跳动的时间不同，于是我们会得到不协调的跳动节奏，然后血管堵塞。当人们突然死亡的时候，心脏骤停只需要短短的几分钟时间，这也是电极所造成的。

当今的数学家开始研究心脏病，试图用混沌理论的现代版本，也就是最尖端的混乱理论找出这个最致命的心律失常的原因。这是数学与医学的一个美丽而又重要的结合。

这是一个令人非常兴奋的混沌之旅。现在我们要更近一步看看混沌在心脏动力学中的使用。当数学家谈论混沌理论，他们谈论的是温柔与狂野——节奏的规律与动荡的疯狂之间的平衡。

科学家们已经开始探索混沌在心脏病的治疗等领域的实际应用。混沌给我们许多新的角度看待心脏动力学，帮助我们了解心律失常，心律失常在最坏的情况下会导致心脏猝死。每年有30多万美国人死于心脏停止。大多数攻击都是心脏肌肉的节奏跳动和痉挛抽搐的间歇性变化引起的。

科学家们发现不稳定的心悸，即心脏房颤是混沌的一种形式。像所有混沌的发病情况，它不是完全随机出现的。心脏可能因为压力、损伤或者肌肉组织中的异常演变成心律失常。

心电跳动开始以螺旋浪潮式旋转。这种旋转干扰可以传播，其混乱的跳动通过心脏组织循环。它也可以分解成少量添加的螺旋波，所有的旋转和分歧导致系统不稳定。

通过使用混沌的数学，研究人员能够计算如何用小型电脉冲检验动物，最

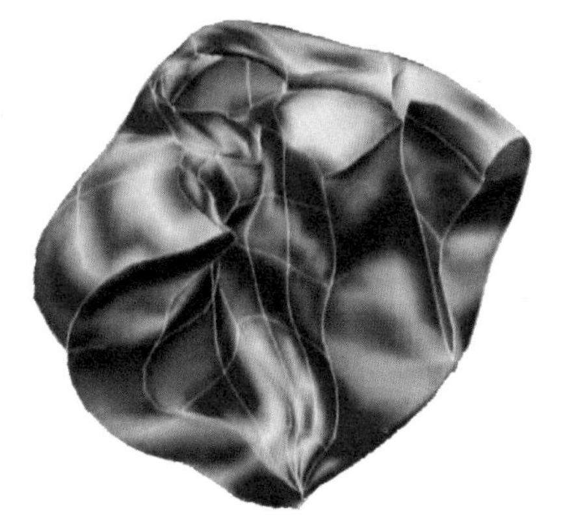
螺旋波

终用于给人类做检查。这些脉冲引起过早搏动，心脏病学家用这种过早搏动来强迫心脏组织回到健康的节奏中来。科学家们还将混沌用于特定的医疗应用中，或许有一天该理论将产生更好的抗心律失常药物、更温和的去纤颤器以及其他有益的技术。

除了心脏动力学和电脑动画，科学家和数学家们利用混沌理论探索进化生物学、经济学、人口增长、人工智能、游戏和概率，甚至发明更高效的燃油喷射器，最有趣的探索之一也许是把我们带到外太空……

星际高速公路是一种超低能轨道网，是连接整个太阳系的5个拉格朗日点（在两大物体引力作用下，能够使小物体稳定的点）生成的，它说明了事物如何通过混沌动力学来回移动。

为航天任务设计轨道空间任务的设计师们使用一个非常具体的数学分支研究星际高速公路，它被称为动力系统理论。它为他们提供了一幅截然不同的太阳系图，而不是围绕太阳近圆形轨道上孤立的行星。

这个星际高速公路的概念是所有的行星、卫星、彗星、小行星带、星系带都是动态连接和联系起来的。因此，即使我们没有看到连接它们的轨道，下面也有一个无形的轨道网。拉格朗日点就是我们所说的星际高速公路的“种子”。如果我们在那里放一个粒子，它就留在那里。但是如果我们往上面做最微小的动作，如对它呼气，它就会飘走。就好像我们从＃1街出发，然后往下

星际高速公路轨道网

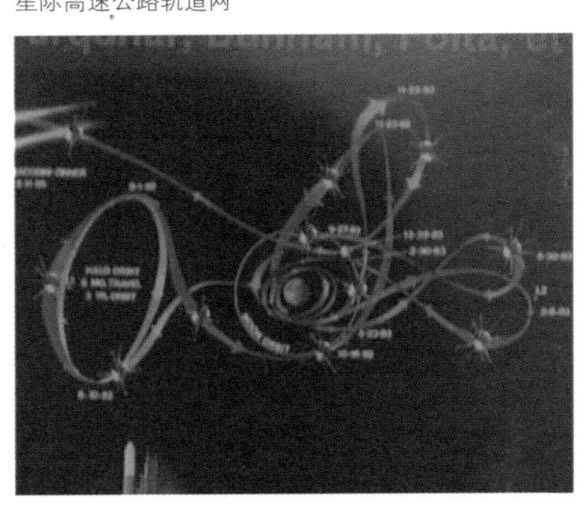

星际高速公路

走，它会带我们到一个地方，但如果我们往＃2街走，可能不只回到另一个不同的地方，还可能到另一个城市。因此，这个情况就好像到了另一个星球。

从这些拉格朗日点或平衡点出发，它们产生周期轨道群。这些轨道之间很紧密，它们围绕着拉格朗日点，然后越来越大，然后产生这些非常敏感的特殊周期轨道型。人们称之为“不稳定”。

1978年发射的国际太阳—地球探测3号通过使用略有变化的敏感依赖性，它能够调整自己离开L1拉格朗日点，跟随彗星的脚步研究彗星。这种敏感性和节约能源性使这些轨道变得非常强大。

在喷气推进实验室太空馆里，有一个“伽利略号探测器”的实物大小的模型。真正让人觉得兴奋的是，即使原来的设计使用非常经典的理论提出轨迹，数学家们现在可以证明它实际上遵循的是星际高速公路的路径。

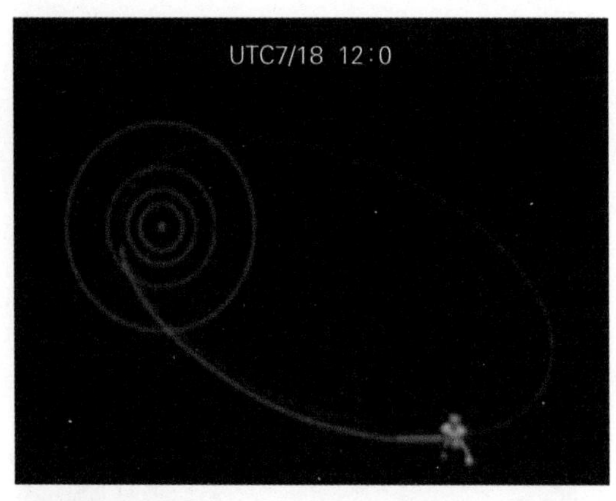

伽利略号的路线

在星际高速公路概念的未来研究方面，从科学的角度讲，通过了解这些途径并把它们描绘出来，有助于我们了解太阳系是如何形成的，构成地球生命的物质如何传送。从人类的角度讲，对人类来说则更加实际，这将帮助我们寻找从A飞到B的更便宜的方法，这可能有助于我们转移、探测，甚至捕获可能撞击地球的“无赖”小行星。

南美洲的蝴蝶拍了一下它的翅膀就造成了佛罗里达州的飓风？这可能是一个延伸。但是从数学角度而言，正如我们所看到的，一切皆有可能，也许那只蝴蝶是数学和数学家们的正确比喻。

各个时代，许多大大小小的新发现随着时间的推移不断被一些伟大思想家放大。从毕达哥拉斯到欧几里得、牛顿、庞加莱、洛伦茨和其他无数位科学家，他们的智慧旅程穿越了历史的车轮。在混沌理论的帮助下，刚刚开始探索不可预测的事物，我们只是刚刚踏上探索知识高速公路的征途，总有一天我们可以到达未知世界的彼岸。